U0219554

中央宣传部　新闻出版总署　农业部
推荐"三农"优秀图书

商品猪生产技术指南

（第二版）

马明星　主编

中国农业大学出版社
·北京·

图书在版编目(CIP)数据

商品猪生产技术指南/马明星主编. —2版. —北京:中国农业大学出版社,2010.11

ISBN 978-7-5655-0144-9

Ⅰ.①商… Ⅱ.①马… Ⅲ.①养猪学 Ⅳ.①S828

中国版本图书馆 CIP 数据核字(2010)第 228422 号

书　　名	商品猪生产技术指南(第二版)
作　　者	马明星　主编

策划编辑	赵　中	责任编辑	邝华穆
封面设计	郑　川	责任校对	陈　莹　王晓凤
出版发行	中国农业大学出版社		
社　　址	北京市海淀区圆明园西路2号	邮政编码	100193
电　　话	发行部 010-62731190,2620	读者服务部	010-62732336
	编辑部 010-62732617,2618	出　版　部	010-62733440
网　　址	http://www.cau.edu.cn/caup	E-mail	cbsszs @ cau.edu.cn
经　　销	新华书店		
印　　刷	北京鑫丰华彩印有限公司		
版　　次	2011年1月第2版　2011年1月第1次印刷		
规　　格	850×1 168　32开本　11.75印张　290千字		
印　　数	1～5 000		
定　　价	18.00元		

图书如有质量问题本社发行部负责调换

主　　编　马明星

副 主 编　刘陆军　马　伟

编写人员　马明星　刘陆军　马　伟　赵光平
　　　　　宋建华　王　凯　牟永海

第二版前言

目前,我国畜牧业正处在由传统畜牧业向现代畜牧业的转型时期,养猪业已逐步由散养方式向规模化、标准化饲养方式转变,对于提高人民生活水平,增加农民收入等方面发挥了重要的作用,我国目前已成为世界上最大的猪肉生产国和消费国。随着人们生活水平的提高,猪肉产品的供求关系发生了重大变化,养猪生产已由追求数量型向发展质量型转变,特别是国内开始实施的农产品市场准入制度,猪肉产品的安全卫生、品质营养已经成为人们关注和追求的目标,要求生产的猪肉不含可能损害或威胁人体健康的因子和隐患,不会导致消费者中毒和感染疾病,不会产生危及消费者及其后代的健康。通过近几年的实施,无公害猪肉产品得到了社会的普遍认可。因此,今后养猪生产发展的方向是:实施标准化生产,规范化管理,实施可追溯制度,生产无公害猪肉产品,提高养猪生产的效益。从这一角度出发,本书结合农村和规模化饲养场养猪生产的特点,从实施标准化生产的角度,介绍了商品猪场的建设、饲养的品种、生长发育规律、营养需要和饲料配制及当前推广的自然养猪法新技术;并着重介绍了商品猪各个阶段的饲养管理以及相关的种猪的管理、繁殖,从影响产品质量的疫病和药物残留问题为出发点,介绍了无公害生产、当前主要发生的疫病及防治措施。

编　者
2009 年 7 月

目　录

第一章　猪的品种

本章的重点是引进品种的生产性能，掌握和了解引进品种和地方品种的知识，便于商品猪在生产中的推广应用。

在当前的商品猪生产中，主要以引进的大约克猪、长白猪、杜洛克猪、汉普夏猪、双肌臀猪等品种作为父本，用地方品种的母猪作为母本进行二元杂交、三元杂交，生产的后代进行商品猪生产，充分利用了品种间的杂交优势，提高了商品猪的生长速度和饲料利用率，逐步形成了规模化、标准化的生产格局。

第一节　引进的品种

一、大约克夏猪

大约克夏猪又名大白猪，原产于英国北部的约克郡及其附近地区，于18世纪育成，是遍及世界、经久不衰的著名瘦肉型猪种。该猪适应性强，生长快，繁殖性能好，瘦肉率高。在商品猪生产中，被广泛用作与本地猪杂交的父本。

（一）体型外貌

大约克夏猪体型大，毛色全白，少数额角皮上有小暗斑。头颈较长，面微凹，耳稍向前立、中等大小直立是大约克夏猪的典型特征，体躯长，背腰微弓，腹线平直，后驱宽长；四肢较高，肌肉发达。母猪乳头发育良好，乳头平均7对。公猪睾丸发育好而对称。

(二)肥育性能

大约克夏猪具有增重快,饲料利用率高,肉质较好的优点。据山东省济宁原种猪场1998年对40头大约克夏猪进行育肥性能测定,在前期每千克日粮含消化能 12.9 兆焦、粗蛋白质 16.5%、赖氨酸 0.82%,后期分别为 12.5 兆焦、14.6% 和 0.69% 的营养水平下,育肥猪在 23.69~95.83 千克阶段的日增重为(744±10)克,料重比 2.7:1,瘦肉率 63.86%。据法国伊彼得公司介绍,山东省于 1998 年 8 月从该公司引进的大约克夏猪,达到 100 千克体重,公猪 138.7 日龄,母猪 144.6 日龄;35~105 千克阶段日增重,公猪 1 061 克,母猪 1 027 克;100 千克活重的公猪膘厚 1.49 厘米,母猪 1.59 厘米,料重比 2.52:1。

(三)繁殖性能

大约克猪 5~6 月龄由发情表现,生产中多为 9 月龄,即第 2~3 个情期配种。据山东省济宁原种猪场统计,大约克夏猪初、经产平均窝产活仔 11.3 头,初生窝重 14.70 千克;20 日龄窝均活仔 10.04 头,窝重 56.30 千克;60 日龄断奶窝均育成 9.80 头,窝重 215.14 千克。

用大约克夏猪作二元杂交的父本,后代的肥育性能都有一定程度的提高,并在繁殖性能上呈现一定的杂种优势,由于杂交商品猪适应性较强,加之二元杂交母猪繁殖性能好,是三元杂交的优良母本,所以利用大约克夏猪作父本杂交成为最普遍的组合。大约克夏猪具有适应性广,繁殖率高的特点,杂交效果较好,成为良好的二元杂交的父本和三元杂交的第一父本。

二、长白猪

长白猪原产于丹麦,是世界著名的瘦肉型品种。原名兰德瑞斯,意即"本地猪",因其又长又白,在我国称之为长白猪。该猪生长快,瘦肉率高,繁殖性能好。

(一)体型外貌

长白猪全身白色,头轻鼻直,两耳向前下平行伸直,是区分大约克夏猪的重要标志,背腰特长,腹线平直,后躯肌肉特别发达。皮薄,骨细而结实。母猪乳房发育良好,有效乳头 7～8 对。公猪睾丸发育对称。

(二)肥育性能

长白猪生长发育快,6 月龄体重可达 90 千克。成年公猪体重为 250～350 千克,成年母猪体重为 200～300 千克。商品肉猪在170～180 日龄、体重 90 千克时,平均日增重 680～786 克,料重比3:1,瘦肉率达 64%。

长白猪在较好的饲养条件下,生长发育快,饲料报酬高,遗传性能稳定,繁殖力高。通过饲养试验,使用长白猪与山东省的一些地方黑猪杂交,在中等饲养条件下,一代杂种商品猪生长快、报酬高,瘦肉率也有较大的提高。近几年,由于瘦肉猪生产的发展,对长白猪的需求量增大,长白猪发挥了更加明显的增产作用。用长白猪作二元杂交的父本,或三元杂交的终端父本,后代的肥育性能都有较大提高。由于长白猪及其二元杂交母猪的繁殖性能都较好,所以利用长白猪作父本生产杂交母本的应用日益广泛。

三、杜洛克猪

杜洛克猪原产于美国东北部,是美国目前分布最广的品种。它的突出特点是,生长快,饲料转化率和瘦肉率高,体质结实,生活力强,放牧性能好,容易饲养,但产仔哺乳力稍差。杜洛克猪与其他猪种杂交后,能显著提高生长速度、饲料转化率和瘦肉率,因此多被用作杂交生产商品瘦肉猪的终端父本。

(一)体型外貌

杜洛克猪被毛呈棕红色,由金黄色到暗棕色。头较小而清秀,面部微凹,耳中等大小,略向前倾,耳尖下耷不直立。胸宽且深,身腰较长,背呈弓形。腿臀肌肉丰满发达,四肢及骨骼粗壮结实,蹄直立,壳黑色。该猪性情温和,母猪有效乳头 6~7 对。

(二)肥育性能

据丹麦 20 世纪 90 年代国家测定站报道,杜洛克公猪 30~100 千克阶段,平均日增重 936 克,料重比 2.37:1,瘦肉率 59.8%。农场大群测试,公猪平均日增重 866 克,母猪 816 克,瘦肉率 59%。

据山东省临沂地区种猪场 1985—1986 年、1987—1988 年两次在前期每千克日粮含消化能 12.71 兆焦、可消化粗蛋白质 140 克,后期 12.54 兆焦、124 克的营养水平下测定,平均日增重 692 克,料重比 3.15:1,屠宰率 73.77%,膘厚 2.24 厘米,瘦肉率 66.13%。

(三)繁殖性能

据国内几个杜洛克种猪场报道,杜洛克猪平均窝产活仔 9~9.9 头,初生窝重 13 千克左右,但因早期缺奶,育成率比较低。据山东省临沂地区种猪场 1984—1989 年观测,生长发育良好的后备猪,6~7 月龄有发情表现,8 月龄以上可交配受孕。母猪发情时,外阴部红肿,精神不安,食量减少。发情周期(20.17±2.4)天,发情持续期为 3~5 天,一般在发情后第二天开始交配。妊娠期平均 115.14 天。据 1989 年对 34 窝经产母猪统计,平均产仔数 10.58 头,活仔 10.03 头,初生窝重 15.22 千克,个体重 1.52 千克;20 日龄泌乳力 33.62 千克;60 日龄断奶窝重 95.88 千克,个体重 13.73 千克,哺育率 69.6%,由于多种原因,哺乳效果较差。

用杜洛克猪作二元杂交的父本,或三元杂交的终端父本,后代的肥育性能都有较大幅度的提高,尤以饲料报酬的提高更为明显而稳定,所以利用杜洛克猪作父本进行杂交的甚为普遍,尤其是用作三元杂交的终端父本。

杜洛克猪是应用范围较广的猪种,由于杂交后代饲料报酬提高明显,肉质也较好,并且随着母猪早期干奶现象逐步克服,杜洛克猪已成为生产中的优良父本。

四、汉普夏猪

汉普夏猪原产于美国肯塔基州的布奥尼地区,该猪具有背膘薄,瘦肉率高的特点。在商品瘦肉猪生产中,一般用作杂交或生产商品猪的终端父本。

汉普夏猪被毛黑色,在肩颈结合处有一白带(包括肩和前肢,但不超过体长的 1/4)。后躯为黑色,后肢飞节以上不能有白斑。嘴长直,耳中等大小直立,体躯较长,背腰微弓,腹不下垂,肌肉发达,骨骼粗壮。

成年公猪体重 315~410 千克,成年母猪体重 250~340 千克,商品猪体重达 90 千克需 157 日龄,日增重 827 千克,料重比 2.8:1,瘦肉率达 64%。山东省测定,日增重 664 千克,料重比 2.9:1,瘦肉率 64.7%。

五、双肌臀猪

双肌臀种猪是在大约克、长白和杜洛克三个品系的基础上选育的新品系。双肌臀猪的后躯左右各有一块突出的肉块条,故称为"双肌臀"。该猪生后 2~4 月龄时从上往下观察,前胸和后躯发达呈哑铃状,并且肌肉棱角清晰,它表现为前膀、后躯宽大、肌肉附着力高。分为大约克、长白和杜洛克三种体型。大约克猪体型结实,适应性好,对不良环境的适应性强,成活率高。长白猪体型长,乳头多,母性及护仔性好,泌乳量大,肢体较原长白猪显著改进。杜洛克猪粗壮结实,对环境的适应性强,由于产仔数偏低,一般只作为终端父本使用。

双肌臀猪具有生长速度快、耗料少、瘦肉率高、背膘薄、繁殖性能好等特点。种猪及生产的三元杂交猪达到 100 千克体重时,所需天数较普通型提前 5～10 天,瘦肉率提高 2～3 个百分点,屠宰率提高 2～3 个百分点,饲料报酬提高 2%～4%。

第二节　配套系品种

"配套系"种猪是国外利用基因技术将世界上 30 多种名优种猪的遗传基因进行最优化组合培育而成的。

"配套系"猪种有 4 大优势:

1.瘦肉率更高　"配套系"瘦肉率在 65%～70%,"洋三元"在 60%～65%。

2.繁殖能力更强　"配套系"一胎产仔 12 头以上,两年 5 胎,"洋三元"一胎 8～9 头,一年 2 胎。

3.生长周期更短　"配套系"长到 90～100 千克需 160 天左右,"洋三元"则需 170 天左右。

4.成本更低　"配套系"每长 1 千克消耗饲料 2.8 千克以下,而"洋三元"消耗 3.0 千克左右。我国是世界上最大的生猪生产国和销售国,但目前猪种总体品质不佳,本地猪和国外优质猪杂交的"二元"杂交和"三元"杂交猪占全国种猪的 50%～70%,"洋三元"占 40%左右。国外的种猪公司正逐渐以优质的"配套系"猪种、猪肉和相对低廉的成本、价格打入我国城乡市场,我国生猪生产形势不容乐观。

目前我国的配套系主要有以下几种。

一、光明猪

光明猪配套系是深圳光明畜牧合营有限公司培育,由父系、母系两个专门化品系组成,父系是以杜洛克猪为素材,光明母系是以施格母系猪为素材,分别组建基础群,经过 5 个世代选育而成。1998 年通过国家畜禽品种审定委员会猪品种审定专业委员会审定。光明猪在我国港澳市场很受欢迎。

二、PIC 猪配套系

PIC 猪是英国 PIC 种猪公司培育的五系配套猪,商品代生长速度快,158 天可达 110 千克,瘦肉率 66%,料肉比 2.8:1。瘦肉率高,肉质细嫩、质量好。免疫力强,对环境适应性较好。目前,猪肉出口以日本、韩国、东南亚等国家和地区为主,年出口量 2 000 吨以上。

三、迪卡猪配套系

我国由美国引进迪卡配套系曾祖代种猪,由五个系组成,这五个系分别称为 A、B、C、E、F。这五个系均为纯种猪,可利用进行商品肉猪生产,充分发挥专门化品系的遗传潜力,获得最大杂种优势。迪卡猪具有产仔数多、生长速度快、饲料转化率高、胴体瘦肉率高的突出特性,除此之外,还具有体质结实。群体整齐、采食能力强、肉质好、抗应激等一系列优点。父母代母猪产仔数初产母猪 11.7 头,经产母猪 12.5 头。商品代达 90 千克体重日龄为 150 天,料肉比 2.8:1,胴体瘦肉率 60%,屠宰率 74%。

四、斯格配套系

斯格配套系猪是欧洲国家比利时斯格遗传技术公司选育的种猪。母系和父系的一般特征为:配套系母系体长、性成熟早、发情症状明显、窝产仔数多、仔猪初生体重大、均匀度好、健壮、生活力强,母猪泌乳力强。父系生长速度快、饲料转化率高,屠宰率高,腰、臀、腿部肌肉发达丰满,背膘薄,瘦肉率高。终端商品育肥猪(又称杂优猪)具有以下特点:

(1)外貌被毛全白、肌肉丰满、背宽、腰厚、臀部极发达,整齐度好,外貌美观。

（2）性能生长快，25～100千克阶段日增重900克以上，育肥期饲料转化率1∶1∶2.4，屠宰率75％～78％，瘦肉率66％～67.5％，肉质好，肌内脂肪2.7％～3.3％，应激反应阴性。

五、托佩克配套系

荷兰TOPIGS国际种猪公司选育的五系配套种猪。特点：体型整齐、四肢结实、生长快、肉质好、抗病力强、繁育性能好。商品猪150天体重可达110千克，胴体瘦肉率超过65％，平均背腰厚1.8厘米以下，父代、母代猪产仔数平均超过12.7头。

托佩克种猪与现有的国外引进配套系猪一个很大不同点在于三系配套，比较简练灵活，生产体系的种用率比较高。

1.托佩克A系　A系是在纯种大白猪的基础上选育的，具有母性强、产仔数高、仔猪成活率高、瘦肉率高的特点。因此A系主要以其繁殖能力强作为育种目的，一般作母系的母本。

2.托佩克B系　B系被公认为优秀的母系父本，具有100％应激阴性，在育种目标上75％为繁殖能力，体现在窝产仔数高和哺乳期成活率高，25％为肥育性能即生长快、背膘薄和肉质品质。

3.托佩克T40系　A系母猪用B系公猪配种，后代为T40系（F_1代）。其特点是发情明显、肢体结实、采食量高、泌乳力强、母性强、产仔数高、仔猪成活率高、使用年限强、100％应激阴性、生产性状稳定、全世界范围内每年平均提供断奶仔猪数25.2头，被誉为"产仔冠军"。

4.托佩克E系　E系作为终端公猪使用，具有出生仔猪活力强、采食量高、四肢肌体强壮、仔猪均匀度高、优秀的育肥性状、饲料转化率高、育肥猪上市均匀的特点。

六、欧得莱猪配套系

欧得莱猪配套系是得利斯集团公司与莱芜市畜牧局合作培育

出生长速度快、瘦肉率高、肉质好的商品猪。欧得莱猪配套系是由鲁莱黑猪、长白猪、杜洛克猪三个专门化品系配套而成。抗病率和肉质比外三元和其他国外配套系有明显的提高,其生长速度、饲料报酬、瘦肉率仅次于杜长大三元杂交猪。

七、渝荣 1 号猪配套系

"渝荣 1 号猪配套系"是重庆市畜牧科学院培育,是以优良地方猪资源为基础培育的三系配套猪。该配套系克服了现有瘦肉型猪种(配套系)生产类型单一、猪肉品质差、抗逆境能力弱和繁殖性能不高等不足,是一个适应性广、抗逆性强、肉质优良、繁殖性能好的具有中国养猪特色的配套系。

八、海波尔配套系

海波尔种猪公司于 2003 年 5 月由加拿大最大的种猪生产者杰纳克种猪公司与荷兰泰高集团下属的海波尔种猪公司合作而育成,结合了原海波尔与杰纳克种猪的优势,具有更广泛的种猪遗传材料。

九、伊比得配套系

伊比得配套系猪是法国伊彼得种猪优选公司选育的种猪,根据我国市场的实际情况,2000 年选择引进 FH016、FH019 这两个父系和 FH012、FH025 这两个母系的原种,组成了伊彼得四系配套的繁育体系。伊比得配套系猪有一个很大的特点,就是商品猪的生产模式可以有如下三个:

(1)父母代 FH304 公猪与 FH300 母猪交配,商品猪被毛全白、肌肉丰满,体质结实,具备理想的瘦肉型猪体型,其生产性能水平如下:育肥期平均日增重 999 克;育肥期饲料转换率 1∶2.54;瘦肉率高,肉质好,肌内脂肪 2.8%。

（2）祖代 FH016 公猪与父母代 FH300 母猪交配，商品猪被毛全白、肌肉丰满、体质结实，具备理想的瘦肉型猪体型，其生产性能水平如下：育肥期平均日增重 735 克；育肥期饲料转换率 1：2.72；瘦肉率高，肉质好。

（3）祖代 FH019 公猪与父母代 FH300 母猪交配，商品猪被毛全白、肌肉丰满、体质结实，具备理想的瘦肉型猪体型。

第三节　地方品种

一、沂蒙黑猪

沂蒙黑猪原产于沂蒙山区，沂蒙黑猪是一个早熟，耐粗饲，抗病力强，繁殖力高，生长发育较快的地方良种。

（一）体型外貌

体型中等、结构匀称紧凑，体质健壮。四肢结实，黑毛灰皮，头大小适中。嘴较短微噘，额部宽有金钱形皱纹，耳中等大小，耳根硬，耳尖向前倾罩。颈部宽短，胸宽而深，双脊双背，背腰平直，生殖器官发育良好。性情温顺，护仔力强，泌乳力高，乳头 7～9 对。

（二）生长发育

据山东省临沂地区种猪场、沂水县良种繁育场、莒县良种繁育场、日照市食品公司良种繁育场等单位 1～5 世代 6 月龄 103 头后备公猪、436 头母猪的体重、体长分别为（59.96±2.41）千克、（103.8±1.67）厘米与（59.21±2.61）千克、（102.07±2.06）厘米；8 月龄 103 头后备公猪、469 头母猪分别为（86.84±3.37）千克、（118.68±2.54）厘米与（88.06±3.57）千克、（115.91±2.35）厘米。100 头成年公猪、423 头母猪，体重分别为（204.93±5.27）千克、（150.06±6.83）千克；体长分别为（160.55±4.06）厘米、（141.37±2.48）厘米。

(三)繁殖性能

沂蒙黑猪一般 3 月龄达到性成熟。公猪利用 4～6 年,母猪 5～7 年,发情周期平均 21 天,发情持续期 3～4 天,个别 5～6 天,怀孕期 114 天。初产母猪平均每窝产仔 8.8 头,断奶窝重 101.8 千克;经产母猪每窝产仔 10.8 头,断奶窝重 133.7 千克。

(四)肥育性能

据 1984—1985 年 85 头猪的育肥测定,在前、后期每千克日粮含消化能分别为 12.21 兆焦、11.79 兆焦,粗蛋白质 16.5%、14.1% 的水平下,体重 20～90 千克阶段,日增重(553±8.20)克,每千克增重耗精料 3.57 千克。

据对宰前体重 90 千克的 85 头肥育猪测定,屠宰率(73.34±0.42)%,背膘厚(3.41±0.10)厘米,后腿比例 27.99%,1～4 号肉占胴体 31.51%,脂肪率(30.00±0.60)%,瘦肉率(48.31±0.49)%,皮占胴体(11.48±0.25)%,骨占胴体(10.17±0.19)%。

汉普夏猪与沂蒙黑猪杂交的肉猪平均日增重 668 克,料重比 3.16：1,瘦肉率 55.6%;杜洛克与沂蒙黑猪杂交的肉猪平均日增重 630 克,料重比 3.23：1,瘦肉率 54.1%。杂交商品猪的肉用性能明显高于沂蒙黑猪。

二、五莲黑猪

该品种原产于山东省潍坊市南部各县区,以五莲县为中心产区。表现为体型中等,结构匀称,体质结实。毛色全黑,被毛粗密。头大小适中,嘴筒粗长,耳中等大、下垂。额宽有菱形皱纹,肩宽,背腰平直,腹大紧凑,四肢较粗壮,后躯较丰满。母猪有效乳头 7 对以上。

五莲黑猪 6 月龄后备公猪、后备母猪,体重分别为 38.54 千克与 46.9 千克,体长为 89.5 厘米与 98.69 厘米。经产母猪产仔 9.88 头,双月断奶成活 9.38 头,窝重 107.98 千克。商品育肥猪日增重 562 克,料重比 3.31:1,瘦肉率 52.05%。瘦肉率高在地方品种中比较少见,尤其是前躯发育良好,前腿瘦肉重量大,是较突出的优点。

在选育五莲黑猪的进程中,进行了以五莲黑猪为母本,同引进的瘦肉型父本的杂交试验。筛选的杜洛克×五莲黑猪二元杂交商品猪组合,日增重 531 克,料重比 3.44:1,瘦肉率 61%,比五莲黑猪提高 49 克、0.61 和 10.62 个百分点。

五莲黑猪是一个较好的地方猪种,具有体质结实,耐粗饲、抗病力强、瘦肉率较高,尤其是前躯发育好的特点,加强选育,扩大猪群,搞好配合力测定,充分利用杂种优势进行商品生产的开发前景广阔。

三、莱芜猪

莱芜猪原产于山东省莱芜市,分布于泰安市及毗邻各县。

(一)体型外貌

莱芜猪体型中等,体质结实,被毛全黑,毛密鬃长,有绒毛,耳根软,耳大下垂齐嘴角,嘴筒长直,额部较窄有 6～8 条倒"八"字纵纹,单脊背,被腰较平直,腹大不过分下垂,后躯欠丰满,斜尻,铺蹄卧系,尾粗长,有效乳头 7～8 对,排列整齐,乳房发育良好。

(二)繁殖性能

据测定:莱芜猪初情期平均为(112.83±2.4)日龄,初配为(153.31±2.11)日龄、体重(49.32±1.98)千克,情期受胎率(83.41±2.10)%,发情周期平均(20.15±0.51)天,妊娠期(112.76±0.22)天,发情持续期(107±1.90)小时。公猪初情期为(106.25±3.68)日龄,6 月龄采精量(36.25±2.82)毫升,精子活力 0.56±0.02;8 月龄分别为(70.68±3.54)毫升,(0.70±0.17)。实践观察,莱芜母猪初配期应在 6 月龄阶段、体重 60 千克为宜,公猪应在 7 月龄阶段,体重 60～70 千克为宜。

莱芜黑猪初产母猪平均产仔 10.79 头,经产 14.76 头。商品育肥猪日增重 421 克。

四、里岔黑猪

里岔黑猪以其产地和毛色而得名。主要分布于胶县、胶南、诸城三县交界的胶河流域。里岔乡为其中心产区。

(一)体型外貌

体质结实,结构紧凑,毛色全黑。头中等大小,嘴筒长直,额有纵纹,耳下垂。身长体高,背腰长直,腹不下垂。乳头 7 对以上,呈平直线附于腹下。四肢健壮,后躯较丰满。

(二)生长发育

1989 年底测定二世代里岔黑猪后备公猪 26 头,6 月龄体重(74.50±3.11)千克,体高(58.19±0.13)厘米,体长(120.08±2.0)厘米,胸围(92.50±1.86)厘米;88 头母猪,6 月龄体重(77.14±1.39)千克,体高(59.24±0.57)厘米,体长(120.31±0.92)厘米,胸围(95.33±0.83)厘米。一世代 57 头成年母猪体重(209.70±23.40)千克,体高(81.89±4.18)厘米,体长(169.80±6.62)厘米,胸围(142.64±7.50)厘米。

(三)繁殖性能

后备公猪初次出现爬跨行为的时间平均为 93 日龄、体重 29 千克;初次出现交配动作的时间平均为 113.3 日龄、体重 32 千克;出现爬跨动作,阴茎伸出包皮,射出精液具有正常交配能力在 130 日龄、体重 48 千克左右。

后备母猪性成熟平均为 177 日龄、体重 81 千克左右。第二情期 197 天左右,体重 91 千克。发情持续期 5.35 天,发情周期 20 天。初产母猪断奶后 10 天左右发情,经产母猪断奶后 12 天左右发情。

据选育群一、二世代母猪统计,初产母猪平均产仔 9 头以上,个别达 15 头;经产母猪平均产仔 12 头以上,最高达 21 头。20 天泌乳力初产为 32 千克,经产 40 千克以上。60 日龄断奶窝重初产 133.6 千克,经产 172.82 千克。

(四)肥育性能

据 1～2 世代 201 头同胞育肥测定,在前、后期每千克混合料含消化能 12.62 兆焦、12.33 兆焦,可消化粗蛋白质 126.9 克、107.23 克的营养水平下,体重 20.12～95.00 千克阶段,平均日增重 (586±7)克,每千克增重耗混合料 3.68 千克,其中精料 3.44 千克。

胴体品质:据 1～2 世代 100 头猪屠宰测定,平均宰前体重 99.34 千克,屠宰率 72.81%,胴体瘦肉率 47.03%。

五、太湖猪

主要产于长江下游及太湖流域的地方猪种。分布在江苏、浙江省和上海市交界的太湖流域。太湖猪品种内有若干不同地方类群,有二花脸猪、梅山猪、枫泾猪、嘉兴黑猪、横泾猪、米猪和沙乌头猪等。二花脸猪以江苏省的舜山四周为母猪繁殖中心,主要分布在江阴、武进、无锡、常熟、沙州、丹阳、宜兴及靖江等县。梅山猪以太湖排水干道——浏河两岸为繁殖中心,主要分布在上海市嘉定及江苏省太仓、昆山等县。嘉兴黑猪主要分布在浙江省嘉兴、平湖、嘉善及浙北地区其他各县。枫泾猪以上海、浙江交界的枫泾镇为集散地,主要分布在金山、松江、吴江等县。横泾猪以江苏省吴县的横泾镇为繁殖中心分布于附近各乡。米猪主要分布于江苏省金坛、扬中两地,与之毗邻的溧阳、丹徒、丹阳、武进的部分乡镇亦有饲养。

(一)体型外貌

太湖猪体型中等,各类群之间存在一定差异。梅山猪体型较大,骨骼较粗,成年猪体重:公猪 192 千克,母猪 172 千克。体长分别为 154 厘米和 147 厘米,胸围分别为 134 厘米和 128 厘米。体高分别为 90 厘米和 77 厘米;米猪骨骼较细;二花脸猪、枫泾猪、横泾猪和嘉兴黑猪则介于二者之间;沙乌头猪体质较紧凑。太湖猪头大额宽,额部皱褶多且深,耳特大,软而下垂,耳尖齐或超过嘴角,形似蒲扇。全身被毛黑色或青灰色,毛稀疏,毛丛密,毛丛间距离大,腹部皮肤呈紫红色,也有鼻吻白色或尾尖白毛。梅山猪的四肢末端为白色。乳头数为 8～9 对的个体约占 82%。

(二)繁殖性能

产区育种场,初产母猪平均产仔 12.14 头,二胎 14.48 头,三胎及三胎以上平均 15.83 头。各类群之间差异不显著。太湖猪的高繁殖性能与其性器官、性机能发育早密切相关。小公猪首次采精日龄:二花脸猪为 56～66 天,嘉兴黑猪 74～77 天,梅山猪82.3 天,枫泾猪 88 天。二花脸小公猪 90 日龄时可以采到正常精液。4～5 月龄时精液品质已基本达到成年公猪的水平。小母猪首次发情日龄,二花脸猪平均为 64 天、体重 15 千克。母猪在一个情期内的排卵数,二花脸猪 4 月龄为 17.33 枚,8 月龄 26 枚;枫泾猪8 月龄 16.7 枚,成年时达 31 枚;成年嘉兴黑猪平均为 21.68 枚;梅山猪 29 枚。

(三)育肥性能

梅山猪 25～90 千克体重阶段,日增重 439 克,每千克增重耗精料 4 千克,青饲料 3.99 千克,折合消化能 51.63 兆焦;嘉兴黑猪25～75 千克体重阶段,日增重 444 克,每千克增重耗精料 3.82 千克,青饲料 0.21 千克,折合消化能 45.35 兆焦。太湖猪屠宰率为65%～70%,胴体瘦肉率不高,皮、骨和花油、板油所占比例较大,瘦肉中的脂肪含量较高,各类群之间略有差异。梅山猪皮重占比例较高,二花脸猪和米猪的脂肪较多。75 千克体重的枫泾猪胴体瘦肉率 39.92%、脂肪 26.39%、皮 18.08%、骨 11.69%;74 千克体重的嘉兴黑猪屠宰率 69.43%,肌肉含水量 74.36%,粗蛋白质含量 23.05%,肌纤维直径 36.46 微米。

六、北京黑猪

分布于北京市朝阳区、海淀区、昌平县、顺义县、通县等地。

(一)体型外貌

体质结实,头大小适中,两耳向前上方直立或平伸,面微凹,额较宽。背腰较平直、且宽。四肢健壮,腿臀较丰满。全身被毛黑色。乳头多在 7 对以上。成年公猪体重 262 千克,体长 153 厘米,胸围 156 厘米,体高 86 厘米;成年母猪相应为 220.3 千克,145.4 厘米、148.8 厘米和 78.7 厘米。

(二)繁殖性能

母猪初情期为 201~226 日龄,发情持续期 52~66 小时,排卵数 12~15 枚。经产母猪排卵数为 16 枚。小公猪 3 月龄出现性行为,4~5 月龄体重达 35~45 千克时能交配,生产中多于 6.5~7 月龄体重达 65~75 千克后才作种用。头胎母猪产活仔数 10.1 头,三胎及三胎以上母猪产活仔数 10.33 头(总产仔数 11.52 头)。

(三)生产性能

生长肥育猪在一般饲养条件下日增重 609.91 克,每千克增重耗混合料 3.7 千克。体重 90 千克屠宰,屠宰率 72.41%,胴体瘦肉率 51.48%。以北京黑猪为母本与长白猪杂交,平均产仔数 13.03 头,杂交猪 20~90 千克阶段,日增重 521.7,每千克增重耗混合料 3.6 千克,胴体瘦肉率 51.78%。三元杂交"大长北"生长肥育猪,效果较好,体重从 20~90 千克阶段约需 103 天,日增重 679 克,每千克增重耗混合料 3.19 千克,屠宰率 72.26%,平均膘厚 3.26 厘米,胴体瘦肉率 58.16%。"杜长北"生长肥育猪在相似条件下,日增重 622.8 克,每千克增重耗料 3.35 千克,屠宰率 75%,6~7 肋间背膘厚 3.3 厘米,胴体瘦肉率 58.52%。

七、上海白猪

产于上海市的上海、宝山两地,主要繁殖中心是上海的虹桥、新泽,宝山的彭浦、江湾和嘉定等地,分布于近郊。

(一)体型外貌

上海白猪体型中等偏大,皮毛白色,体质结实,头面平直或微凹,耳中等大微前倾,背宽,腹稍大,腿臀较丰满,乳头较细排列稀,平均 7.3 对。成年公猪平均体重 258 千克,体长 167 厘米,体高 90 厘米,胸围 152 厘米,胸深 53 厘米;成年母猪相应为 177 千克、149 厘米、76 厘米、132 厘米和 46 厘米。

(二)繁殖性能

公猪在 8～9 月龄,体重 100 千克以上开始配种,成年公猪一次射精量 250～300 毫升,利用年限一般为 3～4 年。多数母猪于 8～9 月龄,体重 90 千克时初配。初产母猪平均产仔 9.43 头,初生个体重 1.036 千克,60 日龄窝重 134.3 千克;经产母猪平均产仔 12.93 头,初生个体重 1.093 千克,60 日龄窝重 185.01 千克。上海白猪泌乳量较高,在较好的饲料条件下,三、四胎母猪 60 天的泌乳量平均为 498 千克。

(三)育肥性能

生长育肥猪体重 22～90 千克阶段饲喂 109 天,日增重 615 克,每千克增重耗料 3.62 千克,折合消化能 42.76 兆焦。体重 90 千克时屠宰,屠宰率 70.5%,胴体瘦肉率 52.42%,皮厚 0.31 厘米,膘厚 3.69 厘米。胴体中脂肪、皮、骨分别占 30.55%、8.1% 和 8.85%。

(四)杂交利用

生产上采用二元和三元杂交,如杜上、杜枫上、苏枫上三个组合,日增重分别为 628 克、643 克和 641 克。在瘦肉率更高的组合中,用杜洛克、汉普夏、长白猪、上海白猪四元杂交,平均瘦肉率可达 65.51%，屠宰率 75.71%，皮厚 0.26 厘米，膘厚 2.41 厘米，肥育期平均日增重 624 克，每千克增重耗料 3.34 千克。

八、哈尔滨白猪

哈尔滨白猪简称哈白猪，产于黑龙江省南部和中部地区，以哈尔滨市及其周围各县饲养头数较多，并广泛分布于滨州、滨绥、滨北和牡佳等铁路沿线。

(一)体型外貌

体型较大，全身被毛白色，头中等大小，两耳直立，颜面微凹，背腰平直，腹稍大、不下垂，腿臀丰满，四肢强健，体质结实，乳头在 7 对以上。

(二)生长发育

在一般饲养条件下，8 月龄公猪体重为 96.2 千克，体长为 115.2 厘米；母猪分别为 88 千克和 114.2 厘米。

(三)繁殖性能

母猪一般在 8 月龄体重 90～100 千克时配种，公猪在 10 月龄 120 千克时开始配种。据对 380 窝初产母猪的统计，平均产仔数为 9.4 头，60 日龄断乳窝重为 121 千克。根据 1 000 多窝经产母猪的统计，平均产仔 11.3 头，断奶窝重 158 千克。

(四)肥育性能

在每千克混合精料含消化能 12.55 兆焦、可消化粗蛋白 160 克左右的饲养条件下，肥育猪 104 头从体重 14.95 千克养至 8 月龄，体重达 120.6 千克，平均日增重 587 克，增重需混合精料 3.7 千克和青饲料 0.6 千克，膘厚 5 厘米，皮厚 0.31 厘米。90 千克屠宰时，脂肪占 41.09%，肌肉占 45.05%，皮肤占 5.39%，骨骼占 8.47%，肉质细嫩，但肉色偏白。

哈白猪与民猪、三江白猪和东北花猪进行正反杂交，所得一代杂种猪，在日增重和饲料利用率上均呈现出较强的杂种优势。

九、金华猪

产于浙江省金华地区的地方猪种。主要产于浙江省东阳、义乌、金华等县。分布于浦江、永康、武义等县。金华猪皮薄骨细,肉质细嫩,颜色鲜红,肥瘦适中,适于腌制加工。当地腌制猪肉已有八九百年历史。金华火腿品质优良,色、香、味、形俱佳,是著名的传统产品之一。

(一)体型外貌

体型中等偏小,毛色以中间白、两头黑为特征,即头颈和臀部为黑皮黑毛,体躯中间为白皮白毛,在黑白交界处有黑皮白毛"晕带",因此又称"金华两头乌猪"。头型中等,额有皱纹,耳下垂不过嘴角。背微凹,腹较大微下垂,臀较倾斜,四肢较细短,蹄坚实呈玉色。乳房发育良好,乳头数平均 8 对。金华猪成年公猪平均体重 111.8 千克,体长 127 厘米,胸围 113 厘米,体高 73 厘米;成年母猪相应为 97 千克、122 厘米、106 厘米和 61 厘米。

(二)繁殖性能

小公猪最早在 64 日龄体重 11 千克时出现精子,101 日龄时已能采得精液。母猪在 60～75 日龄时卵巢中已有发育良好的卵泡。初产母猪产仔数为 10～11 头,三胎及三胎以上产仔数 13～14 头,仔猪成活率 97.17%,仔猪初生重 0.65 千克。

(三)肥育性能

一般饲养 10 个月左右体重可达 70～75 千克。通常 50～60 千克屠宰,所得后腿可制成 2～3 千克的火腿,屠宰率为 71.71%,板油重 3.13 千克,膘厚 3.87 厘米,皮厚 0.33 厘米,后腿比例 30.94%,胴体中瘦肉占 43.36%,脂肪占 39.96%,皮占 8.54%,骨占 8.14%。

十、内江猪

内江猪主要产于四川省内江市和内江县,分布于资中、简阳、资阳、安岳、威远、隆昌等县。

(一)体型外貌

被毛全黑,鬃毛粗长,头大,嘴筒短,额面横纹深陷成沟,额皮中部隆起成块,俗称"盖碗",耳中等大、下垂,体型较大,体质疏松,体躯宽深,背腰微凹,腹大不拖地,四肢较粗壮,乳头一般6~7对,皮厚,成年种猪体侧及后腿皮肤有深皱褶,俗称"瓦沟"或"套裤"。按头型可分为"狮子头"和"二方头"两类型,皮厚,被毛全黑。成年公猪体重170千克、体长150厘米、胸围130厘米、体高70厘米;成年母猪相应为154千克、142厘米、122厘米和68厘米。

(二)繁殖性能

小公猪54日龄有爬跨行为,62日龄睾丸和附睾中有成熟精子,5~6月龄开始配种。母猪初情期平均为113天,变化范围74~166天。母猪利用年限较长,适宜繁殖期为2~7岁。2~9月龄后备母猪平均排卵数12.2枚,成年母猪15枚。初产母猪产仔9.35头,经产母猪产仔10.5头左右。

(三)生产性能

在中等营养水平下,生长育肥猪生后180天左右体重达90千克,屠宰率为68%左右,瘦肉率为47%左右,平均膘厚4.0厘米。内江猪皮厚,在0.56厘米以上,其重量约占胴体的14%。适应性强,皮肤隔热作用强,体温调节指数为0.76。其血液生理代偿作用强,在到达高原1周后,血红细胞数达704万/立方毫米,接近藏猪指标。内江猪与各地猪种杂交有较好的杂交优势,是二元杂交的配套品种。在云南、贵州、青海、甘肃等地区反应良好。

十一、两广小花猪

由陆川猪、福绵猪、公馆猪、黄塘猪、塘缀猪、中垌猪、桂墟猪等地方猪归并,统称两广小花猪。分布于广东、广西两省相邻的浔江、西江流域的南部,中心产区有陆川、玉林、合浦、高州、化州、吴川、郁南等地。

(一)体型外貌

体型较小,具有头短、颈短、耳短、身短、脚短和尾短的特点,故有"六短猪"之称。额较宽,有斜方形或菱形皱纹,中间有白斑三角星,耳小向外平伸。背腰宽广凹下,腹大拖地,体长与胸围几乎相等,被毛稀疏,毛色为黑白花,除头、耳、腰、臀为黑色外,其余均为白色,黑白交界处有4~5厘米黑皮白毛的灰色带。乳头6~7对。成年公猪体重130.96千克,体长124.33厘米,胸围122.5厘米,体高62厘米;成年母猪相应为112.12千克,125.30厘米、113.62厘米和55.07厘米。

(二)繁殖性能

性成熟早,60日龄公猪睾丸曲精细管出现精子,90日龄附睾出现精子。120日龄母猪卵巢出现成熟卵泡。体重约50千克时开始初配,发情周期平均20.8天、发情持续期平均54小时,妊娠期113.3天。据农村调查,黄塘猪头胎母猪平均产仔8.2头,二胎8.7头,三胎及三胎以上10.36头,贵县种猪场陆川经产母猪平均产仔12.48头。

(三)生产性能

据西江农场1978—1980年对陆川猪的测定,体重13~85千克的生长肥育猪,日增重307克,每千克增重耗消化能52.59兆焦耳。体重75千克屠宰,屠宰率67.5%,胴体中瘦肉37.2%、脂肪45.2%、皮10.5%、骨7.1%。10月龄育肥猪背部肌肉含脂量为5.86%。

思考题

1.当前商品猪生产中作为常用的种公猪有哪几个品种?

2.为什么进行二元杂交时多选用地方品种作为母系?

3.在本地区目前还保留哪几个地方猪品种?

4.配套系有哪些优势?

第二章 猪的生长发育规律

本章重点是商品猪生长的特点,掌握猪生长过程中的共同规律,搞好饲养管理。

猪是在长期的自然选择和人工选育下形成的,它不同于其他的家畜,猪有其自己的特点,这样我们就可根据猪的特点进行科学的饲养管理,提高经济效益。不同猪的品种,既有共性,也有各自的特性。

第一节 猪的共同规律

(一)性成熟早,属多胎高产动物

猪一般生长到4~5月龄时,达到性成熟,在6~8月龄时进行第一次配种。怀孕后,平均114天的妊娠期就可以产仔。经产母猪一年产仔2窝以上,每窝产仔10头以上。随着早断奶技术的应用,母猪一年可生产2.2~2.5胎,产仔20~25头。

猪繁殖没有季节性,全年均可发情配种。发情周期短,平均21天。

(二)早出栏

从国外引进猪的品种一般6月龄体重达到100千克时,便可育肥出栏;国内猪的地方品种则要饲养到8~12月龄、体重达到100千克时才能育肥出栏。由于养猪生产饲养周期短,资金周转快,规模饲养经济效益很高。

(三)杂食性强

猪的门齿与犬齿较发达,齿冠尖锐,便于吃肉;猪的臼齿发达,齿冠上有治面,面上有横纹,便于食草。胃是介于肉食动物的单胃和反刍动物的复胃之间的中间类型,决定了既能吃肉又能吃草。另外,猪的唾液腺十分发达,内含的淀粉酶是马的14倍,是牛羊的3～5倍;而且胃肠道内有各种消化酶,便于消化吃进的各种动、植物饲料。猪的消化道发达,胃容量为7～8升;小肠长度16～20米,大肠长度为4～5米。如果用猪的体长与肠的长度进行比较,肠的长度与体长之比:国外品种为13.5倍,国内的地方品种为18倍。因此,能广泛地利用植物性、动物性和矿物质饲料。对精饲料的消化率达76.7%,也能很好地消化优质青绿饲料,但对粗饲料中的粗纤维的消化力很弱,这是因为猪胃内没有分解粗纤维的微生物体系,几乎全靠大肠内的微生物分解。

(四)饲养利用率高

猪的维持消耗少,这有利于长肉和长膘。猪的饲料报酬也很高,一般猪的料重比为(3～3.5)∶1。

(五)沉积脂肪能力强

猪肉含蛋白质较多,含脂肪多,因此猪肉热量高。另外,猪肉含水分少,易于贮存。

猪肉的成分见表2-1。

表2-1　猪肉与其他畜禽肉类比较

品种	成分			
	水分/%	蛋白质/%	脂肪/%	热量/(卡/千克)
羊肉	59	11.1	28.8	14.43
猪肉	52	16.9	29.2	14.60
牛肉	69	20.1	10.2	7.53
鸡肉	74	23.3	1.2	4.56

由表 2-1 可见,猪肉与其他畜禽肉相比,含水分最少,蛋白质较多,脂肪最多,热量最高,说明了猪沉积脂肪能力强。对此,在饲养管理过程中,特别是商品猪达 50 千克以上体重时,应控制喂给碳水化合物较多的饲料,以防止沉积脂肪过多,从而降低瘦肉率。

(六)猪的屠宰率高

猪与其他畜禽比,屠宰率最高。猪的屠宰率为 70%～80%,牛为 50%～60%,鸡为 60%～70%。

(七)嗅觉、听觉灵敏,视觉较差

猪的嗅觉异常灵敏,辨别气味能力强。猪依靠嗅觉能力可以准确地找到深埋在地下的食物,识别大群内的个体。仔猪出生后寻找乳头,识别母猪,母猪识别仔猪等,都有赖于嗅觉。在公、母猪的性联系中,听觉、嗅觉也发挥着决定性作用,如利用公猪诱导母猪发情;发情母猪凭借公猪的气味或声音寻找公猪,甚至只要闻到公猪特有的气味,听到公猪的声音,即使公猪不在场,也会表现出"呆立"反应。同样,公猪能敏锐地识别发情母猪的声音,即使距离较远,也能辨别其方位。尤其是猪的听觉相当发达,即使是很微弱的声响都能敏锐地觉察到。猪能够细致鉴别声音的强度、音调和节律,很容易地接受呼名、各种口令及声音刺激而被调教建立条件反射,从而形成习惯。

猪对意外声响特别敏感,尤其是对与饲喂有关的声音更为敏感。当听到这种声响时,立即起来四处望食,并发出饥饿的叫声。对危险的信息警惕性非常高,即使在睡眠状态,也会立即惊醒,站立戒备。这一点要求我们在规划建设猪场时,应远离居民区和公路;同时,规模化养猪时,特别要注意保持猪群安静,避免意外声响,以免惊吓猪群,使猪躁动不安,引起应激。

猪的视觉很弱,视距、视野范围小,缺乏精确的辨别能力,不靠近就看不清楚物体,变色能力也很差,利用这一点,在进行人工授精时,可用假母猪对公猪进行采精。

(八)大猪怕热,小猪怕冷

猪的汗腺退化,只有鼻、面颊、蹄叉处有汗腺,另外,皮下脂肪层厚,阻止了体内热量的散发,大猪体内产生热量多,散不出去;猪的皮肤表皮层薄,被毛稀少,对强力阳光缺乏防护力,白猪尤其如此。这些解剖生理上的特点,决定了大猪不耐热的特性。

肥育猪的适宜温度是20℃左右。在高温条件下,猪表现烦躁,张口喘气,食欲下降,生产性能受到影响。如公猪在炎热的夏季出现性欲下降,精液品质也下降,从而降低了配种能力。通过研究表明,环境温度在35℃时,猪就感觉到很不舒服,超过40℃以上时,则很难维持生命。因此,在夏季高温天气,一定要采取遮阳、增加淋浴、强化通风、调整饲喂时间等措施,降温防暑,减少高温带来的不良影响,保证猪的生长。

仔猪因皮下脂肪少、皮薄、毛细、体表面积相对较大以及体温调节能力差,所以怕冷,怕潮湿。对冬春季出生的仔猪,一定要注意保暖防寒,尤其生后第一周最为关键。

(九)群体位次明显

猪在合群饲养时,有排位次的习性。同一窝猪在一起饲养时,不出现这种现象,能相安无事;不同窝合并饲养时,则会发生激烈的咬斗,直至排出各自的位次后,才能正常有序地生活。在日常饲养中,我们就可以观察到,同品种猪一般以体重大的个体在前列争食;不同品种的猪合群,则排在前列的往往是咬斗力强的个体,而体重不是决定性的因素。因此,在商品猪生产中,饲养时要注意一是组群不要过大,二是最好是同一窝猪,三是组群后不要随意添加和调整。

(十)爱好清洁

猪有爱好清洁的习惯,吃食、躺卧和排便都有固定的位置,一般不在吃睡的地方排泄粪尿,但如果组成的猪群太大或猪圈太小,粪尿清扫不及时造成环境不清洁,猪的好洁性就无法表现。利用这一点,在饲养时要给猪群留有充足的排便空间,及时清扫粪便。

第二节 商品猪生产的特点

一、生长发育的特点

商品猪按其生长发育阶段可分为三个时期,从断奶至体重35千克为生长期,或称为小猪阶段;体重35~60千克为发育期,或称为中猪阶段;体重60千克至出栏为育肥期,或称为大猪阶段。实践证明,小猪阶段不易饲养,很容易感染疫病,影响生长发育,中猪阶段就很容易饲养。因此,抓好小猪阶段的饲养管理是提高经济效益的关键。

二、体重增长的特点

猪的体重是表示身体各部位和各组织生长的综合指标,以日增重作为生长发育的速度。随着日龄的增长,体重逐步增加,在4月龄前生长强度最大,整个体重的75%要在4月龄前完成;到6~8月龄前增重较快,饲料转化率也高;到10月龄以后,增重速度放慢。因此,在商品猪生产中,要抓住增重速度高峰期,加强饲养管理,提高增重速度,减少每千克增重饲料消耗,降低饲养成本。

三、猪日沉积和体组织组成成分的特点

从营养物质日沉积量来看,蛋白质沉积在发育开始时逐渐增加,然后几乎保持不变。脂肪沉积随着发育进展不断增加。因此,在猪的发育过程中,首先生长快的是骨骼,再是肌肉生长发育快,最后是脂肪的发育,养猪后期主要是脂肪沉积。因此,我国群众中流传着"小猪长骨,中猪长肉,大猪长油"的说法。当前商品猪生产

中,追求的是瘦肉型,养大猪不经济,要利用这个规律,在前期给予高营养水平,注意日粮中氨基酸的含量及其生物学价值,促进骨骼和肌肉的快速发育,后期适当控制饲料,减少脂肪的沉积,防止饲料的浪费,又可提高胴体品质和肉质。

　　随着体组织及增重的变化,猪体的化学成分也呈一定规律性的变化,即随着年龄和体重的增长,机体的水分、蛋白质和灰分的含量下降,而脂肪含量则迅速增加(表 2-2)。同时可以看出,随着育肥猪年龄和体重的变化,蛋白质和灰分含量的变化很小,而水分和脂肪的变化则很大,脂肪增加的同时水分下降。猪体化学成分变化的内在规律,是制定商品猪不同阶段最佳营养水平和科学饲养技术措施的理论依据。

表 2-2　猪体化学成分变化

体重/千克	灰分/%	蛋白质/%	脂肪/%	水分/%
15	3.7	16.0	9.5	70.4
20	3.6	16.4	10.1	69.6
40	3.5	16.5	14.1	65.7
60	3.3	16.2	18.5	61.8
80	3.1	15.6	23.2	58.0
100	2.9	14.9	27.9	54.2
120	2.7	14.1	32.7	50.4

思考题

　　1. 为什么大猪怕热、小猪怕冷? 根据这一特点如何加强饲养管理?

　　2. 商品猪可分为几个生长发育阶段?

第三章　猪的营养及饲料

本章的重点是蛋白质、脂肪、碳水化合物、维生素、矿物质对机体的作用；掌握组成饲料的各种原料及饲料配制的基本知识；介绍饲料中允许使用的饲料添加剂、药物饲料添加剂及禁用的药物。

第一节　猪的营养需要

养猪的目的，就是利用各种饲料来生产猪肉。猪能够进行正常的生长、繁殖和生产，主要依靠饲料中的各种营养物质，猪肉就是由饲料中的各种营养物质转化而来的。因此，要想养好猪，必须首先了解猪需要哪些营养物质，这些营养物质中在猪的繁殖、生长和生产中，可以起到什么作用。然后，才能做到合理地利用这些营养物质，利用这些营养物质的不同材料，为猪配合优质日粮，促进猪的生长、繁殖和生产，取得较高的经济效益。

一、营养需要的特点

在生长初期，骨骼生长迅速，骨骼是生长的重点，随着日龄（体重）的增长，生长重点转移到肌肉，直到成年脂肪沉积迅速，沉降脂肪成为重点。也就是说，生长阶段主要是骨骼和肌肉的生长，这一规律决定了蛋白质和矿物质的营养需要特点。

骨骼生长主要与钙、磷有关，由于骨骼生长迅速，因而钙、磷的沉积量很多，并且利用率很高。如钙、磷供给不足或比例失调，将导致骨质疏松，影响生长发育，严重者称为佝偻病或软骨症，有的还能导致死亡。

猪的肌肉生长十分迅速,蛋白质代谢十分旺盛,故体内沉积的蛋白质也多。随着日龄(体重)的增长,生长率逐渐降低,蛋白质代谢强度亦相应减弱,因而体内蛋白质沉积量亦逐渐减少。饲料中的蛋白质是合成肌肉的主要原料,因此在生长阶段,蛋白质要求数量多,质量要求也高,配合日粮时,蛋白质中的氨基酸要求平衡。同时,在生长阶段的不同时期,需要量也不平衡,一般前期比后期要求多,而且质量要求也严格。

到了肥育期,主要是沉积脂肪,越往后越是这样。饲料能量是合成脂肪的主要原料,因此,为了保证胴体品质,肥育期的能量水平不宜过高,并且要与蛋白质水平保持一定的比例。

二、营养需要的种类

猪用于维持生命,进行正常的生长、繁殖和生产的营养物质有六大类:蛋白质、脂肪、碳水化合物、矿物质、维生素和水。除水以外,其他各种营养物质都必须由饲料供给。

(一)蛋白质

猪体内含蛋白质 13%～18%。

1. 蛋白质的营养作用

(1)蛋白质是构成猪体组织的主要原料,猪体内的一切组织和器官,如肌肉、皮肤、被毛、骨骼、血液、神经、内脏等,其主要成分都是蛋白质。特别是在瘦肉猪生产中,蛋白质是提高瘦肉率和生产水平的重要成分。

(2)蛋白质是猪体组织生长、修补和更新时的必需物质,并且可以产生一定的能量。

(3)各种消化液和乳汁分泌需要蛋白质。

(4)产生公猪精子和母猪卵子需要蛋白质。

(5)猪体正常代谢、维持生命所必需的各种酶和激素等,其主要成分也是蛋白质。

（6）猪血液中的抗病物质，如抗体的产生也需要蛋白质。

因此，蛋白质的营养作用不可由其他的物质来替代，它是一切生命活动的物质基础。

2.蛋白质的营养价值　蛋白质是由氨基酸组成的，它主要以粗蛋白的形式存在于饲料中。目前已经证实，组成蛋白质的氨基酸有20多种，而饲料中蛋白质所含氨基酸的种类和数量，可以决定蛋白质营养价值的高低。这是因为，猪吃了饲料中的蛋白质后，需要在消化道中分解为氨基酸，才能被肠道吸收，然后，猪也才能利用这些氨基酸，来合成猪体组织的蛋白质。因此，饲料中蛋白质所含氨基酸的种类和数量，对能否满足猪体蛋白质合成的需要十分关键。

氨基酸可以分为必需氨基酸和非必需氨基酸两大类。猪所必需的氨基酸有10种：赖氨酸、蛋氨酸、色氨酸、亮氨酸、异亮氨酸、精氨酸、组氨酸、苏氨酸、缬氨酸和苯丙氨酸。它们必须由饲料中供给，其中以赖氨酸、蛋氨酸和色氨酸最为重要，也最容易在饲料中缺乏。赖氨酸为第一限制性氨基酸。这10种氨基酸缺少任何一种，都会降低蛋白质的营养价值。因此，凡是含这些氨基酸种类全、数量多、比例合适的蛋白质，其营养价值和品质就高。这说明，猪对蛋白质的要求不仅在数量上要达到一定的标准，而且在质量上也要求高。当猪的饲料中缺乏某些氨基酸时，猪就会表现吃食少、生长慢、被毛粗乱、皮肤发炎、神经失调、贫血、抗病力差、母猪死胎多、母乳数量少、公猪睾丸萎缩和死精多等。

要满足猪对蛋白质的需要，首先要在配制猪的日粮过程中，搭配使用多种蛋白质饲料原料，使各种蛋白质饲料原料中所含的氨基酸互相补充、取长补短，提高蛋白质饲料的利用率。其次，在猪的日粮中，可以添加氨基酸添加剂，如赖氨酸添加剂、蛋氨酸添加剂等，也能提高饲料利用率，满足猪对蛋白质的要求。另外，在各种蛋白质饲料中，如鱼粉、肉骨粉等属于动物性蛋白，这些饲料含的蛋白质数量多,品质好,氨基酸齐全,是养猪生产的重要原料。

(二)脂肪

脂肪又称油脂,可以分为两类,一是植物油脂,如豆油、花生油、棉籽油等中所含的脂肪;二是动物油脂,如猪油、牛油、羊油等中所含的脂肪。油脂由脂肪酸组成,脂肪酸又有饱和脂肪酸和不饱和脂肪酸之分。含不饱和脂肪酸多的油脂,因氧化、高温、阳光和潮湿而容易发生酸败。一般的植物油脂中含不饱和脂肪酸多,在常温下呈液态;动物油脂中含不饱和脂肪酸少,在常温下呈固态。

1. 脂肪的营养作用

(1)脂肪是猪体组织的重要成分。猪体各器官和组织如神经、血液、肌肉、骨骼、皮肤等,都含有脂肪。含脂肪最多的是猪的背膘、花油和板油。

(2)脂肪是供给能量和在猪体内贮存能量的最好方式。脂肪含能量很高,在机体急需能量时,脂肪就会在短时间内氧化,并产生大量的能量,满足机体对能量的需要。

(3)脂肪是脂溶性维生素的溶剂。脂溶性维生素 A、维生素 D、维生素 E、维生素 K 和胡萝卜素,都必须用脂肪为溶剂,方能被机体吸收并发挥作用。故猪的饲料中缺乏脂肪时,将影响脂溶性维生素的吸收,容易产生脂溶性维生素缺乏症。

(4)脂肪可为幼猪的生长提供必需脂肪酸。在植物性油脂中含有三种不饱和脂肪酸,即亚麻油酸、次亚麻油酸和花生油酸,称为必需脂肪酸,是幼猪生长过程中不可缺少的。如果缺乏时,即出现生长停滞、尾部坏死、皮炎、被毛干燥等症状。

(5)脂肪可以提高猪的生产水平。在猪乳、猪肉中都含有脂肪,只有为猪提供一定量的脂肪,才能保证母猪产乳多、质量好、促进仔猪的生长发育,才能保证育肥猪增重快、肉质好。因此,在猪饲料中添加油脂可以提高猪的生产水平。

2.脂肪的供应

猪的饲料中都含有一定的脂肪,一般情况下,猪不会缺乏脂肪。但脂肪的性质对猪肉品质的影响很大,如果在猪的育肥阶段喂给不饱和脂肪酸多的饲料,则生产的猪油脂就变软,易酸败,猪肉质量也会降低;因此,在商品猪的育肥阶段,应该喂给含碳水化合物多的饲料,既能提高猪的品质,又能降低饲养成本,提高经济效益。

含油脂较高的饲料,如果长期在空气中易酸败,饲喂后对猪有害,食入过量后会呈现一种类似缺硒、缺乏维生素 E 的症状。为了防止酸败,含脂肪较高的饲料,不宜在天热季节久贮。额外添加脂肪时最好同时添加抗氧化剂。

(三)碳水化合物

植物性饲料的主要成分就是碳水化合物,也是来源最广、数量最大的营养物质,在猪的饲料中占的比例最大,约占饲料干物质的75%。

1.碳水化合物的营养作用

(1)碳水化合物可以给猪提供大量能量。猪采食了饲料中的碳水化合物后,进入消化道被消化吸收,首先以糖元的形式存在于肝脏和肌肉中,当猪在呼吸、运动、消化、配种和维持体温等一系列生命活动中需要能量时,这些糖元就会分解成葡萄糖,随血液循环到达全身各部组织,供给能量。而当这些贮存的糖元数量不足或消耗完了以后,猪体就会动用体内贮存的脂肪,来转化为能量,满足猪体对能量的需要,这时猪就表现掉膘、减重。如果脂肪仍不能满足猪对能量的需要时,猪体还要动用体内的蛋白质来产生能量,这时猪就表现为极度消瘦,抗病能力下降,容易染病。

(2)碳水化合物可以在猪体内形成脂肪。当猪采食了饲料中的碳水化合物,在肝脏和肌肉中贮存了足够数量的糖元后,那些多余的碳水化合物就会在猪体内被转化为体脂肪而贮存起来,猪便表现长膘增重,皮毛发亮。并且,猪利用碳水化合物沉积的脂肪,品质好,成本低,碳水化合物饲料是猪催肥阶段的理想饲料。

(3)碳水化合物可以促进猪体内合成氨基酸、乳脂和乳糖,促进猪的生长发育。

2.碳水化合物的营养价值

(1)碳水化合物的组成。碳水化合物由淀粉、糖和粗纤维三类物质组成。

淀粉和糖是植物性饲料中主要产生能量的物质,比较容易被猪消化和吸收。凡是含淀粉和糖数量较多的植物性饲料称为能量饲料。但是,哺乳期仔猪在 15～20 日龄以前,因为体内缺少淀粉酶,就不能有效地利用淀粉,因此这一时期仔猪对碳水化合物的需要实际是对糖的需要,应在仔猪日粮中多加一些含糖量高的饲料;也可在 7 日龄以前的仔猪日粮中添加少量葡萄糖和乳糖,在 7 日龄以后的仔猪日粮中添加一定的果糖和蔗糖。仔猪 15～20 日龄后,日粮中可以添加含淀粉多的饲料。

粗纤维则包括纤维素、半纤维素和木质素,它在猪的饲养过程中可以起到以下作用。

①可为猪提供营养。粗纤维中的纤维素和半纤维素在猪的体内,能被大肠中的微生物分解利用,为猪提供一定量的营养。

②具有填充作用,使猪产生饱感。粗纤维在猪的胃肠中,能吸水膨胀,增大食物体积,使猪产生饱感,保持了猪群的安定。

③促进胃肠的蠕动,有助于食物的消化和粪便的排泄。粗纤维对猪的胃肠黏膜有刺激作用,故能促进胃肠蠕动,有利于食物的消化,一定量的粗纤维也有利于粪便的排出,防止便秘。

但是,猪的日粮中如果含有过多的粗纤维就会妨碍猪对其他营养物质的消化吸收。因为,一般地说,猪对粗纤维的消化能力是比较弱的,所以,在各类猪的日粮中,都规定有粗纤维的适宜含量:公猪、哺乳母猪、70～120 千克育肥猪日粮中应为 7%,空怀母猪、妊娠母猪日粮中应为 12％,20～40 千克仔猪日粮中应为 4％,40～70 千克育肥猪日粮中应为 6％,80～120 千克种猪日粮中应为 8％。应当注意,猪日粮中粗纤维含量最好不超过 14％,否则,将造成猪的采食量下降,减慢生长速度。

(2)日粮中能量高低的衡量。碳水化合物、脂肪和蛋白质都是能够产生能量的物质。其中,碳水化合物是猪通过采食植物性饲料来获取能量的主要物质,脂肪则是猪通过分解自身体组织来获取能量的主要物质。在实际生产中,使猪获取能量的最好方式就是采食植物性饲料中的碳水化合物,而不是靠脂肪和蛋白质的分解来获取能量。猪饲料中的能量,常用消化能表示,能量含量的多少,一般用千卡或大卡为单位。每千克中消化能的含量,是给猪配制饲料的依据。

(四)维生素

维生素是组成饲料不可缺少的成分,能够维持猪的生命、生长发育、繁殖和生产。它们在猪体内既不是构成组织和器官的主要物质,也不能提高能量;它们主要的作用是控制和调节猪的各种生命活动和生产活动;它们数量少,但作用都很大、很重要,是不可缺少的营养物质。如果维生素不能满足猪的营养需要,猪就会表现一些独特的症状,严重损害猪的健康,影响猪的生长、繁殖和生产,甚至引起死亡。维生素分为脂溶性维生素和水溶性维生素两大类。

1.脂溶性维生素及其营养作用

(1)维生素 A。主要作用是:保护黏膜上皮组织(如呼吸道、生殖道、肾、眼结膜、皮肤)的健康;防止夜盲症发生;维持神经系统的正常功能;保证正常的繁殖能力;促进仔猪的正常生长。猪缺乏维生素 A 时,表现为吃食少、消化不良、下痢、气管炎、结膜炎、视力减退或夜盲症。仔猪表现为生长发育缓慢或停止,肿眼干毛,容易患肝炎、肺炎;母猪表现为不发情,难受孕,易流产,死胎多;公猪表现性欲差、死精多。

动物性饲料,如乳、肉粉、鱼粉、肝或鱼肝油中,含维生素 A 较多;部分植物性饲料如黄玉米、青绿多汁饲料、胡萝卜中虽不含维生素 A,但含有胡萝卜素和类胡萝卜素,胡萝卜素又称维生素 A 原,可以在猪的小肠和肝脏中转化成维生素 A,供猪利用。

(2)维生素 D。又称抗佝偻病维生素,可以提高饲料中钙、磷的利用率,增强猪对钙、磷的吸收,保证骨骼的正常发育。缺乏时,仔猪表现为出现佝偻病或软骨症,母猪出现死胎、流产、胎儿畸形,母猪本身出现骨质疏松、产后瘫痪。

维生素 D 在鱼肝油中含量较多,光照好的猪舍,经常喂给优质的干草粉,猪一般不会发生维生素 D 缺乏。

(3)维生素 E。维生素 E 能够保证猪的正常繁殖机能和硒协同充当细胞内和细胞间的生物抗氧化剂,具有抗氧化能力,是一种良好的抗氧化剂;近年来的研究发现,硒和维生素 E 有抗应激、抗氧化、防止心肌和骨骼肌衰退和促进末梢血管血液循环的作用;维生素 E 和硒还能够刺激脑垂体,促进分泌性激素,调节性腺的发育和功能,保证精子生长;维生素 E 能提高动物免疫功能和抗病能力。缺乏维生素 E 时,公猪精液少,死精,睾丸萎缩;母猪怀孕后早期胚胎自体吸收、流产、死胎、不孕等。

维生素 E 在植物性饲料中含量较多,而在动物性饲料中含量较少。青绿饲料、麦芽、棉籽饼,是良好的维生素 E 补充源。

(4)维生素 K。参与猪体的凝血过程。缺乏时,造成凝血时间延长,全身性出血,或血尿、呼吸异常,尤以仔猪缺乏时症状严重。绿色植物和动物肝脏中均含有维生素 K,猪的肠道也能合成,一般不易缺乏。

脂溶性维生素的数量常用国际单位表示。

2.水溶性维生素　可溶于水中吸收。主要包括 B 族维生素和维生素 C。其中 B 族维生素有:维生素 B_1、维生素 B_2、维生素

PP、维生素 B_6、维生素 B_{12}、泛酸、叶酸、生物素、胆碱等。在不添加维生素添加剂的猪饲料中,比较容易缺乏的维生素是叶酸、泛酸、核黄素和维生素 B_{12},其他均可从正常饲料中获得。

(1)维生素 B_2(核黄素)。参与猪体内蛋白质和碳水化合物的代谢,可以提高饲料蛋白质和碳水化合物的利用率。缺乏时,表现吃食少、生长慢、皮肤粗糙肿胀、眼屎多。母猪早期胚胎死亡、仔猪成活率低,公猪睾丸萎缩。以青绿饲料、豆类和酵母中含维生素 B_2 丰富。

(2)烟酸(维生素 PP 或尼克酸)。可促进猪体对碳水化合物的利用,加快猪的生长发育。缺乏时,易发生癞皮病:口腔黏膜和皮肤发炎、下痢、皮肤结痂。鱼粉、酵母、麸皮、米糠、花生饼和青绿饲料中含量丰富,但以玉米为主的饲料,应注意该维生素的补充。

(3)泛酸(遍多酸)。与脂肪和胆固醇的合成有关。其缺乏症多见于仔猪,表现四肢僵硬,走路时关节不弯曲、脱毛等。母猪如长期缺乏,则不但所产仔猪易出现上述症状,而且母猪本身多发生化胎和繁殖力下降。这种情况,在以玉米为主的饲料中,使用熟料喂猪时最易发生。因为,虽然这种维生素在酵母、糠麸、饼类和草粉中含量丰富,但加热后即遭到了破坏。

(4)维生素 B_{12}(钴胺素)。在血液的形成中有重要作用。是一种防止恶性贫血的维生素。缺乏时,仔猪吃食少、生长慢、神经过敏、贫血;母猪产仔少、成活率低。植物性饲料不含维生素 B_{12},但动物性饲料如鱼粉、肝、酵母粉含量丰富。

(5)维生素 C(抗坏血酸)。是碳水化合物、蛋白质和脂肪酶的辅酶成分,参与营养代谢。可以增进猪的抵抗力,预防中毒和出血,有利于肠道对铁的吸收,从而防止仔猪贫血和下痢。缺乏时,造成血清蛋白含量降低、贫血、凝血时间延长,影响骨骼发育。维生素 C 在猪体内能合成,一般不会缺乏,并且青绿饲料中含量丰富。在生产中,维生素 C 的作用也很大,如在哺乳期仔猪的人工乳中添加 0.03%维生素 C;在夏季炎热时和有运输等因素存在时,在日粮中添加维生素 C 或肌内注射维生素 C;在治疗某些疾病如亚硝酸盐中毒时,可以作辅助治疗药物。

(6)叶酸。参与肌细胞的发育和蛋白质的合成。在妊娠母猪中添加能增加窝产仔数和仔猪出生重,提高母猪的繁殖性能和经济效益。

(五)矿物质

矿物质在猪体内只占 3%~4%,但它们的作用很重要;它们不含能量,却与产生能量的物质,如碳水化合物、脂肪和蛋白质的代谢有很大的关系。矿物质是构成体组织,特别是形成骨骼的最重要的成分;矿物质可以调节或维持血液的渗透压和酸碱的平衡;矿物质能影响各种营养物质的消化吸收。

根据各种矿物质在猪体内的含量多少,可以将矿物质分为常量矿物质元素和微量矿物质元素两大类。

1.常量矿物质元素　　主要包括钙、磷、钾、钠、镁、硫、氯,一般在饲料中不会缺乏。

(1)钙和磷。是矿物质营养中最重要的,也是猪体内占矿物质总量最多的两种矿物质元素,约占猪体灰分的 70%以上。它们主要存在于猪骨骼中。钙和磷对猪的影响取决于两个方面,即饲料中钙和磷的数量与饲料中钙和磷的比例。如果饲料中缺乏钙和磷,就不能满足猪的营养需要;而饲料中钙和磷的比例不合适,则因钙磷消化吸收不良,同样不能满足猪对钙磷的营养需要。因此,配饲料时一定要掌握好钙磷的比例,要求饲料中钙磷比例为(1~2):1。

当钙和磷不能满足猪的营养需要时,则猪就表现钙磷缺乏症。哺乳仔猪抽搐、歪头、跳跃,断奶仔猪生长慢、患佝偻病。妊娠母猪出现死胎、弱胎,哺乳母猪产后瘫痪,公猪配种能力差等。一般猪表现异食癖,乱啃乱咬土和墙壁、食槽、砖块。

　　(2)钠和氯。也就是指食盐,它们广泛地存在于猪体各组织和乳汁中,可以维持猪机体的渗透压、酸碱平衡和水的代谢。如果缺乏,就会降低饲料利用率、影响母猪繁殖力,并使猪生长受阻。同时,食盐不但是营养物质,也是调味剂,可以提高猪的食欲和消化吸收其他各种营养物质的能力。猪饲料中的添加量以 0.3%～0.5% 为宜。向饲料中添加时,应注意原来饲料中的含盐量。

　　2.微量矿物质元素　猪饲料比较容易缺乏的微量元素主要有以下几种。

　　(1)铁。是形成血液的主要成分——血红蛋白必需的元素。猪体每千克体重含铁 60～70 毫克,其中 60%～70% 存在于血红蛋白和肌红蛋白中。缺乏时,易发生营养性贫血,表现为生长缓慢、精神不振、被毛粗乱、拉稀和水肿,皮肤和黏膜苍白。特别是仔猪,缺铁易导致下痢。铁在青饲料中含量较多,只要大猪经常吃到青饲料,一般不会缺铁。但仔猪,特别是商品猪的生产,由于多采用水泥地面,就一定要补充铁。

　　(2)铜。铜是许多酶的组成成分,是铁用于合成血红蛋白所必需的成分,也影响骨骼的发育和中枢神经的活动。缺铜时,将影响铁的利用,可引起贫血、骨骼生长受阻、四肢软弱、运动失调。虽然生产中不会发生缺铜现象,但在饲料中添加 0.02% 的铜,有很明显的促进生长的作用。

　　(3)锌。是构成猪体内多种酶的成分,对猪的繁殖有重要影响。母猪缺锌则产仔少。缺锌对 8～12 周龄仔猪危害最大,易发不全角化症,即皮炎、皮肤结痂和脱毛、呕吐、下痢。生长受阻。酵母、麸皮等饲料中含有一定量锌。

　　(4)锰。锰分布于猪体全身各处,总量较低。为骨骼基质发育所必需,参与形成硫酸软骨素;对许多酶具有活化作用。与母猪的发情、排卵以及胎儿、乳房、骨的发育和猪的生长关系很大。缺锰时,骨骼变形生长慢,繁殖差,仔猪发育不良。

（5）碘。是合成甲状腺素的原料。缺乏时，仔猪肿脖子，无毛或毛稀，仔猪死亡率高。在缺碘地区，常全窝死亡。

（6）硒。硒存在于猪体所有的细胞中，具有抗氧化作用，防止细胞和亚细胞膜受到氧化物的危害。缺乏时，导致肝和肌肉营养不良，白肌病，桑葚心，肠、肺、皮下组织和胃黏膜下层水肿及繁殖障碍。

（六）水

水是各种营养物质的溶剂和运输者；是猪体组织的重要成分，占猪体的 $1/3\sim1/2$；可以调节体温、排除体内废物。猪可以通过三条途径获得所需要的水：营养物质在体内分解产生的代谢水，所食入的饲料本身所含的水，饮水。饮水是主要途径。要保证猪能正常地生长发育和繁殖生产，就必须给猪提供充足的清洁饮水，冬天还要注意保持一定的水温。

第二节　猪的饲料

饲料是养猪的基础。用来饲喂猪的饲料，种类很多，营养物质的含量也不相同，这就决定了它们在养猪生产中的利用价值也不相同。要合理地选择饲料原料养猪，就要根据当地的饲料资源情况，饲料原料的养分特点和价格，搞好饲料选择和配合。在饲料的配制过程中，只有考虑了当地的饲料资源，才能保证饲料的供应；考虑了饲料的养分含量，才可以为猪配制饲料；通过考虑饲料的价格，才能降低饲养成本，提高养猪的经济效益。在应用技术上，饲料的膨化技术、制粒技术和制粒后的喷混技术是今后的方向，不同猪群采用不同粉碎粒度的方法将会得到应用。同时，根据《无公害食品生猪饲养饲料使用准则》，饲料原料一是在感官上，色泽新鲜一致，无发酵、霉变、结块及异味、异臭；二是有害物质及微生物允许量应符合《饲料卫生标准》；三是制药工业副产品不应作生猪饲料原料。生产中可供选择的饲料种类及其特点如下：

一、能量饲料

指那些能量含量高，粗纤维低于18％，粗蛋白低于20％，易消化的一类饲料。

（一）玉米

玉米是猪的基础饲料，是目前世界饲料行业中使用最多的高能饲料，玉米价格的高低，左右着饲料的价格。它含能量高，适口性好，消化率高。要求籽粒整齐，色泽新鲜一致，无发酵、霉变、结块及异味异臭。

每千克玉米含可消化粗蛋白82.6克，消化能13.48兆焦。玉米中含钙量很低，为0.02％，含磷量也很低，其他微量元素也很低；含维生素 B_1 较多，几乎不含维生素 D 和维生素 C。在使用时应注意，玉米有黄玉米和白玉米之分，以黄玉米的利用价值较高；玉米中缺乏赖氨酸和色氨酸，在配制饲料时要注意补充；玉米粉碎后，在高温、高于14％的水分情况下易发霉变质，产生黄曲霉和赤霉菌，配制饲料时，粉碎的玉米贮存时间最长不超过5天。

（二）小麦

小麦对猪的适口性很好，与玉米相比，脂肪、粗纤维含量都很低，消化能与玉米相当，粗蛋白含量较高，相当于玉米的100％～105％，常作为仔猪早期断奶的基础饲料，在猪的饲料中的用量可达60％～80％，宜粉碎使用。饲喂小麦可节省部分蛋白质，改善胴体品质。有试验表明，小麦价格低于玉米价格时，饲喂商品瘦肉猪用小麦可代替50％玉米，经济效益显著。要求籽粒整齐，色泽新鲜一致，无发酵、霉变、结块及异味异臭。

（三）高粱

能量含量低于玉米，但可以代替1/3玉米使用。高粱因含单宁，适口性差，猪不爱吃，因此日粮中不应超过20％；喂量过多，可造成便秘。在生产中常与玉米搭配使用。

(四)小麦麸皮

含粗蛋白 12.7%～19.5%,粗纤维 7%～12%,消化能 12～13 兆焦/千克。质量上为细碎屑状,色泽新鲜一致,无发酵、霉变、结块及异味异臭。麸皮适口性好,易消化,含粗纤维多,体积大,含较多的植酸而具有轻泻性,有助于胃肠蠕动和通便润肠,可以防止便秘,是妊娠后期和哺乳母猪的良好饲料。也可为产后母猪配制温热盐水麸皮汤,解渴补液催奶。对育肥猪可提高肉质。含钙较少。常作为辅助的能量饲料。一般使用量不超过 15%,幼猪不宜过多,以免引起消化不良。

二、蛋白质饲料

蛋白质饲料是指那些粗纤维含量在 18% 以下,而粗蛋白含量在 20% 以上的一类饲料。根据来源可以分为两大类,植物性蛋白质饲料和动物性蛋白质饲料。

(一)植物性蛋白质饲料

1. 豆饼　豆饼粗蛋白含量很高,一般在 40%～50%,因榨油方法不同而有差异。必需氨基酸含量很高,组成合理,尤其是赖氨酸含量是饼粕饲料中含量最高的,可达 2.4%～2.8%;可溶性碳水化合物主要是糖类,脂肪含量很低,消化能在 13.18～14.30 兆焦/千克,钙、磷和维生素含量少,适口性好。在猪饲料中的用量为:仔猪 20%～28%,生长猪 15%～20%,育肥猪 8%～16%,妊娠母猪 10%～20%,哺乳母猪 12%～20%。豆饼不能作为仔猪的唯一蛋白质来源,需和其他动物性蛋白质饲料如鱼粉、乳清粉等配合使用。

影响豆饼利用的主要因素是加工技术。由于大豆中含有抗胰蛋白酶因子、胰凝乳蛋白酶抑制因子、血细胞凝集素等不良因子,通常热处理后利用。但加热过度,不仅使蛋白质变性,而且使糖类与赖氨酸的氨基结合,生成不可利用的聚合物,影响豆饼的营养价值,正常加热的饼呈黄褐色。近年来,膨化技术进入饲料加工领域,利用膨化技术对豆饼进行处理,减少了对断奶仔猪的应激。

2.花生饼 花生饼的粗蛋白含量比豆饼高,但第一限制性氨基酸是赖氨酸,饲喂时应注意补足赖氨酸、蛋氨酸。花生饼的适口性很好,猪比较爱吃。但是,它含有大量的不饱和脂肪酸,易引起胴体软脂并诱发猪的轻度腹泻。在日粮中的用量不超过 10% 为宜。由于饼中残存的油脂多,容易发霉变质,贮存时间最长不宜超过两个月。要求花生饼呈小瓦片状或圆扁块状,色泽新鲜一致,呈黄褐色,无发酵、霉变、虫蛀及异味异臭。

3.棉籽饼 棉籽饼的粗蛋白含量虽然比豆饼低,消化率也差,但在价格上却比豆饼便宜得多,且来源较广。但因为棉籽饼中含有一种有毒物质,即棉酚,影响了棉籽饼的利用。目前,多用脱毒的方法进行利用,如物理法、化学法和生物法。用棉籽饼作蛋白质饲料喂猪,可以采用三种方法:与豆饼等量配合使用,可代替一半豆饼;与动物性蛋白质饲料,如鱼粉、酵母粉等搭配使用;单独作为蛋白质饲料用,添加赖氨酸。要求棉籽饼呈小瓦片状或饼状,色泽新鲜一致呈黄褐色,无发酵、霉变、虫蛀及异味异臭。

4.向日葵饼 向日葵饼的饲用价值确定于脱壳程度如何,未脱壳的葵花饼粗纤维含量很高,不适宜作猪的饲料。质量要求:呈淡灰色或浅褐黄色的片状、块状,色泽新鲜一致,无发酵、霉变、结块及异味异臭。

在向日葵的子实中,壳占 35%~45%,含油 25%~32%。优质脱壳向日葵的蛋白质在 45% 以上,粗纤维在 10% 以下,粗脂肪在 5% 以下,去壳向日葵的赖氨酸含量很低,为 1.1%~1.2%,蛋氨酸含量很高,B 族维生素也较丰富,但适口性差。在猪饲料中的用量为,生长猪 2.5%,育肥猪 5.0%,成年母猪 10.0%,不适于饲喂仔猪。

(二)动物性蛋白质饲料

动物性蛋白质饲料要比植物性蛋白质饲料的用量小得多。动物性蛋白质饲料不是作为猪的主要蛋白质来使用,而是用以补充某些必需氨基酸的不足,或减缓仔猪对植物性蛋白饲料的过敏性应激。另外,动物性蛋白质饲料可为猪提供丰富的矿物质营养,并提供各种 B 族维生素。由于价格昂贵的原因,多用于 4 月龄以前的仔猪日粮和产后 30 天内的母猪日粮中应用,使用量为 3%～10%。

1.鱼粉　鱼粉的粗蛋白含量很高,进口鱼粉都在 60% 以上,高者甚至达 72%,国产鱼粉稍低,一般为 45%～55%。鱼粉中的蛋白质品质好,生物学价值高,它不含纤维素与木质素等难消化的物质,富含各种必需氨基酸,以赖氨酸、蛋氨酸含量最高,精氨酸含量少,适宜与其他饲料配合。

鱼粉的钙、磷含量丰富,碘、盐、硒、锌也较多,还含有维生素 B_{12} 和其他一些 B 族维生素,维生素 A、维生素 E 等。

鱼粉是猪良好的蛋白质来源,具有改善饲料效率和提高增重的效果,而且猪日龄愈小,效果愈明显。这主要是使仔猪所需的氨基酸中赖氨酸和胱氨酸得到了充分补充的缘故。因此,断奶前后仔猪饲料中最少要使用 3%～5% 的优质鱼粉。肉猪料中一般在 3% 以下,再高就增加了成本,还会使体脂变软,肉带鱼腥味。鱼粉在猪饲料中的常见用量为仔猪 8% 以下,生长猪 5% 以下,妊娠、哺乳母猪 6% 以下。

质量好的鱼粉要求呈黄棕色、黄褐色,膨松、纤维状组织明显、无结块、无霉变,有鱼香味,无焦灼味和油脂酸败味。使用鱼粉时应注意的问题如下。

(1)掺杂掺假问题。近年来发现,由于鱼粉价格较贵,向鱼粉中掺杂各种异物的现象严重,给用户造成损失。掺杂物种类极其繁多,有尿素、糠麸、饼粕、血粉、羽毛渣、锯末、花生壳、沙砾等。因此,在购买鱼粉时必须进行质量检测,要求鱼粉必须有规格保证,并标明鱼粉名称。

(2)食盐含量问题。鱼粉中的食盐含量不能过多。各国对鱼粉中食盐的允许量不完全一致。日本对出口鱼粉定为3％以下,美国规定为3％以上、7％以下。我国鱼粉生产缺乏鲜鱼脱水和保存设施,常用食盐盐渍办法保存,致使食盐含量过高,有的甚至达到30％,这类鱼粉不能用作饲料。日粮中食盐过高,会导致食盐中毒。因此,在使用国产鱼粉时,要先测知鱼粉的含盐量,再行确定鱼粉在日粮中的配比。

(3)发霉变质问题。由于鱼粉是高营养饲料,是微生物繁殖的良好场所,故在高温高湿条件下,极易发霉、腐败,甚至出现自燃现象。因此,鱼粉必须充分干燥,水分含量应符合规格要求。同时应加强卫生监测,严格控制鱼粉中的细菌、霉菌及有害微生物的含量。

(4)氧化酸败问题。脂肪含量多的鱼粉以及鱼粉贮存不当时,其所含的不饱和脂肪酸极易氧化生成醛、酸、酮等物质,鱼粉变质发臭,适口性和品质显著降低。因此,鱼粉中的脂肪含量不宜过多,超过12％的鱼粉不宜用作饲料。为防止鱼粉氧化酸败,贮存时应隔绝空气,存放于干燥避光处。如在鱼粉中添加抗氧化剂,则效果更好。

2.乳清粉 是生产乳制品(奶酪、奶油)的副产品。乳清含水量90％以上,干物质中主要成分是乳糖,残留有少量的乳蛋白和乳脂。通常将乳清经喷雾干燥制成乳清粉。乳清粉是代乳饲料中不可缺少的,干物质中含消化能14.29兆焦/千克,粗蛋白质12.9％,赖氨酸0.8％。多用于仔猪饲料,为仔猪提供乳糖,满足仔猪所需的热能,在仔猪料中用量可达20％以上。近年研究发现,利用乳清粉可提高早期断奶仔猪肠道中胰蛋白酶、蛋白质分解酶和乳糖酶的活性,强化乳酸菌繁殖,提高饲料干物质和能量消化率。

3. 肉骨粉　因肉骨比例不同,各种肉骨粉的蛋白质含量也有差异。通常肉骨粉含粗蛋白质 40% ～60%,蛋白质中含有较多的赖氨酸。肉骨粉中含钙、磷不仅数量多,而且比例适宜。B 族维生素,特别是烟酸和维生素 B_{12} 的含量也较高。在国外,肉粉和肉骨粉在猪的配合饲料中逐步取代鱼粉,而且饲喂效果较好。但多用则适口性下降,对生长也有一定影响,尤以品质差的肉骨粉更为明显,故用量不宜太高,一般以 5% 以下为宜。多用于肉猪和种猪饲料中,仔猪应避免使用。

4. 血粉　为干燥粉粒状物,呈暗红色或褐色,要求无腐败变质气味,不含沙石等杂质。血粉仅含少量无机盐,但其蛋白质含量在80% 左右,是粗蛋白质含量最高的蛋白质饲料之一。用凝血块经高温、压榨、干燥制成的血粉溶解性差,消化低(70% 左右);直接将血液于真空蒸馏器中干燥所制成的血粉则溶解性好,消化率高(96%)。血粉含赖氨酸较多,但缺乏异亮氨酸。血粉适口性较差,一般用量应控制在 5% 以内。过多时还可能引起腹泻。近年来研究表明,利用喷雾干燥的血浆粉或全血粉用于仔猪断奶饲料中,可提高采食量,促进仔猪生长发育。

5. 羽毛粉　羽毛粉含粗蛋白质高达 80% 以上,其中胱氨酸含量大,但赖氨酸不足。未经处理的羽毛粉消化率仅为 30% 左右,高压水解处理后则消化率显著提高,可达 80% ～90%,而且易于保存。仔猪饲料中不宜使用,在猪日粮中的用量一般以不超过5% 为宜,但需补充大量的赖氨酸。

6. 蚕蛹粉　蚕蛹粉含粗蛋白质 55% 以上,消化率在 85% 以上,赖氨酸含量也高,是优良的蛋白质饲料。此外,蚕蛹粉的钙、磷含量也较高。蚕蛹粉通常含脂肪较多,故能量较高。不过,正因为含脂肪多,故不易贮存,且用量过大时还会影响胴体的脂肪风味。日粮中蚕蛹粉喂给量一般以占日粮的 10% 为宜。要求使用的蚕蛹粉无发酵、霉变、虫蛀及异味异臭。

7.饲料酵母　为淡黄色或褐色。饲料酵母粗蛋白质含量较高,液态发酵分离干制的纯酵母粉粗蛋白质含量达 40％～60％,而固态发酵制得的酵母混合物,由于培养底物的不同而有较大差别,粗蛋白质也在 30％～45％。粗蛋白质中含有部分核酸,核酸可提取出用作化学调味料,因此有些酵母属于脱核酸酵母。饲料酵母的蛋白质生物学价值介于植物性蛋白质和动物性蛋白质之间。其氨基酸组成特点是赖氨酸、色氨酸、苏氨酸、异亮氨酸等几种重要必需氨基酸含量较高,精氨酸含量相对较低,适合与饼粕类饲料配伍。但含硫氨基酸如蛋氨酸、胱氨酸含量低,蛋氨酸为其主要的限制性氨基酸,使用时应注意添加 DL-蛋氨酸。因饲料酵母含有未知生长因子,用于仔猪饲料中,有明显的促生长效果,但需补充蛋氨酸。一般仔猪饲料中使用 3％～5％,肉猪饲料中使用 3％。

8.油脂　包括动物脂肪和植物油。油脂的能量浓度很高,动物脂肪含代谢能 35 兆焦/千克,植物油含代谢能 37 兆焦/千克。在配合饲料中添加一定量油脂可提高日粮能量水平,改善适口性。同时降低畜体增热,减少畜禽炎热气候下的散热负担。此外,减少饲料配制过程中粉尘损失,改善饲料外观及减少机械磨损。油脂在猪日粮中用量,仔猪料 5％～10％,生长育肥猪料 3％～5％,妊娠母猪、哺乳母猪料 10％～15％。用油脂量还要视价格而定,如果油脂的价格低于玉米的 3 倍,即可考虑在日粮中的使用。

三、矿物质饲料

用于补充猪所需要的常量矿物质元素,常用的有食盐、骨粉和石粉。

1.食盐　适量的食盐可增进食欲,促进消化。在猪的日粮中,含盐量为 0.3％～0.5％,在添加食盐前,必须了解原来饲料中的食盐含量,以防食盐中毒;并且,保证有清洁充足的饮水。

2.骨粉　是优质的钙磷补充剂,钙磷含量高且比例合适,一般占日粮的 1%。应注意,骨粉易发生霉变和结块,要贮存好。

3.石粉　即石灰石粉,是天然的碳酸钙,只含钙不含磷,在日粮中可占 1%～2%。

四、添加剂饲料

为了平衡猪日粮中的各种养分,提高饲喂效果,需要在猪的日粮中添加一些营养性物质和非营养性物质,这就是添加剂饲料。可以作为添加剂饲料的,要求对猪的采食无任何影响,不产生毒副作用,使用后有可靠的经济和生产效果,在猪肉产品中达到无公害或残留量未超过规定标准,符合标准化生产的要求,安全、经济、使用方便。

添加剂饲料在猪的全价配合饲料中是核心部分,用量少但效果显著,可以明显降低饲料消耗,最大限度地提高饲料利用率;能充分满足各类猪对各种营养物质的需要,刺激或促进猪的生长,预防猪病发生。

(一)营养性饲料添加剂和一般饲料添加剂

营养性饲料添加剂是指用于补充饲料营养成分的少量或微量物质,包括饲料级氨基酸、维生素、矿物质微量元素、酶制剂、非蛋白氮等,它能补充猪日粮中营养物质含量的不足,可按饲养标准确定添加的种类和数量。一般饲料添加剂则指为保证或者改善饲料品质、提高饲料利用率而掺入饲料中的少量或者微量物质。

1.对使用饲料添加剂的要求　饲料中使用的饲料添加剂必须是农业部颁发饲料添加剂生产许可证的企业生产,产品取得批准文号,按照饲料标签规定的用法和用量使用。根据农业部 1999 年第 105 号公告,允许使用的饲料添加剂品种目录如下。

(1)饲料级氨基酸(7 种)。L-赖氨酸盐酸盐,DL-蛋氨酸,DL-羟基蛋氨酸,DL-羟基蛋氨酸钙,N-羟甲基蛋氨酸,L-色氨酸,

L-苏氨酸。

(2)饲料级维生素(26 种)。β-胡萝卜素,维生素 A,维生素 A 乙酸酯,维生素 A 棕榈酸酯,维生素 D_3,维生素 E,维生素 E 乙酸酯,维生素 K_3(亚硫酸氢钠甲萘醌),二甲基嘧啶醇亚硫酸甲萘醌,维生素 B_1(盐酸硫胺),维生素 B_1(硝酸硫胺),维生素 B_2(核黄素),维生素 B_6,烟酸,烟酰胺,D-泛酸钙,DL-泛酸钙,叶酸,维生素 B_{12}(氰钴胺),维生素 C(L-抗坏血酸),L-抗坏血酸钙,L-抗坏血酸-2-磷酸酯,D-生物素,氯化胆碱,L-肉碱盐酸盐,肌醇。

(3)饲料级矿物质、微量元素(43 种)。硫酸钠,氯化钠,磷酸二氢钠,磷酸氢二钠,磷酸二氢钾,磷酸氢二钾,碳酸钙,氯化钙,磷酸氢钙,磷酸二氢钙,磷酸三钙,乳酸钙,七水硫酸镁,一水硫酸镁,氧化镁,氯化镁,七水硫酸亚铁,一水硫酸亚铁,三水乳酸亚铁,六水柠檬酸亚铁,富马酸亚铁,甘氨酸铁,蛋氨酸铁,五水硫酸铜,一水硫酸铜,蛋氨酸铜,七水硫酸锌,一水硫酸锌,无水硫酸锌,氧化锌,蛋氨酸锌,一水硫酸锰,氯化锰,碘化钾,碘酸钾,碘酸钙,六水氯化钴,一水氯化钴,亚硒酸钠,酵母铜,酵母铁,酵母锰,酵母硒。

(4)饲料级酶制剂(12 种)。蛋白酶(黑曲霉,枯草芽孢杆菌),淀粉酶(地衣芽孢杆菌,黑曲霉),支链淀粉酶(嗜酸乳杆菌),果胶酶(黑曲霉),脂肪酶,纤维素酶,麦芽糖酶(枯草芽孢杆菌),木聚糖酶,β-葡聚糖酶(枯草芽孢杆菌,黑曲霉),甘露聚糖酶(缓慢芽孢杆菌),植酸酶(黑曲霉,米曲霉),葡萄糖氧化酶(青霉)。

(5)饲料级微生物添加剂(12 种)。干酪乳杆菌,植物乳杆菌,粪链球菌,屎链球菌,乳酸片球菌,枯草芽孢杆菌,纳豆芽孢杆菌,嗜酸乳杆菌,乳链球菌,啤酒酵母菌,产朊假丝酵母,沼泽红假单胞菌。

(6)抗氧化剂(4 种)。乙氧基喹啉,二丁基羟基甲苯(BHT),丁基羟基茴香醚(BHA),没食子酸丙酯。

(7)防腐剂、电解质平衡剂(25 种)。甲酸,甲酸钙,甲酸铵,乙酸,双乙酸钠,丙酸,丙酸钙,丙酸钠,丙酸铵,丁酸,乳酸,苯甲酸,苯甲酸钠,山梨酸,山梨酸钠,山梨酸钾,富马酸,柠檬酸,酒石酸,苹果酸,磷酸,氢氧化钠,碳酸氢钠,氯化钾,氢氧化铵。

(8)着色剂(6种)。β-阿朴-8'-胡萝卜素醛,辣椒红,β-阿朴-8'-胡萝卜素酸乙酯,虾青素,β,β-胡萝卜素-4,4-二酮,叶黄素(万寿菊花提取物)。

(9)调味剂、香料(6种、类)。糖精钠,谷氨酸钠,5'-肌苷酸二钠,5'-鸟苷酸二钠,血根碱,食品用香料均可作饲料添加剂。

(10)黏结剂、抗结块剂和稳定剂(13种、类)。α-淀粉,海藻酸钠,羧甲基纤维素钠,丙二醇,二氧化硅,硅酸钙,三氧化二铝,蔗糖脂肪酸酯,山梨醇酐脂肪酸酯,甘油脂肪酸酯,硬脂酸钙,聚氧乙烯20山梨醇酐单油酸酯,聚丙烯酸树脂Ⅱ。

(11)其他(10种)。糖萜素,甘露低聚糖,肠膜蛋白素,果寡糖,乙酰氧肟酸,天然类固醇萨洒皂角苷(YUCCA),大蒜素,甜菜碱,聚乙烯聚吡咯烷酮(PVPP),葡萄糖山梨醇。

2.主要添加剂的种类

(1)氨基酸添加剂。喂猪的饲料多是植物性饲料,而在植物性饲料中所含的蛋白质,多缺少赖氨酸和蛋氨酸或其他氨基酸。这些氨基酸的缺乏,能影响猪对日粮中蛋白质的消化吸收,由于营养不平衡,造成了蛋白质饲料的浪费。因此,就需要在猪的日粮中,添加人工合成的氨基酸,主要有:赖氨酸、蛋氨酸、色氨酸和胱氨酸。

在动物性饲料和无豆饼或豆饼比例占的比较小的日粮中,添加0.15%的赖氨酸,可以促进猪的生长。在没有动物性饲料的猪日粮中,蛋氨酸添加量为0.15%,不但促进生长,而且还可以改善肉质,提高胴体瘦肉率。

①赖氨酸。商品上标明的含量为98%,指的是L-赖氨酸和盐酸的含量,实际上赖氨酸含量仅有78%左右,因此,在计算添加量

时按78%含量计算。

此外,还有 DL-赖氨酸·盐酸,D-型赖氨酸是没有进行或没有完全进行转化为 L-型赖氨酸,故价格便宜,这种赖氨酸必须标明 L-赖氨酸的实际含量,因为在动物体内没有将 D-型赖氨酸转化为 L-型赖氨酸的酶,因此,D-型赖氨酸不能被利用。

L-型赖氨酸·盐酸添加剂的规格如下:含氮量15.3%,粗蛋白质等价95.8%,纯度最低98%,L-赖氨酸含量78%。在预混料和配合饲料中稳定。

赖氨酸有苦味,对仔猪影响采食量,所以仔猪饲料用 L-赖氨酸·盐酸时要限量。

②蛋氨酸。蛋氨酸 D、L 型均具有相同的生物学活性。DL-蛋氨酸活性成分含量为98%,完全具有生物学活性,在添加时不必折算。蛋氨酸添加剂规格如下:含氮量9.4%,粗蛋白质等价58.6%,纯度最低为98%,在配合料和预混料中稳定。

(2)维生素添加剂。多数维生素都不能在体内合成,即使能合成的,也常因合成速度慢、数量少而不能满足猪的需要,必须添加。

常用的维生素添加剂是市场出售的多维素,这些多维素多数含有维生素 A、维生素 D、维生素 E、维生素 K、维生素 B 等十几种。在配合饲料时按0.01%添加即可。注意,在购买这些添加剂饲料时,要注意生产日期,防止失效,影响使用效果。

(3)矿物质添加剂。用来补足在猪的日粮中短缺的微量元素部分。常采用复合矿物质添加剂的形式,含一定量的铁、铜、锰、锌、碘、钴、硒等,拌料时按说明书使用。

(4)酶制剂。酶是一类具有专一催化作用的蛋白质,作为饲料添加剂使用的酶制剂一般都是消化酶,它对于消化系统尚未健全的仔猪,有提高饲料转化率的作用。常用的酶制剂除了蛋白酶、淀粉酶和脂肪酶外,目前人们更为关注的是植酸酶、纤维酶、果胶酶、β-葡聚糖酶和木聚糖酶等。目前国产酶制剂多为复合酶,质量不够稳定,生产技术水平较低,成本较高,因此应用不够广泛。国际上利用基因工程技术开发高效的饲料酶制剂,通过基因工程方法,克隆并改造产酶编码基因,再利用生物反应器高效表达这些酶编码基因,然后进行工厂化生产,这种方法可提高单产500至数千倍,因此生产成本显著降低,有利于在养猪生产中广泛应用。与此同时,国际上还可在分子水平上,通过基因工程手段,对其活性物质进行改造,改善适应性和有效性,使其具备在饲料使用时所需的多种特性,如能抵抗动物胃肠道中蛋白酶的降解,耐受饲料加工时的高温等。酶制剂适用于幼龄动物、病畜和应激动物,而对成年动物使用时,则应根据其日粮组成,有针对性地使用有效的酶。在猪饲料中添加酶制剂,可以辅助和促进饲料的消化吸收,尤其是对仔猪,因为仔猪体内酶的活性和消化吸收能力差;早期断奶的仔猪,因为由吃奶到吃料的转变,常使仔猪的消化道在短时间内难以适应,易引起消化不良和拉稀,在日粮中添加酶制剂后即可防止这种现象,并提高饲料的利用率。

常用的酶制剂有蛋白酶、脂肪酶、纤维素分解酶,果胶酶和淀粉酶等。如在仔猪的人工乳中加入0.1%的胃蛋白酶,可以促进5周龄前的仔猪对蛋白质的消化利用;在仔猪补料时或仔猪料中添加0.5%的乳酶生,可以在仔猪肠道内分解糖类而产酸,抑制肠道有害菌的繁殖;在3月龄前的仔猪料中添加1%~2%的酵母粉,不但能提供优质蛋白质,而且可促进消化。

(5)抗氧化剂。保存饲料在养猪生产中很重要,饲料保存不当,不但使饲料适口性差,造成猪不爱吃,而且易发霉变质,降低营养价值,甚至发生中毒,同时也造成饲料的浪费。抗氧化剂可以防止脂肪及脂溶性养分的氧化变质,抑制不饱和脂肪酸过氧化物形成,防止因脂肪酸败分解产物与赖氨酸中的Σ-氨基作用而降低赖氨酸的利用率。为了能够保存维生素A、维生素D、维生素E等的活性而不受到氧化破坏,可在粉碎饲料前拌入料中,一起粉碎。常用的抗氧化剂有乙氧基喹啉（又称乙氧喹、山道喹），在添加油脂的饲料中用量为 100～150 克/吨,据报道,国外饲料用鱼粉、肉骨粉中添加 120～150 克/吨。我国多用于食品保鲜、药物保存。还有 BHT（丁基羟基甲苯）适用于长期保存含不饱和脂肪酸较高的饲料中,鱼粉和油脂每吨添加 100～1 000 克,配合饲料每吨用量 150 克。此外,BHA（丁羟基茴香醚）也是常用的抗氧化剂,用量同 BHT。BHA 除抗氧化外,还有较强抗菌力,用 250 克/吨可以完全抑制黄曲霉毒素的产生。

（6）防霉剂。为了防止饲料变质,可在饲料中添加保护剂,特别是饲料加工后放置时间比较长的情况。霉菌污染饲料后,不仅使饲料的营养价值降低,而且还产生一些毒素直接危害畜禽和人体健康,甚至致癌。如黄曲霉、黑曲霉、赭曲霉、白曲霉等,尤以黄曲霉毒素的危害最严重。防霉剂种类很多,如甲酸、乙酸、丙酸、丁酸、乳酸、苯甲酸、柠檬酸、山梨酸及其相应酸的有关盐。如新防霉剂双乙酸钠,其作用就是更有效地渗透入霉菌的细胞壁而干扰酶的相互作用,从而达到高效防霉、防腐、保鲜、调味等功能。加入饲料中不仅具有防霉、保鲜、酸化、营养保健作用,而且有醋酸的芳香味,适口性好,可掩盖饲料中其他添加剂的不适气味,可抑制十多种霉菌及其孢子的生长和蔓延。它在人和动物体内代谢的最终产物是二氧化碳和水,和碳水化合物的代谢相同。因而在体内无残留,安全可靠。

防霉剂产品种类很多,常用的有丙酸、丙酸钠和丙酸钙。农业部批准进口的露保细盐、霉敌、易而劲等防霉剂,也都是将丙酸吸附在各种载体上而制成的。丙酸用量占饲料的 0.3%、丙酸钠占饲料的 0.1%、丙酸钙为 0.2%。在饲料中的添加量随饲料中含水量提高、饲料贮存时间增长而增加。例如当玉米水分含量为 14%～15% 时,添加 0.3% 丙酸钠贮存 6 个月,添加 0.5% 可贮存 1 年。

（7）益生素。属于微生态制剂。常用的是一种或几种有益的活菌制剂,又称微生态制剂。由于抗生素逐渐被限制使用,特别是无公害生产中降低药残的要求,益生素在动物日粮中应用越来越广泛。益生素在猪的肠道中能促进有益菌群的生长、增殖,同时竞争性排斥和抑制病原微生物(如沙门氏菌、大肠杆菌等)的繁殖,起到调整菌群平衡,抑制和排除有害菌,防止下痢;可产生乳酸、抗菌物质,促进仔猪的消化吸收,具有抑菌、杀菌作用;可产生淀粉分解酶、蛋白分解酶等多种消化酶和 B 族维生素,并可增加钙、镁等矿物质元素的吸收利用。益生素不仅有防病、保健、促生长作用,还有无残留、无污染、低价格和高效益的特点。据报道,日本每年在饲料中使用益生素已达数千吨,我国也有多家厂家生产微生态制剂,并已在动物生产中推广应用。

益生素的应用可以有效地防治猪肠道疾病,促进猪的生长。一般条件下的添加量为:产前 2～4 周母猪料中加 0.1%～0.2%,哺乳母猪料中加 0.1%,4 月龄前仔猪料中加 0.05%～0.1%,4 月龄后育肥猪中加 0.02%～0.05%。

(8)高利用率微量元素。长期以来,我国养殖业中通常使用的微量元素添加剂,多为无机盐类,其利用率较低,粪中残留的金属离子含量高,这不仅使微量元素添加剂损失大,更为严重的是造成对环境的污染。如果这类添加剂(如砷、铜、锌等)超标使用,不仅对动物有害,而且造成动物胴体内大量残留,一部分经粪便排出体外,使土壤污染,甚至使植物发生中毒。应用矿物元素氨基酸(或蛋白质)螯合物,即将矿物元素与氨基酸、二肽、三肽、多肽或蛋白质结合成螯合物和络合物,可阻止矿物离子与其他物质形成不溶或难溶的金属化合物,从而提高利用率,减少由粪便排出量。由于矿物元素氨基酸(蛋白质)螯合物吸收率和利用率提高,因而动物胴体中残留量小,对环境造成的污染也少。

(9)生物活性肽。生物活性肽是具有多种生物学功能的肽类,包括多肽和小肽。小肽通常是指由 2 个或 3 个氨基酸组成的二肽或三肽,而多肽则由多个氨基酸组成的。肽类来源主要有:①动物体内的内分泌细胞分泌产物;②初乳中含有的多种活性肽;③动物的脏器和组织中提取的,如胰多肽、胸腺多肽等;④由饲料蛋白质经专一性蛋白酶水解而产生的肽类。最新研究表明:生物活性肽在动物小肠内不仅吸收速度显著高于游离氨基酸,而且还具有吸收率高和吸收强度大等优势,因而它与游离氨基酸相比,其蛋白质合成率更高。美国已有活性肽制品如生长激素、促分泌激素等作为营养保健剂使用,具备促进肌肉增长和增强免疫功能等作用,生物活性肽在饲料中应用尚处于起步阶段,但已显现出良好作用。生物活性肽多为动物体内存在的生物活性调节物质,由氨基酸组成,本身就是营养物质,不会造成对人、畜和环境的危害,而且其功能特点就决定了它可取代抗生素和其他促生长剂,其应用前景十分看好。

(10)中草药类。目前国内从天然草药中提取有效成分生产天然草药添加剂已成为热点,并已开发出许多产品。我国对于天然草药的研究历史久远,具有得天独厚的条件。天然草药作为中华民族的瑰宝,不仅在世界医药领域中大放异彩,近年来作为饲料添加剂,在养殖业中应用也日益受到重视。天然草药具有防病、保健、促生长、无药残、无污染等特点,用来代替抗生素、激素、兴奋剂等促生长剂,为生产绿色动物性食品提供了重要条件。据研究,天然草药的作用及其机理主要有以下几方面:①增进食欲,健胃助消化,提高饲料消化率,促进动物生长;②增强免疫力,某些天然草药中含有生物活性多糖等有效成分,能促进动物的细胞和体液的免疫功能;③调节动物生长发育,提高动物的繁殖力;④抗菌驱虫,维持动物健康。据试验,有多种天然草药具有抗菌和驱虫作用;⑤改善动物性食品的品质,天然草药多为天然植物,其中富有的植物色素,既有改善肉质色泽的作用,又无合成色素的有害性。天然植物中的风味成分,还有改善动物肌肉的脂肪酸组成,提高肉品风味的作用。当然,尽管我国天然草药作为药物应用的历史很悠久,但由于其来源广、成分复杂,有效成分的提取、分离、鉴定及其作用机理尚待进一步研究,天然草药新资源、配伍和协调关系。天然草药的适宜使用剂量等问题均需要深入探讨。

(二)药物饲料添加剂

药物饲料添加剂是为预防、治疗动物疾病而掺入载体或者稀释剂的兽药的预混物,包括抗球虫药类、驱虫剂类、抑菌促生长类等。具有预防动物疾病、促进动物生长的作用,可在饲料中长时间添加使用。但在使用时应注意,要有"药添字"的批准文号,按照标签说明使用,严格执行休药期制度。允许在无公害生猪饲料中使用的药物饲料添加剂为:

①杆菌肽锌预混剂。

②黄霉素预混剂(富乐旺)。

③维吉尼亚霉素预混剂(速大肥)。

④喹乙醇预混剂。

⑤金霉素预混剂。

⑥阿美拉霉素预混剂(效美素)。

⑦盐霉素钠预混剂(优素精)。

⑧硫酸粘杆菌素预混剂(抗敌素)。

⑨牛至油预混剂(诺必达)。

⑩菌肽锌、硫酸粘杆菌素预混剂(万能肥素)。

⑪吉他霉素预混剂。

⑫土霉素钙预混剂。

⑬恩拉霉素预混剂。

(三)禁止在饲料中使用的药物品种

饲料安全是动物性食品安全的基础,是人们身体健康的重要保证。为保证饲料安全,杜绝使用违禁药品,降低产品中药物残留的危害,农业部、卫生部、国家药品监督管理局联合发出2002年第

176 号公告,禁止在饲料和动物饮水中使用的药物品种如下。

1. 肾上腺素受体激动剂

(1)盐酸克伦特罗。中华人民共和国药典(以下简称药典)2000 年二部 P605。β_2 肾上腺素受体激动药。

(2)沙丁胺醇。药典 2000 年二部 P316。β_2 肾上腺素受体激动药。

(3)硫酸沙丁胺醇。药典 2000 年二部 P870。β_2 肾上腺素受体激动药。

(4)莱克多巴胺。一种 β 兴奋剂美国食品药物管理局(FDA)已批准,中国未批准。

(5)盐酸多巴胺。药典 2000 年二部 P591。多巴胺受体激动药。

(6)西巴特罗。美国氰胺公司开发的产品,一种 β 兴奋剂,FDA 未批准。

(7)硫酸特布他林。药典 2000 年二部 P890。β 肾上腺素受体激动药。

2. 性激素

(1)己烯雌酚。药典 2000 年一部 P42。雌激素类药。

(2)雌二醇。药典 2000 年二部 P1005。雌激素类药。

(3)戊酸雌二醇。药典 2000 年二部 P124。雌激素类药。

(4)苯甲酸雌二醇。药典 2000 年二部 P369。雌激素类药。中华人民共和国兽药典(以下简称兽药典)2000 年版一部 P109。雌激素类药。用于发情不明显动物的催情及胎衣滞留、死胎的排除。

(5)氯烯雌醚。药典 2000 年二部 P919。

(6)炔诺醇。药典 2000 年二部 P422。

(7)炔诺醚。药典 2000 年二部 P424。

(8)醋酸氯地孕酮。药典 2000 年二部 P1037。

（9）左炔诺孕酮。药典 2000 年二部 P107。

（10）炔诺酮。药典 2000 年二部 P420。

（11）绒毛膜促性腺激素（绒促性素）。药典 2000 年二部 P534。促性腺激素药。兽药典 2000 年版一部 P146。激素类药。用于性功能障碍、习惯性流产及卵巢囊肿等。

（12）促卵泡生长激素（尿促性素主要含卵泡刺激 FSHT 和黄体生成素 LH）。药典 2000 年二部 P321。促性腺激素类药。

3.蛋白同化激素

（1）碘化酪蛋白。蛋白同化激素类，为甲状腺素的前驱物质，具有类似甲状腺素的生理作用。

（2）苯丙酸诺龙及苯丙酸诺龙注射液。药典 2000 年二部 P365。

4.精神药品

（1）（盐酸）氯丙嗪。药典 2000 年二部 P676。抗精神病药。兽药典 2000 年版一部 P177。镇静药。用于强化麻醉以及使动物安静等。

（2）盐酸异丙嗪。药典 2000 年二部 P602。抗组胺药。兽药典 2000 年版一部 P164。抗组胺药。用于变态反应性疾病，如荨麻疹、血清病等。

（3）安定（地西泮）。药典 2000 年二部 P214。抗焦虑药、抗惊厥药。兽药典 2000 年版一部 P61。镇静药、抗惊厥药。

（4）苯巴比妥。药典 2000 年二部 P362。镇静催眠药、抗惊厥药。兽药典 2000 年版一部 P103。巴比妥类药。缓解脑炎、破伤风、士的宁中毒所致的惊厥。

（5）苯巴比妥钠。兽药典 2000 年版一部 P105。巴比妥类药。缓解脑炎、破伤风、士的宁中毒所致的惊厥。

（6）巴比妥。兽药典 2000 年版一部 P27。中枢抑制和增强解热镇痛。

（7）异戊巴比妥。药典 2000 年二部 P252。催眠药、抗惊厥药。

（8）异戊巴比妥钠。兽药典 2000 年版一部 P82。巴比妥类药。用于小动物的镇静、抗惊厥和麻醉。

（9）利血平。药典 2000 年二部 P304。抗高血压药。

（10）艾司唑仑。

（11）甲丙氨酯。

（12）咪达唑仑。

（13）硝西泮。

（14）奥沙西泮。

（15）匹莫林。

（16）三唑仑。

（17）唑吡旦。

（18）其他国家管制的精神药品。

5.各种抗生素滤渣　抗生素滤渣是抗生素类产品生产过程中产生的工业三废,因含有微量抗生素成分,在饲料和饲养过程中使用后对动物有一定的促生长作用。但对养殖业的危害很大,一是容易引起耐药性,二是由于未做安全性试验,存在各种安全隐患。

第三节　配合饲料

一、饲料配制概念

（一）全价料

全价料是指能全部满足猪的营养需要,不需再添加任何其他物质的饲料,可直接喂猪。它由以下几种成分组成:①能量饲料,如玉米、小麦、大麦、麦麸等;②蛋白质补充料,如大豆粕、棉籽粕、菜籽粕、鱼粉等;③常量矿物质原料,如钙磷饲料和食盐;④添加剂预混料,包括氨基酸、微量元素、维生素、抗生素和其他非营养性添加剂。

(二)浓缩料

浓缩料是一种半成品,与能量饲料按一定比例可配合成全价料。典型的浓缩料由以下几部分组成:①蛋白质补充料;②常量矿物质饲料;③添加剂预混料。有的浓缩料不包括或只含部分蛋白质补充料,这类浓缩料被称为"料精"。也有一些浓缩料包括部分能量饲料。

(三)日粮

一头猪在一昼夜(24小时)内所采食的饲料总量称为猪的日粮,如果日粮中各种营养物质的种类、数量及相互比例符合猪的营养需要,则称之为平衡日粮或全价日粮。

(四)饲粮

生产中很少单独为一头猪配合日粮,常按营养需要配合大批的混合饲料,这种混合饲料称之为饲粮。人们常说的日粮往往指的是饲粮。配合饲料是指根据饲养标准把几种饲料按一定比例混合而成的满足猪营养需要的饲料。

(五)预混料

预混料是配合饲料的核心部分,它包括的成分很多,如氨基酸、维生素、微量元素、维生素、促生长剂等,剂量小但对猪的生长却起非常重要的作用。

二、配合饲料的种类和要求

配合饲料是根据猪的不同品种、性别、年龄、体重,不同生长发育阶段和不同生产方式对各种营养物质的需要量,将多种饲料原料按科学比例配制而成的饲料。在猪的饲养成本中,饲料的费用占 65%~75%。饲料的质量与数量直接影响到猪肉产品的质量与数量。因此,配合饲料是发展标准化养猪生产的物质基础,能更加合理地利用饲料资源,降低饲料成本,提高养猪生产的经济效益。配合饲料、浓缩饲料和添加剂预混料的感官要求是,色泽一致,无发酵霉变、结块及异味、异臭。按饲料产品的种类分为以下几种。

(一)全价配合饲料

全价配合饲料是利用科学配方,将多种能量饲料、蛋白质饲料、矿物质饲料和添加剂预混合料配合在一起,经充分搅拌后由饲料加工厂生产的。该种饲料中的能量和各种营养成分均衡全面,能够完全满足猪的生长、繁殖和生产需要,除水以外,不再需要添加任何物质,可以直接饲喂。全价配合饲料有许多优点,如营养全面、可以促进猪生长发育和预防疾病、饲养周期缩短、生产成本降低、效益高等。

(二)浓缩饲料

浓缩饲料又称蛋白质饲料。是指以蛋白质饲料为主,加上一定比例的矿物质饲料和添加剂预混合饲料配制而成的混合饲料,一般含蛋白质30%～50%。浓缩饲料可用来补充或平衡饲料中蛋白质以及矿物质和其他微量成分的不足。它是浓缩饲料加工厂的产品,是配合饲料工业的中间产品,不能直接饲喂,但与一定比例的能量饲料混合即可制成全价配合饲料。

(三)基础混合饲料

基础混合饲料又叫基础日粮或初级配合饲料。它是由能量饲料、蛋白质饲料和矿物质饲料按一定配方组成。能够满足猪对能量、蛋白质、钙、磷、食盐等营养物质的需要。如再搭配一定的添加剂,即可满足猪对维生素、微量元素的需要。

(四)添加剂预混料

它是由营养性添加剂(维生素、微量矿物质元素、氨基酸等)和非营养性添加剂(抗生素、驱虫剂、抗氧化剂等),按一定比例加入适量载体(石粉、玉米粉、小麦粉等),均匀配制成的一种饲料半成品。添加剂预混料不能直接用来喂猪,必须与其他饲料按规定比例均匀混合后才能使用。

三、配合饲料的优点

1. 营养全面　配合饲料是根据猪的营养需要,采用科学配方配制而成的,营养全面,能够完全满足猪生产、生长的需要,饲料效率高,能加速猪的生长,缩短饲养周期,降低饲养成本,提高经济效益。

2. 利用各种饲料　配合饲料由多种饲料组成,可以根据当地资源状况,经济合理的利用各种饲料成分。

3. 能够补充添加剂　随着营养科学和饲料科学的发展,配合饲料已进入了添加剂时代,各类饲料添加剂在饲料中已经发展到了举足轻重的地位。因为在天然饲料中某些营养物质及微量元素、维生素等含量甚微,即使在饲料中可以产生互补作用,也远不能满足猪的营养需要。为了满足生长发育的需要,就必须添加这类物质,既可以避免营养性疾病的发生,又有利于提高饲料转化率和产品率。

4. 安全、方便　配合饲料是采用先进生产工艺加工而成的新型产品,能够保证饲料的均匀一致性,质量达到标准化,饲用安全,高效方便。

5. 预防疾病　配合饲料中按照国家规定添加了各种预防疾病的药物和抗氧化剂、防霉剂等,可预防疾病发生,延长饲料的保存期,提高配合饲料质量。

6. 提高效率　用配合饲料喂猪,在标准化生产中,能节省设备、燃料和劳动力,提高工作效率,有利于猪肉产品参与市场的竞争。

四、配合饲料的配制

(一)饲料卫生标准

饲料是供给生猪生存、生长和生产的,饲料的安全卫生直接关系到生猪的健康以及人们的身体健康。因此,配制饲料时必须注意饲料的安全卫生,严格遵守国家对有害物质及微生物的允许量。猪配合饲料中对有害物质及微生物的允许量见表 3-1。

表 3-1　猪配合饲料中对有害物质及微生物的允许量

序号	卫生指标项目	产品名称	指标
1	砷(以总 As 计)的允许量,毫克/千克产品	猪配合饲料	≤2.0
2	铅(以 Pb 计)的允许量,毫克/千克产品	猪配合饲料	≤5.0
3	氟(以 F 计)的允许量,毫克/千克产品	猪配合饲料	≤100
4	霉菌的允许量,霉菌数×10^3 个/克产品	猪配合饲料	<45
5	黄曲霉毒素 B_1 允许量,微克/千克产品	仔猪配合饲料 生长肥育猪、 种猪配合饲料	≤10 ≤20
6	铬(以 Cr 计)的允许量,毫克/千克产品	猪配合饲料	≤10
7	汞(以 Hg 计)的允许量,毫克/千克产品	猪配合饲料	≤0.1
8	镉(以 Cd 计)的允许量,毫克/千克产品	猪配合饲料	≤0.5
9	氰化物(以 HCN 计)的允许量,毫克/千克产品	猪配合饲料	≤50
10	亚硝酸盐(以 $NaNO_2$ 计)的允许量,毫克/千克产品	配合饲料	≤15
11	游离棉酚的允许量,毫克/千克产品	生长育肥猪配合饲料	≤60
12	异硫氰酸酯(以丙烯基异硫氰酸酯计)的允许量(每千克产品中),毫克	生长肥猪配合饲料	≤500
13	六六六的允许量,毫克/千克产品	生长育肥猪配合饲料	≤0.4
14	滴滴涕的允许量,毫克/千克产品	猪配合饲料	≤0.2
15	沙门氏杆菌	饲料	不得检出
16	细菌总数的允许量(每千克产品中),毫克,细菌总数×10^6 个	鱼粉	<2

注:所列允许量均为以干物质含量为 88% 的饲料为基础计算。

（二）制作饲料配合的原则

1. 营养性　饲料配方的理论基础是动物营养学。饲养标准概括了动物营养学的基本内容，列出了正常情况下的营养需要量。给制作饲料配方提供了科学依据。

饲料配方就是将饲养标准上的各种营养素的需要量，化作各种饲料原料的配比。饲料配方的营养性受环境条件、饲料原料来源、饲料原料价格、品质、市场对猪产品质量要求等条件制约。但饲料配方必须体现各种营养素之间比例平衡，各种饲料原料间配伍合理，表现出比较高的实用价值。同时，为确保饲料配方的营养性，必须进行饲料原料营养成分分析和有毒有害物质的检测。

2. 安全性　饲料原料的质量是不断变化的，因其品种、产地和贮存条件而变异。所以，进行饲料配方之前，必须把握原料的营养成分含量及营养价值。有条件的用户最好在配方前分析每种原料的营养成分含量，并了解饲料的利用率情况。例如，羽毛粉虽然蛋白质含量很高，但利用率却很低，如大量添加会造成配方营养素含量不足，猪生产性能下降。制作饲料配方的饲料原料必须保证质量，对于发霉、酸败、污染、掺假等变质原料及其不合格原料，不能使用。含有有害物质的饲料如棉籽粕含有棉酚，在猪日粮中用量不应超过 7％，菜籽粕因含有芥子酸也应限制用量，花生饼因易产生黄曲霉毒素，也应酌量使用。使有毒有害物质在配合饲料中的含量限定在国家标准允许量以下。对添加的饲料添加剂必须严格遵守国家规定的停药期和禁用规定。

3. 选择适当的饲养标准，按饲养标准配制日粮　猪的品种、性别、饲养阶段、环境温度、生产目的等都影响猪对各种营养素的需要。如幼龄猪处于生长发育时期，对蛋白质和维生素的需要高于成年猪，后备母猪的能量需要量低于哺乳母猪等，所以，必需根据自己所养的猪种、生长阶段有针对性地选择饲养标准。我国已制定了猪不同生长阶段的饲养标准。大的饲养公司也针对某一特定品种制定了相应的饲养标准。选定饲养标准后，以饲养标准所提供的营养素需要为依据，选择合适的饲料原料进行配方。饲养标准不是一成不变的，应根据自己的饲养管理条件、饲料资源情况、健康状况等进行适当的调整，以达到获得最佳收益的目的。如在高温季节，动物采食量下降，应适当提高日粮中营养素水平。

4.严格控制粗纤维含量　猪是单胃动物，对粗纤维几乎不能消化。粗纤维不但自身不能供能，还会降低其他营养素的利用率，降低猪的生产性能。特别是仔猪，严格控制纤维含量高的饲料用量，使日粮纤维素水平在5%以下，生长猪也不能超过8%。妊娠猪、哺乳猪、种公猪、后备猪不能超过10%。

5.多种原料搭配，注意适口性　因为单一饲料都存在这样或那样的缺陷，多种原料按一定比例含量搭配，能达到营养素之间的互补作用和制约作用，提高饲料的利用率。同时，配制日粮时注意日粮适口性。适口性好，可刺激食欲，增加采食量，反之则降低采食量，影响生产性能。

6.要注意降低成本　饲料占养猪成本的60%~80%，提高养猪效益首先应从降低饲料成本着手。配制饲料时要做到因地制宜，根据饲料原料的不同价格，在不影响营养性的前提下选择合理的饲料原料进行配合。

(三)配合饲料的方法和步骤

配合猪的日粮，先要有两项材料，即猪的饲养标准和猪常用饲料的成分及营养价值表。猪的饲养标准是猪营养需要量，猪的日粮配合就是根据饲养标准和饲料营养成分，将各种饲料原料按比例配合在一起，使各种营养物质含量与猪的营养需要量基本相符合的过程。这个过程需要计算完成。其步骤和方法如下：

1.确定猪的生长阶段和营养需要量　饲养标准中规定了生长育肥猪、后备母猪、妊娠母猪、哺乳母猪、种公猪的每天每头营养需要量或每千克配合饲料应含的各种营养物质的数量。在配合日粮时,应明确饲养猪的生长阶段、体质状况和生产潜力,结合国内外有关这方面的研究文献和生产实际,确定日增重和日采食量的营养,然后对照猪的饲养标准配合日粮。

2.列出所用原料的养分含量　先根据当地的实际情况,掌握当地饲料资源和饲料特性,选择出配合饲料所需的合适原料,然后查猪常用饲料营养成分表,列出这些原料的营养成分含量。选择出的原料至少应包括能量饲料、蛋白质饲料和矿物质饲料。

3.试配　根据猪的采食量和饲养标准中规定的采食风干饲料量,以及各种饲料原料应用时的大体含量,先确定一个粗略的饲料原料用量,并计算其营养含量,并与饲养标准加以对比,计算出余额或缺额。计算时,只计算消化能和粗蛋白即可。注意,配合的主要养分偏差要在可接受的范围内,一是不能低于最低需要量的3%,二是能量供给量不可超过需要量的5%。

4.调整　根据以上计算结果就可以看出与饲养标准的差距,然后根据消化能或粗蛋白的差额,调整主要饲料原料的用量,用玉米调整消化能差额,饼类调整粗蛋白差额,直到差额消除为止。

5.平衡钙和磷　按调整好消化能和粗蛋白后的各种原料用量分别计算钙和磷的含量,并与标准比较,找出差额,用矿物质饲料补充和平衡。钙、磷比例要在(1~2):1的范围内。

6.列出配好的日粮　根据确定使用饲料的种类和数量,按饲料价格、猪的生理特点计算该日粮的成本,是否各种营养成分达到标准后成本最低,做到经济又实用,能取得好的经济效益。如果该日粮合适,则只要添加维生素和微量元素添加剂后,就可应用于生产。并且,在使用过程中,随时进行调整。

(四)配方设计的种类和内容

1.配方设计的种类　在养猪生产过程中,根据使用的饲料需要设计配方的种类有全价配合饲料、浓缩料、1%~4%的料精等,因此各种商品饲料中所含营养成分也不相同。此外,还根据商品猪的生长阶段不同,将饲料分为 0~8 千克、8~20 千克的仔猪料、20~60 千克的生长猪料,80~110 千克的育肥猪料。

2.配方设计的内容　　在设计猪饲料配方时,一般主要考虑干物质、能量、蛋白质、钙、磷(有效磷)、赖氨酸、维生素和微量矿物质。维生素和微量矿物质按标准添加,这样设计猪用饲料配方的养分值仅有干物质、能量、蛋白质、钙、磷和赖氨酸 6 个指标,加上预期日增重、日均采食量、使用品种和生理阶段,一共是 10 个方面的内容。

五、猪用预混料的配合

预混料的全称为添加剂预混料,包括单项药物添加剂预混料、维生素预混料、微量元素添加剂预混料、1%的料精和 4%的料精。

(一)配方设计的主要内容

猪用预混料配方设计的主要内容与其他动物一样,主要包括配方的名称与类别、配方的组分与含量、作用与用途、用法与用量、注意事项等。猪用添加剂预混料主要有三类:维生素预混料、矿物质预混料、复合性预混料。所选用的原料品种、用量,应是农业部发布的允许饲料添加剂使用范围的。对于加药添加剂预混料,特别是对猪肉产品有影响的药物在使用时,要特别注明,并表明停药期。另外,对贮藏的要求也要有说明。

(二)配方组分与含量的配置步骤

配方组分的设计,一般采用微量元素与多维素分别配合的方式。胆碱由于有碱性,对其他一些维生素有破坏作用,在饲料使用中单独添加。配方组分与含量的配制,一般按以下几个步骤进行:①确定需要量;②确定配制方法;③计算所需微量元素成分的添加量;④列出添加剂预混料配方。

(三)预混料的配制方法

现以营养需要差补法配制生长猪 10~20 千克微量元素预混

料为例说明。

(1)10～20千克生长猪饲养标准,确定几种主要微量元素的需要量(表 3-2)。

表 3-2 10～20千克生长猪主要微量元素需要量(每千克饲粮中的含量)

元素	Fe	Cu	Zn	Mg	Mn	I	Se
需要量/毫克	80	5.0	80	40	3.0	0.14	0.15

(2)调查并计算基础饲粮中所用微量元素的含量(每千克饲粮中的含量),见表 3-3。则需添加微量元素量为:铁 22 毫克,铜 1.6 毫克,锌 18 毫克,镁 9 毫克,锰 1.1 毫克,碘 0.09 毫克,硒 0.07 毫克。

表 3-3 所用基础饲粮中的微量元素含量

元素	Fe	Cu	Zn	Mg	Mn	I	Se
需要量/毫克	58	3.4	62	31	1.9	0.05	0.08

(3)确定所选用矿物质原料规格及相对效价表 3-4(在此以相对效价为 100 计)。

表 3-4 所用矿物质原料规格及相对效价

品名	分子式	含量(A)		纯度(B)	原料需要量(C,毫克)
硫酸亚铁	$FeSO_4 \cdot 7H_2O$	Fe	20.10	98.5	111.23
硫酸铜	$CuSO_4 \cdot 5H_2O$	Cu	25.50	96	6.53
硫酸锌	$ZnSO_4 \cdot 7H_2O$	Zn	22.70	98	81.00
硫酸镁	$MgSO_4 \cdot 7H_2O$	Mg	9.87	99.5	91.72
硫酸锰	$MnSO_4 \cdot H_2O$	Mn	32.90	98	3.41
碘化钾	KI	I	76.40	98	0.12
亚硒酸钠	$Na_2SeO_3 \cdot H_2O$	Se	30.00	95	0.25

注:上表中原料需要量(C)=所需添加量÷元素含量(A)÷纯度(B)。

(4)列出添加剂预混料的配方。若要配制占饲粮 0.5％的预混料,根据表 3-5 中微量元素加入的总量 2.94％,还应加载体 2.06％。

表 3-5 10～20 千克生长猪主要微量元素添加剂预混料配方

使用商品	百分比/％	每吨预混剂需要量/千克
硫酸亚铁	1.112	11.123
硫酸铜	0.065	0.653
硫酸锌	0.810	8.100
硫酸镁	0.917	9.172
硫酸锰	0.034	0.341
碘化钾	0.001 2	0.012
亚硒酸钠	0.002 5	0.025
合计	2.94	29.43

六、猪用浓缩料的配合

浓缩料是指未加能量饲料的其他原料的混合饲料,多在玉米种植区的农村使用,在发展规模养猪时,只需添加玉米等即可,使用时非常方便,是农区农民饲养中最常选用的一种饲料。浓缩料的配方设计,要以一定量品质的能量饲料为前提,使得所配浓缩料中的能量、蛋白质、矿物质(主要是常量矿物质)的量与所配能量饲料中的能量、蛋白质、矿物质的量之和满足猪的需要。因此,浓缩料的配方设计需经过以下几个步骤:

(1)根据饲养猪的日龄、出栏时间确定猪的营养需要。

(2)选取的原料既有数量上的保证又有质量上的保证,适口性强,符合猪的生理要求,品种在 3～5 种以上。

(3)确定所用能量饲料在全价日粮中所占比例,计算出所配浓缩料的营养水平要求。

（4）列出浓缩料的配方。

下面以配 30～60 千克生长猪浓缩料为例加以说明：

①查猪的饲养标准，确定 30～60 千克猪所需饲料的营养浓度见表 3-6。

表 3-6　30～60 千克猪所食饲粮的营养浓度

消化能/（兆焦/千克）	粗蛋白/％
14.21	14

②根据当地资源及饲料价格，选用玉米、麸皮作为能量饲料，选用大豆粕作为蛋白质饲料，其营养价值见表 3-7。

表 3-7　所用饲料的营养值

原料名称	玉米	麸皮	大豆粕
能量/（兆焦/千克）	14.48	11.76	14.56
粗蛋白/％	8.6	15.4	42.48

③确定浓缩料的营养浓度。如果在生长猪饲粮中，玉米的用量为 67％，麸皮为 13％，则所配浓缩料的营养浓度推算过程见表 3-8。

表 3-8　所配浓缩料的营养浓度推算

原料名称	67％玉米提供	13％麸皮提供	共提供	需要量	浓缩料浓度
能量（兆焦/千克）	14.48×67％ ＝9.70	11.76×13％ ＝1.53	11.26	14.23	2.97
粗蛋白/％	8.6×67％ ＝5.76	15.4×13％ ＝2.00	7.76	14	6.24

通过计算过程确定浓缩料的能量浓度为 2.97 兆焦/千克，粗蛋白浓度 6.24％。

④确定浓缩料中的蛋白饲料组分。在浓缩料中，能量和蛋白质主要来自蛋白质饲料。事实上，在全价料中料精的用量为 4％，而本例中能量饲料已达 80％，因此，蛋白质饲料的用量仅有 16％。这里

我们仅用蛋白质饲料大豆粕,16%的大豆粕提供能量 $14.56 \times 16\%$ $=2.33$,提供粗蛋白 $42.48 \times 16\% = 6.8$,与上面要求基本一致。

⑤列出浓缩料配方。本配方浓缩料在饲粮中的用量为 20% (16%+4%),其配方为 80%的豆粕,20%的料精(指在饲粮中为 4%)。

这样,一个生长猪的浓缩料的设计基本完成,但在实际中,浓缩料的设计并不如此简单,只是举一个例子来说明浓缩料的设计。

七、猪用全价料的配合

配合全价料是猪饲料配制的最终目标。例如,以玉米、豆饼、麸皮、地瓜蔓粉为主要饲料,给体重为 60～90 千克的生长育肥猪配合日粮,矿物质和添加剂可另加。

第一步,先查出该类猪的营养标准,见表 3-9。

表 3-9　60～90 千克生长育肥猪营养标准

项目	风干料量/千克	消化能/兆卡	粗蛋白/克	赖氨酸/克	蛋氨酸+胱氨酸/克	钙/克	磷/克	食盐/克
每天每头需要量	2.87	8.61	4.2	18.08	9.20	14.40	11.50	7.20

第二步,查出各类原料营养成分(表 3-10)。

表 3-10　各类原料营养成分

原料	风干料量/千克	消化能/兆卡	粗蛋白/克	赖氨酸/克	蛋氨酸+胱氨酸/克	钙/克	磷/克
玉米	1	3.43	85	2.6	4.8	0.2	2.1
豆饼	1	3.24	416	24.9	12.3	3.2	5.0
麸皮	1	2.53	135	6.7	7.4	2.2	10.0
地瓜蔓粉	1	1.25	81	2.6	1.6	15.5	1.1
骨粉	1	—	—	—	—	301.2	134.6
石粉	1	—	—	—	—	350	—

注:饲料成分表中的粗蛋白、氨基酸、钙、磷均以百分比表示,表 3-10 中以换算为每千克的含量。1 千克=1 000 克,如玉米中的粗蛋白含量为 8.5%,1 千克玉米中含粗蛋白为 1 000 克×8.5%=85 克,依此类推。

第三步，试配。根据经验，玉米占 50%～70%，麸皮类占 10%～20%，饼类占 10%～25%，矿物质饲料占 1%～2%，粗饲料占 5%～10%，动物性饲料占 3%～5%。如果假设玉米占 73%，麸皮占 20%，地瓜蔓粉占 5%，矿物质占 2%，则根据每天每头猪对风干料的需要量，计算出各原料的用量及其养分含量(钙磷先不算)，并与标准对照。见表 3-11。

表 3-11　各原料的用量及其养分含量

原料	风干料量/千克	消化能/兆卡	粗蛋白/克	赖氨酸/克	蛋氨酸+胱氨酸/克
玉米	73%×2.87=2.095 1	7.186 2	178.08	5.447	10.056
麸皮	20%×2.87=0.574	1.452 2	77.49	3.846	4.248
地瓜蔓粉	5%×2.87=0.143 5	0.179 4	11.62	0.373	0.230
合计	2.812 6	8.817 8	267.19	9.666	14.534
饲养标准	2.87	8.61	402	18.08	9.20
差额(+)(一)	−0.057 4	+0.207 8	−134.81	−8.414	+5.334

注：营养含量计算，该原料风干料量×每千克养分含量。如玉米消化能=2.095 1 ×3.43=7.186 2(兆卡)。

第四步，调整。根据以上分析结果，可以进行玉米和豆饼的代换，满足标准要求。如先满足粗蛋白的需要。豆饼中粗蛋白含量为每千克 416 克，玉米中粗蛋白含量为每千克 85 克，用豆饼代换玉米，每代换 1 千克可增加粗蛋白 331 克，而试配日粮中粗蛋白比标准低 134.81 克，故应代换 134.81÷331=0.41(千克)。计算调整后各原料用量和养分含量，并与标准对比。见表 3-12。

由表 3-12 可见，各种营养物质均与标准相符，只需补充矿物质和添加剂。

第五步，平衡钙和磷。先计算以上日粮各原料中的钙和磷的含量(表 3-13)。

表 3-12 调整后各原料用量和养分含量

原料	风干料量 /千克	消化能 /兆卡	粗蛋白 /克	赖氨酸 /克	蛋氨酸+胱氨酸/克
玉米	2.095 1−0.41=1.69	5.796 7	143.65	4.394	8.112
豆饼	0.41	1.328 4	170.56	10.209	5.043
麸皮	0.57	1.442 1	76.95	3.819	4.218
地瓜蔓粉	0.14	0.175	11.34	0.364	0.224
矿物质	0.06				
合计	2.87	8.742 2	402.5	18.786	17.597
饲养标准	2.87	8.61	402	18.08	9.20
差额(+)(−)	0	+0.132 2	+0.5	+0.706	+8.387

表 3-13 各原料中钙和磷的含量

原料	1.69 千克 玉米	0.41 千克 豆饼	0.57 千克 麸皮	0.14 千克 地瓜蔓	合计
钙/克	0.338	1.312	1.254	2.17	5.074
磷/克	3.549	2.05	5.70	0.154	11.453

与标准相比,钙低 14.40−5.074=9.326(克),磷低 11.5−11.453＝0.047(克)。磷只稍低一些,可以忽略,也可调一下玉米和麸皮。缺钙应用石粉补充,每千克石粉含钙 350 克,则应加石粉 9.326÷350=0.026 65(克)=0.03(克)。这样配好的日粮见表 3-14。

如果需要配合大批饲料,可根据上述日粮组成,换算为百分比或饲料配方:玉米 59%,豆饼 14%,麸皮 21%,地瓜蔓粉 5%,石粉 1%,每 100 千克配合饲料中加 250 克食盐,并按说明书加入维生素和微量元素添加剂。

表 3-14 日粮配合表

原料	原料用量/千克	消化能/兆卡	粗蛋白/克	赖氨酸/克	蛋氨酸+胱氨酸/克	钙/克	磷/克
玉米	1.69	5.796 7	143.65	4.394	8.112	0.338	3.549
豆饼	0.41	1.328 4	170.56	10.209	5.043	1.312	2.05
麸皮	0.60	1.518 0	81.0	4.02	4.44	1.32	6.0
地瓜蔓粉	0.14	0.175	11.34	0.364	0.224	2.17	0.154
石粉	0.03					10.50	
合计	2.87	8.82	406.55	18.987	17.819	15.64	11.753
饲养标准	2.87	8.61	402	18.08	9.20	14.40	11.5

注:根据风干量可对饲料微调。并需添加食盐,按说明加添加剂。

八、猪的饲养标准

(一)瘦肉型育肥猪营养成分指标 SB/T 10076—92(表 3-15)

表 3-15 瘦肉型育肥猪营养成分指标

项　目		体重阶段		
		10~20 千克	20~60 千克	60~90 千克
消化能/(兆焦/千克)/ (兆卡/千克)		13.4 (3.2)	13.0 (3.1)	12.2 (2.9)
粗蛋白质/%	≥	18.0	15.0	13.0
赖氨酸/%	≥	0.78	0.75	0.63
蛋氨酸+胱氨酸/%	≥	0.51	0.38	0.32
苏氨酸/%	≥	0.51	0.45	0.38
异亮氨酸/%	≥	0.55	0.41	0.34
钙/%	≥	0.6~1.1	0.5~1.0	0.4~0.8
磷/%	≥	0.5	0.4	0.3
粗纤维/%	≤	4.0	7.0	8.0
粗灰分/%	≤	5.0	6.0	7.0
食盐/%		0.3~0.8	0.3~0.8	0.3~0.8

（二）后备母猪、妊娠猪、哺乳母猪、种公猪营养成分指标 SB/T 10075—92（表 3-16）

表 3-16 后备母猪、妊娠猪、哺乳母猪、种公猪营养成分指标

项　目	体重阶段		妊娠猪	哺乳母猪	种公猪
	20～60 千克	60～90 千克			
消化能/(兆焦/千克)	12.13	12.13	11.72	12.13	12.55
(兆卡/千克)	(2.90)	(2.90)	(2.80)	(2.90)	(3.0)
粗蛋白质/% ≥	14	12.5	12.0	13.5	12.0
钙/% ≥	0.6～1.2	0.6～1.2	0.6～1.2	0.6～1.2	0.6～1.2
磷/% ≥	0.45	0.45	0.45	0.45	0.45
粗纤维/% ≤	7	8	10	8	8
粗灰分/% ≤	5	6	6	6	5
食盐/%	0.3～0.8	0.3～0.8	0.3～0.8	0.3～0.9	0.3～0.9

（三）仔猪、生长育肥猪营养成分指标 GB/T 5915—93（表3-17，表 3-18）

表 3-17 仔猪、生长肥育猪营养成分指标（一）

产品名称	指标	粗脂肪/% 不低于	粗蛋白/% 不低于	粗纤维/% 不高于	粗灰分/% 不高于
仔猪饲料	前期	2.5	20.0	4.0	7.0
	后期	2.5	17.0	5.0	7.0
生长肥育猪饲料	前期	1.5	15.0	7.0	8.0
	后期	1.5	13.0	8.0	9.0

表 3-18　仔猪、生长肥育猪营养成分指标(二)

产品名称	指标	钙/%	磷/% 不低于	食盐/%	消化能 不低于	
					兆焦/千克	千卡/千克
仔猪饲料	前期	0.7~1.2	0.6	0.3~0.8	13.39	3 200
	后期	0.5~1.0	0.5	0.3~0.8	12.97	3 100
生长肥育猪饲料	前期	0.4~0.8	0.35	0.3~0.8	12.55	3 000
	后期	0.4~0.8	0.35	0.3~0.8	12.13	2 900

九、市场成品饲料不同阶段的划分

目前,多数饲养户全部采用加工厂配制的成品饲料饲养商品猪,应该说,使用成品饲料,优点是质量稳定、节省了劳动力,缺点是增加了成本。一般从 7 日龄开始补料,可划分为 5 个阶段,根据这 5 个阶段设计生产了不同料号的成品饲料。

第一阶段,为 7 日龄至断奶后 5 天,主要原料组成为:谷物类、饼粕类、油脂、石粉、磷酸氢钙、食盐、蛋氨酸、赖氨酸、维生素、微量元素、微生态制剂、酶制剂、防霉剂、抗氧化剂等,主要营养成分指标为:粗蛋白质 21%,赖氨酸 1.55%,钙 0.6%~1.2%,总磷 0.5%,食盐 0.3%~1.0%。

第二阶段,为断奶后 5 天至 40 日龄,主要原料组成为:谷物类、饼粕类、油脂、石粉、磷酸氢钙、食盐、蛋氨酸、赖氨酸、维生素、微量元素、微生态制剂、酶制剂、防霉剂、抗氧化剂等,主要营养成分指标为粗蛋白质 19%,赖氨酸 1.3%,钙 0.6%~1.2%,总磷 0.5%,食盐 0.3%~1.0%。

第三阶段,为 40~50 日龄,主要原料组成为:谷物类、饼粕类、油脂、石粉/贝壳粉、磷酸氢钙、食盐、蛋氨酸、赖氨酸、维生素、微量元素、微生态制剂、酶制剂、防霉剂、抗氧化剂等,主要营养成分指标为:粗蛋白质 18%,赖氨酸 1.2%,钙 0.6%~1.2%,总磷 0.5%,食盐 0.3%~1.0%。

第四阶段,为 50～95 日龄,主要原料组成为:谷物类、饼粕类、油脂、石粉、磷酸氢钙、食盐、蛋氨酸、赖氨酸、维生素、微量元素、微生态制剂、酶制剂、防霉剂、抗氧化剂等,主要营养成分指标为:粗蛋白质 17%,赖氨酸 1.05%,钙 0.6%～1.2%,总磷 0.5%,食盐 0.3%～0.8%。

第五阶段,为 95 至育肥猪出售,主要原料组成为:谷物类、饼粕类、油脂、石粉、磷酸氢钙、食盐、蛋氨酸、赖氨酸、维生素、微量元素、微生态制剂、酶制剂、防霉剂、抗氧化剂等,主要营养成分指标为:粗蛋白质 15.5%,赖氨酸 0.9%,钙 0.5%～0.9%,总磷 0.45%,食盐 0.3%～0.8%。

思考题

1. 有哪些物质维持猪的营养需要?

2. 蛋白质饲料分为哪 2 种? 各举常用的 2～3 种。

3. 按产品的种类,配合饲料分为哪几种?

4. 配合饲料有哪些优点?

第四章　生产杂交技术

本章的重点是二元杂交和三元杂交方式,掌握杂交应具备的基本条件知识。

杂交的目的不是为了育成新品种,而是通过不同品种、不同品系和不同品种群之间的杂交,利用其杂种优势,以提高商品育肥猪的生产性能,从而提高养猪生产的经济效益。杂种猪往往集中了两个或两个以上亲本的优点,杂种优势表现在一是繁殖性能要比纯繁产仔多、成活率高、断奶体重大;二是杂交后代生活力强,生长发育加快,提高饲料利用率,降低饲养成本;三是瘦肉率增加,胴体瘦肉率可达 50% 以上,并且日增重提高,缩短了育肥期。在生产中,实行三元杂交比二元杂交效果更好。因此,引用外来瘦肉率高的品种与我国优良地方品种进行杂交,以提高瘦肉率,比培育瘦肉型品种,花钱少,见效快,成为提高猪肉产量的手段,是发展商品猪生产的重要途径。

第一节　经济杂交的基本条件

进行经济杂交所表现出的杂种优势,在生产中已越来越受到重视,并已成为当前商品猪生产的基本手段,因为其所产生的效益非常明显。要获得杂种优势,必须具备以下条件。

一、性状

性状不同,所表现的杂种优势程度不同。猪的许多经济性状如产仔数、泌乳力、生长速度、饲料利用率、体质、抗病力等，是由许多不同遗传类型的基因决定的，在进行杂交时杂种优势的表现程度亦有较大差异。

近亲繁殖时容易表现出性状退化，杂交时容易显示杂种优势。生命早期出现的性状，如仔猪成活率、断奶窝重容易显示杂种优势。生命后期表现的性状，如胴体品质等，杂交的效果取决于品种间配合力，一般不容易产生杂种优势。

二、亲本

亲本就是用于杂交的父本和母本。杂种优势因杂交亲本的品种不同，表现程度也不一样。根据应用实践及经验可知，要使杂种优势得到好的表现，加强对父母本品种的选择使用十分必要。

（一）对母本品种的要求

首先要求参与杂交的母本具有分布广泛、适应性强的特点，这样猪源很容易解决，而且能适应当地条件，容易在生产中推广。其次应选择繁殖力强、产仔多、母性好、泌乳力高的猪种作母本；这样的母本在妊娠期或哺乳期对仔猪的成活和发育有直接影响，能体现良好的母体效应，对商品猪降低成本、提高经济效益有意义。

（二）对父本品种的要求

首先，要求父本生长速度快，饲料利用率高，胴体品质好，这些性状能较好地遗传给后代，具有这些特性的品种，都是高度培育的品种，如杜洛克、大约克和长白等。

其次，根据杂交后代类型来确定父本品种。生产瘦肉型的杂种猪就应选择优良的瘦肉型猪品种，以获得较高的瘦肉率。一旦选错类型，对后代影响极大。如果进行三元杂交，那么第一父本还要考虑繁殖性能是否与母本品种有良好的配合力，以利于发挥母本在繁殖性能上的杂种优势，要求第二父本及终端父本在生产性能上满足杂种指标的要求。

我国地方猪品种较多,但能作为父本品种者数量极少。因此,在生产中使用的品种多为引进的品种。

三、选育

从杂种优势的理论及实践来讲,杂交亲本间差异程度及亲本群个体基因纯合程度均直接影响杂种优势。一般认为,分布地区距离较远,来源差别较大,类型、特点不同的品种、品系间杂交,可以获得较大的杂种优势。同时,经过系统选育的品种、品系,它们的主要经济性状变异系数小,群体比较整齐,杂交效果较好。所以,在确定父母本后,对父母本进行选育,以强化群体的高产优良基因频率的增加和提高整齐度,减少个体间的差异,使杂种优势明显提高,为大规模化的商品生产及饲养管理提供便利。

四、环境

环境条件对杂种优势的表现有很大的影响。特别是那些遗传力低、杂种优势明显的性状,如果所提供的环境条件适宜,将大大促进杂种优势表现程度。在限量饲养条件下,杂种猪在日增重和屠宰年龄方面表现出明显的杂种优势;在环境温度不利的情况下,杂种优势表现略强。

第二节　杂交方式

一、二元杂交

二元杂交就是指两个品种之间的杂交,使用两个亲本,杂种后代大多作商品猪使用。二元杂交的杂交组合,大体上有如下几种类型:第一种形式,本地种×地方良种;第二种形式,地方良种×引入品种；第三种形式，地方良种×国内新培育的品种；第四种形式，引入品种×引入品种。

（1）利用杜洛克、长白、大白等优良瘦肉型猪进行二元杂交，生产杜长、杜大、长大、大长等二元杂交猪。其杂交模式如下：

杜洛克♂ × 长白(或大白)♀　　长白(或大白)♂ × 大白(或长白)♀
↓　　　　　　　　　　　↓
杜长(或杜大)　　　　　　　长大(或大长)

（2）利用杜洛克、长白、大白等优良瘦肉型公猪与本地母猪进行二元杂交，生产杜本、长本、大本等二元杂交猪。其杂交模式如下：

杜洛克(或长白、大白)♂ × 本地 ♀
↓
杜本(长本、大本)

在追求瘦肉率的商品化生产中，多以引进的品种如大约克、长白、杜洛克、双肌臀等作为父本，以国内地方品种如莱芜黑、沂蒙黑、太湖等为母本，进行了杂交利用，生产的杂种优势表现得十分明显。所产的杂种既保持了引进品种的高瘦肉率和生长迅速的特点，又继承了地方品种的高繁殖性和产仔力强、母性好的优点，是生产中常采用的方式。在进行二元杂交所生产的后代，除用于商品育肥外，还对杂种母猪进行选育，作为三元杂交的母本使用。如在莱芜猪的杂交利用中，发现用大约克和莱芜黑生产的二元杂种猪(简称大莱母猪)具有良好的繁殖能力。据山东省莱芜市第一种猪场测定，1996 年 84 窝经产大莱母猪，平均总产仔数 16.1 头，活仔 14.2 头，初生窝重 15.8 千克，双月断奶育成 12.6 头，窝重 227.7 千克。

二、三元杂交

三元杂交就是先用两个品种进行杂交，从杂交一代中选育出繁殖性能好的杂种母猪,与第三个品种作父本进行杂交,所产生的后代全部作商品猪用。这种杂交模式,要好于二元杂交,是当前商品猪生产采用最多的方式。三元杂交选用的二元杂种母猪,具有产仔多,母性强,适应性强的优点,再用引进的品种作父本,产生的后代瘦肉率明显提高。

(1)利用杜洛克、长白、大白等优良瘦肉型猪进行三元杂交,生产杜长大、杜大长等三元杂交猪。其杂交模式如下:

长白(或大白)♂×大白(或长白)♀
↓
杜洛克♂×长大(或大长)♀
↓
杜长大(或杜大长)

(2)利用杜洛克、长白、大白等优良瘦肉型公猪与本地猪进行三元杂交,生产杜长本、杜大本等三元杂交猪。其杂交模式如下:

长白(或大白)♂×本地♀
↓
杜洛克♂×长本(或大本)♀
↓
杜长本(或杜大本)

在三元杂交中,三个亲本中的母本是地方良种,商品猪为洋洋本(内三元);三个亲本部是外来瘦肉型品利,商品猪为洋洋洋(外三元)。

1.内三元 内三元杂交中的母本是地方良种。我国地方良种猪一般都有抗病能力强、肉质好、繁殖性能高,发情明显,产仔多,母性好,容易饲养的优点。其杂种后代比较好养,兼备抗病力强,生长速度快,瘦肉猪高,肉质好的优良特点,推广容易。但是,生长速度和瘦肉率仍低于外三元。

内三元一般的杂交方式多采取以长白猪或大约克夏猪为第一父本，与当地母猪交配的一代杂种母猪，再与杜洛克交配。我国猪种都是有色毛，杜洛克（红毛）为第二父本，商品肉猪毛色较杂，不受屠宰商的欢迎。

2. 外三元　长白猪和大白猪繁殖性能好，通常用于第一轮杂交，并且可以互为父母本，杜洛克或汉普夏繁殖性能较差，但生长速度快、瘦肉率高、肉质较好，为终端父本，生产杜（汉）长大或杜（汉）大长三元杂交商品瘦肉猪。外三元商品肉猪生长速度快，饲料报酬高，胴体瘦肉率高达60％以上，有很好的市场竞争能力，可以卖上好价钱。但是，因为三个亲本都是国外的高度培育的瘦肉型品种，因而适应性低，要求的饲养管理条件较高。

为了得到好的饲养效果和效益，在推广三元杂交商品猪生产时，各地要根据实际情况，选择适合自己生产条件的杂交形式。在饲养管理条件差，饲料资源，特别是蛋白质饲料不足的分散农户饲养，肥猪就地销售，推广内三元杂交可得到较好的饲养效果。在技术和管理条件较高的大型规模猪场，特别是商品猪主要销往沿海和大城市的高端市场，应采用外三元，可取得高的经济效益。

通过以莱芜猪为母本，与引进的瘦肉型父本杂交的二元、三元商品猪肥育性能和胴体品质都有明显提高。如筛选的汉普夏×莱芜二元杂交商品猪组合，日增重528克、料重比3.9∶1、瘦肉率52.71％，比莱芜猪提高159克、1.06和11.04个百分点；汉普夏×大莱三元杂交商品猪组合，日增重726克、料重比3.46∶1、瘦肉率61.48％，比大莱猪提高235克、0.87和11.08个百分点。以杜洛克×（丹麦长白×太湖猪）组合成的杜丹太三元杂交猪，日增重701克、料重比3.41∶1，胴体瘦肉率62.11％。

第三节　建立杂交体系要注意的问题

　　实行二元杂交和三元杂交,其中心内容就是良种猪的选择、管理和母猪繁育场的建设。因此,在商品猪生产中,要切实抓好良种猪的管理,建立起母猪繁育场。

一、良种猪的管理

　　当前农村饲养的品种多为二元杂交和三元杂交猪,作为杂交环节的良种猪父本主要是引进的品种,随着各个种猪场的建立,销售方式的深入,在农村养猪结构调整中出现了一大批专门从事饲养种公猪的配种专业户,种公猪的良种化程度决定了猪的改良,构成了杂交改良的重要环节。作为杂交改良的父本,种公猪的优劣将直接影响杂交后代,因此加强对种公猪的管理是各级畜牧行政管理部门的重要职责,根据《中华人民共和国畜牧法》、《种畜禽管理条例》的要求,畜牧行政管理机关应搞好种公猪的管理,组织人员对种公猪进行鉴定,合格的发给《种畜禽生产经营许可证》方可从事配种改良,不合格的坚决予以淘汰。这样才能保证种公猪的质量,从源头上保证种公猪的质量,以有利于品种改良工作的进行。

二、建立母猪繁育场

　　随着商品化程度提高,经过二元、三元的杂交,在农村中作为母猪饲养的地方品种已越来越少,选择繁殖性能好的母猪则是商品猪生产中的重要工作。解决的办法就是建立地方品种的繁育场,采取多种形式,国家、个人都可建场,通过繁育向社会提供地方品种的母猪或选育的二元杂种母猪,方便群众购买母猪,繁育二元或三元杂交商品仔猪,还可保护地方品种资源。这样在规模化养猪生产中形成明确的分工,繁育场专门向社会提供母猪或二元杂种母猪,饲养母猪的专门向社会提供商品仔猪,饲养育肥猪的专门从事商品化育肥猪生产。

思考题

1.什么是亲本?

2.二元杂交的概念是什么?

3.内三元杂交和外三元杂交有何区别?

第五章　饲养管理技术

本章的重点是仔猪的哺乳及断奶管理技术,侧重掌握母猪的选择、配种、妊娠、分娩和人工授精技术知识。

第一节　饲养管理一般原则

一、科学配合日粮

猪体需要各种营养物质,而单一的饲料中由于营养物质不能满足猪的生长发育和繁殖方面的要求,就很难达到商品化、规模化生产的目的。作为主产玉米的农区,可利用大量的玉米原料,选择浓缩料或预混料添加剂等配合成全价日粮,充分发挥各种营养成分的作用,降低饲养成本,实行科学化养猪。决不能饲用单一种原料,即浪费了饲料原料,又达不到育肥效果。

二、定时、定量、定质饲喂

(一)定时

在猪的生长过程中,每天饲喂的时间一定要固定,这样做可以使猪形成习惯,生活有规律,有利于消化液的分泌,并逐步形成消化液分泌的反射,从而提高猪的食欲与饲料利用率。一般情况下,仔猪每天饲喂4~6次;泌乳母猪3~4次;其他猪2~3次。每天饲喂的时间是一致的,但在安排时间时,一定要本着早上亦早,晚上亦晚,尽可能缩短夜晚与白天的间隔时间,白天每次饲喂间隔时间也应大体相等。在管理过程中,饲喂时不要出现过早或过晚的现象,以免造成饥饱不均,食欲紊乱,甚至争食、咬斗,消化不良,浪费饲料。

(二)定量

定量就是依据营养水平和体重,固定每天、每次饲料的饲喂量,给量应稳定,不能时多时少、忽多忽少。定量不是绝对的,要根据猪的食欲、食量、粪便情况随时调整。每次饲喂掌握在八九成饱为宜,可使猪的食欲始终保持在旺盛的状态。喂完后,以猪自动去睡觉为标准。饲料量还要随着猪的生长发育而定期增加,不要长期固定不变,但在生长发育一定阶段内,喂量要相对稳定。从猪的食欲与时间的关系来看,猪的食欲以傍晚最盛,早晨次之,午间最弱,这种现象在夏季更趋明显。因此,对肥育猪可日喂 3 次,且早晨、午间、傍晚 3 次饲喂时的饲料量分别占日粮的 35%、25% 和40%。

(三)定质

对不同的猪只,在使用配合饲料时,要符合饲养标准,又不能经常改变,这样有利于提高猪的食欲与饲料的消化率和利用率,避免造成猪消化功能的紊乱。对饲料进行更换时,要循序进行,由少到多逐渐增加更换饲料比例,留一定的过渡时间换完,一般过渡期为 5～7 天。

三、改熟饲为生饲

由于长期形成的习惯,农村养猪多采用熟饲,这样做不仅使饲料中的维生素遭到破坏,长时间高温煮沸,使饲料中蛋白质发生变性,降低了饲料利用率,而且浪费了燃料,增加了劳动强度。随着规模化养猪时代的到来,熟饲已不适应生产的发展,科学的饲养是改为生饲。使用生料喂猪可使生长速度提高 11%～34%,消化道分泌液增加 87%。生饲的方法有以下几种:

(1)生泡料。将配合的饲料在水中泡 3～8 小时喂用,料水比为 1 :（2～4）。

（2）生湿拌料。把配合饲料用水拌匀后喂猪,料水比为 1 : 1。另设水槽,采食完后再饮水。

（3）生干粉料。就是将粉状饲料放在食槽中让猪自由采食,另设水槽实行自由饮水。适合规模化养猪。

（4）颗粒饲料。将颗粒饲料投放于食槽中让猪自由采食,另设水槽或自动饮水器饮水。

表 5-1 为不同类型饲料对 20～90 千克肉猪日增重影响。

表 5-1　不同类型饲料对 20～90 千克肉猪日增重影响

饲料类型	颗粒饲料	生干粉料	生湿拌料	生泡料
平均日增重/克	734.8	666	635	250

由表 5-1 可见,以颗粒饲料、生干粉料喂猪日增重效果最好。因此,在生产中应首先选用颗粒饲料和生干粉料。但也应看到,用干粉料喂猪,省工、省时,有利于猪唾液分泌,剩料不发霉、不变质,缺点是浪费饲料,吸入鼻中影响呼吸道功能;用湿料喂猪便于采食,能减少饮水次数,缺点是费工费时;因此,提倡用颗粒料喂猪。

四、控制环境的温度、湿度、光照与空气的新鲜度

(一)植树种草绿化环境,改善猪场的内外环境

猪场周围和场区空闲地进行植树种草(包括蔬菜、花草、灌木等)绿化环境,减少裸露面,对改善小气候有重要作用。要求猪场内的道路两侧植行道树,每幢猪舍之间都要栽种速生、高大的落叶树(如水杉、白杨树等),场区内的空地都要遍种蔬菜、花草和灌木,减少土地的裸露面。有条件的猪场最好在场区外围种植 5～10 米宽的防风林。

在这样环境中的猪舍,带来的好处是:在寒冷的冬季可使场内的风速减低 70%～80%，又能使炎热的夏季气温下降 10%～20%，还可将场区空气中有毒、有害的气体减少 25%，臭气减少 50%，尘埃减少 30%～50%，空气中的细菌减少 20%～80%。在这样一个绿化的美好环境中，不仅能使长期在猪场工作的人员感到心旷神怡，也能使终生关在笼舍内的猪只感受到清晨闻啼鸟，夜听虫哇声，仿佛又回归到大自然。

（二）控制猪舍内的小环境

猪的生物学特性是：小猪怕冷、大猪怕热、大小猪都不耐潮湿，还需要洁净的空气和一定的光照，因此，规模化猪场猪舍的结构和工艺设计都要围绕着这些问题来考虑。而这些因素又是互相影响、相互制约的。例如，在冬季为了保持舍温，门窗紧闭，但造成了空气的污浊；夏季向猪体和猪圈冲水可以降温，但增加了舍内的湿度；由此可见，猪舍内的小气候调节必须进行综合考虑，以创造一个有利于猪群生长发育的环境条件。

1. 温度 温度是环境诸因素中起主导作用的。猪对环境温度的高低非常敏感，表现在：仔猪怕冷，低温对新生仔猪的危害最大，若裸露在 1℃环境中 2 小时，便可冻僵、冻昏、甚至冻死，即使成年猪长时间在−8℃的环境下，可冻得不吃不喝，阵阵发抖，瘦弱的猪在−5℃时就冻得站立不稳。寒冷对仔猪的间接影响更大，是仔猪黄、白痢和传染性胃肠炎等腹泻性疾病的主要诱因，同时还能诱发呼吸道疾病。试验表明，保育猪若生活在 12℃以下的环境中，其增重比对照减缓 4.3%，饲料报酬降低 5%。

在寒冷季节，成年猪的舍温要求不低于 10℃，保育舍应保持在 18℃为宜。2～3 周龄的仔猪需 26℃左右，而 1 周龄以内的仔猪则需 30℃的环境，至于保育箱内的温度还要更高一些。

春、秋季节昼夜的温差较大，可达 10℃以上，体弱的猪是不能适应的，易诱发各种疾病，因此，在这期间要求适时地关、启门窗，缩小昼夜的温差。成年猪则不耐热，当气温高于 28℃时，对于体重 75 千克以上的大猪可能出现气喘现象。若超过 30℃,猪的采食量明显下降,饲料报酬降低,长势缓慢。当气温高于 35℃ 以上时,又不采取任何防暑降温措施,有的肥猪可能发生中暑,妊娠母猪可能引起流产,公猪的性欲下降,精液品质不良,并在 2～3 个月内都难以恢复。猪舍内温度的高低取决于猪舍内热量的来源和散失的程度。在无取暖设备条件下,热的来源主要靠猪体散发和日光照射的热量,热量散失的多少与猪舍的结构、建材、通风设备和管理等因素有关,在寒冷季节对哺乳仔猪舍和保育猪舍应添加增温、保温设施。在炎热的夏季,对成年猪要做好防暑降温工作。猪生长最适宜的气温是:体重 60 千克以前为 16～22℃;体重 90 千克以上为 12～16℃。气温过高或过低都会影响猪的增重与饲料利用率;气温 24℃ 时,猪日增重 700 克,23℃ 时为 870 克,15℃ 时为 780 克,8℃ 时为 710 克,3℃ 时为 630 克。

2.湿度　湿度是猪舍内空气中水汽含量的多少,一般用相对湿度表示。猪的适宜湿度范围为 65%～80%,试验表明,在气温 14～23℃,相对湿度 50%～80% 的环境下最适合猪生存。生长速度快,肥育的效果好。

猪舍内的湿度过高影响猪的新陈代谢,是引起仔猪黄、白痢的主要原因之一,还可诱发肌肉、关节方面的疾病。为了防止湿度过高,首先要减少猪舍内水汽的来源,少用或不用大量水冲刷猪圈,保持地面平整,避免积水,设置通风设备,经常开启门窗,以降低室内的湿度。

3.通风换气　规模化猪场由于猪只的密度大,猪舍的容积相对较小而密闭,猪舍内蓄积了大量的二氧化碳、氨、硫化氢和尘埃,猪舍空气中有害气体的最大允许值,二氧化碳为 3 000 毫克/千克,氨 30 毫克/千克,硫化氢 20 毫克/千克,空气污染超标往往发生在门窗紧闭的寒冷季节。猪若长时间生活在这种环境中,首先刺激上呼吸道黏膜,引起炎症,猪则易感染或激发呼吸道的疾病。

如猪气喘病、传染性胸膜肺炎、猪肺疫等,污浊的空气还可引起猪的应激综合征,表现在食欲下降、泌乳减少、狂躁不安或昏昏欲睡、咬尾嚼耳等现象。

消除或减少猪舍内的有害气体,除了注意通风换气外,还要搞好猪舍内的卫生管理,及时清除粪便、污水,不让它在猪舍内腐败分解。注意调教猪形成到运动场或猪舍一隅排粪便的习惯。干燥是减少有害气体产生的主要措施,通风是消除有害气体的重要方法。当严寒季节保温与通风发生矛盾时,可向猪舍内定时喷雾过氧化氢类的消毒剂,其释放出的氧能氧化空气中的硫化氢和氨,起到杀菌、降臭、降尘、净化空气的作用。

4.光照　光照对猪有促进新陈代谢、加速骨骼生长,还有活化和增强免疫机能的作用。肥育猪对光照没有过多的要求,但光照对繁育母猪和仔猪有重要的作用。试验表明若将光照由10勒克斯增加到 $60\sim100$ 勒克斯,其繁殖率能提高 $7.7\%\sim12.1\%$;哺乳母猪每天维持16小时的光照,可引诱母猪在断奶后早发情。为此要求母猪、仔猪和后备种猪每天保持 $14\sim18$ 小时的 $50\sim100$ 勒克斯的光照时间。

自然光优于人工光照,因而在猪舍建筑上要依据不同类型猪的要求,给予不同的光照面积,同时也要注意到减少冬季和夜间的过度散热和避免夏季阳光直射猪舍内。

第二节　种公猪的饲养管理技术

当前农村实行的养猪模式,由于规模化程度的提高,商品猪和种公猪的饲养已形成了专门分工,规模场专门从事育肥猪的饲养,而种公猪由专业的场、户饲养,专门从事商品猪的配种改良工作,因此,种公猪饲养的程度决定了商品猪生产的改良质量。

饲养种公猪是用来与母猪配种繁殖,以提高母猪受胎率,获得数量多、质量好的仔猪。在商品猪生产中,使用的种公猪都是引进的纯种,如大约克、长白、杜洛克、双肌臀等,采取与当地母猪或二元杂交母猪进行杂交,生产杂种猪。一般一头种公猪在本交情况下每年可配母猪40～60头,按每头母猪产仔10～12头计算,共生产仔猪400～600头;实行人工授精的,可充分发挥种公猪的效能,制成精液一年可配母猪600～1 000头,产仔达万头左右。因此,种公猪的好坏对养猪生产的猪群影响很大,特别对仔猪的生长、饲料报酬、体质外形等有益性状影响较大,在繁殖中起着重要的作用。种公猪必须具有生活力强、性欲高和精液品质好的特点,要做到这一点一定要重视种公猪的选留、培育、利用和饲养管理。

一、后备种公猪的选育

后备公猪是指生后3～4月龄到初次配种前的公猪。选育后备猪的目的就是为了获得遗传素质好、体格健壮、发育良好和种用价值高的种猪。因此,对后备公猪的选育既要强调选择,又要突出培育。

(一)公猪的选择

种公猪的选择可以分为前期和后期两个阶段,前期为在3～4月龄时购猪或对种用的仔猪的选择,后期为开始配种后的选择。

1. 前期选择 购买时,选择有实力、信誉好、质量佳、售后服务完善的种猪场。首先要对品种进行选择,要求为:30～100千克阶段日增重850～1 000克以上,瘦肉率60%以上,母本背膘在10～15毫米,父本背膘在8毫米左右。其次是体重,要求在45～80千克较为理想。从遗传角度出发,索取和查看系谱档案,根据系谱档案查其父母代以至祖代的性能,特别注意有无遗传疾患。应从血源来源清楚,品种特征明显,本身及后代无遗传病,繁殖性能、后裔或同胞育肥性能好的后代中选择。选择的后备种公猪本身应在同窝猪中,表现为个体大、健壮结实、腮肉少、眼光有神、活泼好动、前胸宽深、体质紧凑、臀部丰满、四肢粗壮、包皮较小的个体,这是获得高瘦肉率和延长种用寿命的重要因素。同时,要注意两侧睾丸,要求大而饱满,大小对称,相差在10％以内。凡有后肢细小、肢势不正、单睾、隐睾、阴囊疝、脐疝、包皮积尿等缺陷的仔猪均不能留作种用。

2. 后期选择 在后备猪达到8月龄配种时,应进行调教和采精检查,将精液品质差和不易调教的进行淘汰。初配后应跟踪调查配种母猪的受胎率,记录产仔成绩,出现产仔少、受胎率低的公猪应坚决淘汰,以免影响经济效益。同时,还要调查或测定后代的育肥性能,对后代生长慢、瘦肉率低的种公猪也要淘汰。

(二)公猪的培育

1. 饲养 后备公猪的骨骼、肌肉生长强度较大,要求体况发育良好但又不能饲养得过肥,以免发生繁殖障碍。因此后备公猪的日粮结构要求满足其骨骼、肌肉生长发育所需营养的前提下,尽量少用富含碳水化合物的饲料。一般每千克饲料中含消化能11.7～12.1兆焦(2.8～2.9兆卡),粗蛋白18％～20％,矿物质、微量元素、维生素的含量充足,使猪得到全价营养。饲料质量要相对稳定,需要更换的一定要搞好过渡。饲喂方法应定时定量,按标准饲喂,具体方法是根据一次饲喂后,猪自动离开食槽时所摄取的数量确定,以后根据猪的生长每周增加0.1千克左右。也可根据猪的膘情和粪便情况灵活掌握,控制在8成的膘情。若粪球细小,则表明过肥或饲料不足,正常情况下,粪便应是粗而量较多。

后备猪体重达50千克以后,可尽量采用青绿多汁饲料。这样既能满足猪对维生素、微量元素的需要,又可锻炼消化器官。但是这类饲料的量不要太大,防止撑大胃肠形成垂腹。

2. 管理 对后备猪应加强运动,促使其筋骨强健、体质健康、防止过肥和肢蹄发育不良,降低种用价值。尤其是长白猪,因生长发育快,骨骼细,四肢软弱,更应加强运动。保证后备种公猪体壳坚实,内外侧平整,四肢坚强是采精配种的重要条件。因此运动除在跑道的沙土上进行外,还应在舍内水泥地面上适当运动。当后备种公猪有性表现后,应单圈饲养。

二、种公猪的饲养管理

为使种公猪保持良好的种用膘情(7～8成膘),保持种公猪营养、运动、配种利用之间的平衡,做到健康结实,精力充沛,始终有旺盛的性欲,能产生量多质优的精液,应进行正确的饲养。

(一)公猪的生理特征

1.射精量大　在正常饲养管理条件下,一头成年种公猪一次射精量平均为250毫升左右,精子密度为每毫升0.25亿～3.0亿个,pH值7.3～7.9。

2.交配时间长　公猪交配时间一般为5～10分钟,有的长达20分钟,因此,种公猪在配种时消耗体力较大。

3.公猪精液的成分　公猪精液成分水分约为95%,干物质约为5%,其中蛋白质为3.7%。

4.公猪精液的组成　公猪精液中,精子占2%～5%,附睾分泌物占2%,精囊腺分泌物占15%～20%,前列腺分泌物占55%～70%,尿道球腺分泌物占10%～25%。

(二)公猪的营养需要

营养是维持公猪生命活动、产生精子和保持旺盛配种能力的物质基础。因此,给以合理的全价营养的日粮,是提高公猪健康和配种能力的物质保证。营养水平过高,公猪体内沉积过多的脂肪,使公猪行动不便、性欲降低,失去配种能力;营养水平过低,可使公猪体内脂肪、蛋白质损耗,形成氮和碳的负平衡,公猪变得瘦弱,影响精液的数量和品质。因此,应根据种公猪的体况、精子的质量及利用强度,随时增减饲料量。

1.首先应供给足够的能量　根据不同体重,每头成年公猪每日约需消化能进行配比,瘦肉型公猪为 23.85~28.87 兆焦(相当于 1.9~2.3 千克精料)。

2.蛋白质 蛋白质对种公猪的作用很大,由于精液中干物质占 5%,其中蛋白质为 3.7%,在公猪日粮中必须给予优质适量的蛋白质饲料。多种来源的蛋白质饲料可以互补,以提高蛋白质的生物学价值。动物性蛋白质生物学价值完全,对提高精液品质均有良好效果。如果日粮中蛋白质不足,会造成精液数量少,精子密度稀,发育不全与活力差,受胎率下降;但长期蛋白质过剩,同样会使精子活力降低,畸形精子增多。形成精液的必须氨基酸包括赖氨酸、色氨酸、胱氨酸、组氨酸和蛋氨酸等,尤其是赖氨酸最为重要。

3.维生素 维生素对种公猪的健康与精液品质关系密切。日粮中缺乏维生素 A 时,公猪性欲不强,精液品质下降,甚至不产生精子;缺乏维生素 D 时,会影响公猪对钙、磷的吸收,间接影响精液品质;缺乏维生素 B_1、维生素 B_2,引起睾丸萎缩与性欲减退;如适当加喂青绿多汁饲料,维生素就不会缺乏。在冬季缺乏青绿多汁饲料时,可补充多维素,以满足种公猪对维生素的需要。

4.矿物质 矿物质对公猪的精液品质与健康影响较大。日粮中缺钙,精子发育不全,精子活力不强;缺磷,引起生殖机能衰退;缺锰,产生异常精子;缺锌,睾丸退化萎缩。各种青绿饲料与干草粉中含钙较多,麸皮中含磷较多,另外,还补充一定数量的骨粉、石粉或贝壳粉等,以及补充微量元素添加剂。

(三)饲养方式

种公猪饲喂要定时定量,每顿不宜喂得过饱,以免饱食贪睡,不愿活动,造成体况过肥。料型最好采用生料干喂,供足清洁饮水,切忌用稀汤灌大肚的喂法。在配种期要保持较高的营养水平,在非配种期应降低营养水平,但需供给维持公猪种用体况的营养需要。如天津宁河原种猪场的丹系长白公猪,非配种期的营养标准为:每千克配合饲料含可消化能 12.55 兆焦,粗蛋白质 14%,日喂量为 2.0～2.5 千克;配种期的营养标准为:每千克配合饲料含可消化能 12.97 兆焦,粗蛋白质含量为 15%,日饲喂量为 2.5～3.0 千克。

(四)公猪的管理

1. 单圈饲养　现在饲养的引进品种一般在 100 千克以后就会有性欲表现,因此引种后要单圈饲养,以免互相爬跨、自淫,养成不良习惯。

2. 合理运动　合理运动可增进公猪食欲,增强体质,锻炼四肢,提高配种能力和精子活力。每天应进行 1～2 次圈外驱赶运动,每次约 1 小时,距离 1.5 千米,速度不可太快。

3. 保持猪体清洁　每天应用硬毛刷刷拭皮毛 1 次,有利于皮肤健康,从而防止皮肤病、体外寄生虫病的发生,还能增强血液循环,促进新陈代谢,增强体质。经常刷拭能增加人和猪的亲和程度,便于对种公猪的管理和使用。

4. 卫生消毒　猪舍应每天打扫,保持清洁、干燥、透光,定期消毒。要训练公猪吃、睡、便三定位,对不易定位的情况,采取将猪赶到圈外,彻底打扫猪舍,并用消毒液喷洒消毒,然后在排便处放上一点猪粪后再把猪赶入,并每隔 1 小时驱赶公猪到排便处大小便,连续 3 天,即可养成习惯。

5. 建立管理制度　要对种公猪做好饲喂、饮水、运动、刷拭、休息的生活日程,使其养成良好的生活习惯,增进健康,提高配种能力。要杜绝对种公猪不正常的性刺激,排除一切可能发生乱爬跨和自淫的条件。

6. 定期称重　种公猪应定期称重,了解其体重的变化,以便调整日粮营养水平,成年公猪应维持体重相对稳定,小公猪应逐渐增加。

7. 定期检查精液品质　种公猪无论采取本交还是人工授精,

都要定期检查精液品质,特别是在配种准备期与配种期,应每天检查一次精液品质以便调整营养、运动及配种强度。

8. **要给公猪以最适宜的环境温度**　从猪的生理学角度讲,公猪的睾丸是最经不起高温的,由于公猪的睾丸大都是游离于身体之外的,阴囊会随着环境温度的高低而收紧(附着良好)或放松(附着松弛),以此来调节睾丸的温度,已达到产生精子和存贮精子的温度要求。如果环境温度过高,如烈日炎炎的夏天,单靠公猪的生理调节往往达不到精子生长及贮存的温度,就需要给公猪提供凉爽的环境,如猪舍遮阳、喷雾降温,在猪舍内放水池等。同时,在饲喂上要调整营养,多喂青绿多汁饲料。改饲喂时间为早晚凉爽时,少喂勤喂,增加饲喂次数,有利于增加猪的采食量和防止剩料腐败。青菜等多汁饲料,具有清凉解暑作用。一旦发生公猪中暑,应立即把猪赶到通风阴凉处,用凉水浇头或喷洒全身等方法,促使其散热降温。

(五)公猪的利用

1. **公猪的使用**　在使用上,公猪应当与交配的母猪在个体上相近。最好在自己熟悉的猪圈进行交配,对交配栏要求地面不要过于光滑,无任何障碍。

2. **公猪的训练**　用来帮助训练公猪的,最好是小母猪,而不是老母猪,因为性情温顺的小母猪,是不会有交配风险的。

3. **配种的基本步骤**

(1)把母猪赶到要进行交配的猪栏。

(2)拿着一块木板站在猪栏里,随时准备阻止公、母猪间干扰,但不可催赶公猪,而要温和地引导公猪到母猪的后部,让其进行配种。

(3)不要大声说话,以促使其对人在场的逐步适应。

(4)拉住母猪的尾巴,设法让公猪进行交配。

(5)当公猪爬上去时,要仔细检查其生殖器是否从阴茎鞘中伸出,是否有异常。切不可用手去摸生殖器。

(6)只有在插入肛门或公猪、母猪激动或疲劳时,才能用带有一次性手套的手去帮助公猪插入。

(7)交配完毕后,要让公猪在监督之下进行几分钟的"求偶",但不要让其爬上去。

(8)交配结束后,对公猪仔细检查,看是否有损伤情况,并对交配情况进行记录。

4.公猪的利用频率　种公猪配种能力的强弱、精液品质的好坏和使用年限的长短,不仅取决于饲养管理,而且取决于初配年龄和利用强度。如果利用过早过度,则会导致公猪出现体质虚弱,降低配种能力和缩短利用年限。但如果利用过少,会出现体躯肥胖笨重,同样导致配种能力低下。所以一定要合理利用种公猪。一般引进的品种在8月龄开始使用。在最初使用时,以一周1~2次为宜;到11月龄以后进入最好的利用年龄,可以每周使用4~5次;2岁以上的公猪生殖机能旺盛,在饲养管理水平较高的情况下,每天可配种1~2次(如配2次,应早晚各1次),连配4~6天休息1天;对老龄公猪应及时淘汰更换。

5.生产中出现问题的处理

(1)公猪过肥。主要是日粮中能量过高,喂量过多,加上长期缺乏运动,配种少,配种过晚等。解决办法就是到了初配年龄和体重就要进行配种,降低日粮中能量水平,合理搭配日粮,控制喂量(每顿只能为八成饱),加强运动,适当增加配种强度等。

(2)公猪自淫。这种原因常见于曾见过其他猪配种,发情母猪在公猪圈门口逗引公猪,公猪圈离母猪太近,发情母猪的气味刺激了公猪等。解决措施,公猪圈远离母猪圈,单圈饲养,加强运动,使其累得直想休息,无多余精力自淫。

(3)公猪性欲低。公猪过肥、过瘦、配种过晚、配种强度过大都会降低性欲。解决办法,过肥时,要减料撤膘,加强运动,适当多喂青绿多汁饲料;过瘦时,要加强营养,配种不要过度,用发情旺盛的母猪挑逗;按上述初配年龄与体重来配种;注射脑垂体前叶激素或维生素 E 等。

(4)公猪尿血。主要是配种过早,生殖器官发育不全;配种强度大,龟头磨损致血管破裂;采精时擦伤;疾病等。解决措施,发现尿血,立即停止配种,注射维生素 K,休息 1 个月,同时加强营养。恢复后,严格配种强度,如不控制,再次尿血时,公猪则报废。

第三节　母猪的饲养管理技术

在商品猪生产中,母猪是养猪生产的基础,母猪的质量直接影响着仔猪的数量和质量。因此,抓好母猪生产是提高养猪生产效益的前提,也是商品猪生产的重要环节。

一、后备母猪的选择

在追求瘦肉率的商品猪生产中,我们多选择地方品种和二元杂交母猪,但必须以乳房发育、身体结实度和生产性能等指标为选择标准。

1.乳房发育　要求对乳头进行检查,有效乳头数在 10 个以上,沿腹底线均匀分布,奶头饱满不能有瞎头、副乳头等。

2.身体结实度　要求健康状况良好,没有遗传病史,体型应平直或微倾,腹部较大且松弛,身体结实,特别是肢蹄结构要理想,因为要长期站立在水泥地面上,并且配种时还要支撑公猪的体重。

3.生产性能　主要是具有良好的繁殖性能,外阴部大小适中、下垂,比较容易配种和准胎,产仔多,生长速度也是选择标准的一个重要方面。在三元杂交体系中,对母本不要求瘦肉率作为选择指标。

二、母猪配种前的饲养管理

母猪配种前的饲养管理会直接影响其发情、排卵及配种工作的顺利完成,关系到能否取得较好的经济效益。

(一)母猪的初配年龄

后备母猪性成熟年龄是,地方品种一般在3～4月龄开始发情,引进的国外品种5～6月龄开始发情。从实际生产来看,初配体重较大的母猪,其产仔数、产仔成活率和断奶窝重均好于体重小的。这就要求作为地方品种的后备母猪初配年龄为6～8月龄,体重在75千克左右;引进品种后备母猪的初配年龄为8～10月龄,体重达100～110千克较适宜。但要指出,有些后备母猪虽然达到初配年龄,在体重达不到的情况下,尽量不要配种,以免对以后生产不利。

(二)母猪配种前的饲养管理

母猪从仔猪断奶到再次发情配种的这段时间,称为空怀期。经产母猪由于在哺乳期间仔猪的哺乳导致体耗较大,大多数母猪膘情较差。为此,要想使母猪在下一周期早发情多排卵,获得较多的产仔数,必须在此期间对母猪加强饲养管理,增膘复壮,补充哺乳期间的消耗,使身体得到复原。

1. 短期优饲　短期优饲主要是针对后备母猪,在配种前采取短期加料就是在原日粮的基础上,加喂1.5～2千克,可增加排卵数1～2个,以配种前10～14天加料效果显著。见表5-2。

经产母猪从仔猪断奶到再次配种这种短期内加料,对产仔数的影响不明显,但可提高卵子质量,还有恢复体力的作用。需要指出的是,配种准胎后,应立即减去增加的那部分混合精料,否则,可能导致胚胎死亡的增加。

2. 满足营养需要

(1)蛋白质需要。配种前如蛋白质不足,就会造成卵子发育不正常,排卵数少,一般要求日粮中应有 12%的粗蛋白质。

表 5-2　配种前短期加料提高营养水平对排卵数的影响

排卵数/个 配种前天数/天	测定 次数	低营养水平 排卵数	高营养水平 排卵数	增加 排卵数
0~1	5	15.00	16.90	1.90
2~7	6	12.00	12.90	0.90
10	8	12.56	14.14	1.58
11~14	14	10.39	12.62	2.23
17~20	5	11.60	12.26	0.66

(2)维生素需要。维生素对母猪繁殖机能作用很大,如日粮中缺乏维生素 A 时,母猪性周期失调,不发情或发情次数多,发情时间延长,流产多,产弱仔;缺乏维生素 D 时,出现不发情;缺乏维生素 E 时,不发情、受胎率低;缺乏维生素 B_{12} 时,后备母猪发情时间推迟。因此,要增加青绿饲料,喂量达到 20%左右,可避免维生素的缺乏。缺乏青绿饲料的季节,要饲喂多维素补充。

(3)矿物质需要。日粮中长期缺乏钙磷,母猪不易受胎和不孕,产弱仔不发情;缺碘,发情微弱或停止发情;缺硒,排卵数减少;缺铜,患不孕症。为此,补充微量元素很重要。

3. 实行正确的饲养管理　对母猪加强运动,晒阳光和增加猪舍的新鲜空气,能够促使母猪发情和卵子的成熟。在正常情况下,母猪在仔猪断奶后 3~10 天就可发情,要十分注意观察,以免发情不明显的母猪错过配种时机。

4. 促使母猪发情的措施　为了促使母猪发情排卵,可用采取把公、母猪临时关在一起的办法,实行"诱情";也可用公猪追逐久不发情的母猪。在母猪配种前的 20~30 天开始饲喂青饲料,除保证母猪营养全面外,力争每天喂给 1~2 千克的青饲料,把膘情调整到八成左右的适宜配种体况。另外,也采取注射己烯雌酚或三合激素的方法,但这些措施都必须建立在正常饲养管理的基础上,否则,会出现只发情不排卵的现象。药物催情较好的方法是一次肌内注射孕马血清促性激素(PMSG)1 600 单位,2 天后肌内注射氯前列烯醇(PG)3 毫升,在注射后 11 天对尚不发情的母猪在注射氯前列烯醇(PG)3 毫升。在生产中,通过加强对母猪的饲养管理,促使母猪既发情又有排卵,才能达到准胎的目的。

5.早期断奶　国外不少猪场都在进行早期断奶试验,以提高母猪年产仔窝数。我国一些专业饲养母猪的猪场,已把母猪断奶时间缩短到 21 天,使年产仔 2.5 窝,经济效益有了明显的提高(表 5-3)。

表 5-3　早期断奶对母猪繁殖性能的影响

断奶周龄	从断奶到第一次发情/天	受胎率/%	每年产仔窝数	每窝活产仔数/头	每窝断奶仔数/头	母猪年产仔数/头
1	9	80	2.70	9.4	8.93	24.1
2	8	90	2.62	10.0	9.50	24.9
3	6	95	2.55	10.5	9.98	25.4
4	6	96	2.44	10.8	10.25	25.0
5	5	97	2.35	11.0	10.45	24.6
6	5	97	2.22	11.0	10.45	22.5
7	5	97	2.15	11.0	10.45	22.5
8	4	97	2.17	11.0	10.45	21.6

由表 5-3 可见,3 周龄断奶对提高母猪产仔数与年产仔数最有利。在母猪生产中,有条件的最好选择 3 周龄断奶。

三、母猪的配种繁殖

公、母猪配种是否适时,是决定母猪准胎、产仔多少及效益提高最关键的生产环节,必须掌握母猪发情与排卵规律及适宜的配种时间。

(一)母猪发情及排卵规律

母猪刚达到性成熟时,发情还不太规律,但经过了 3 次发情后,就比较有规律了。猪的发情周期为 18～23 天,平均 21 天。每次发情持续时间为 2～5 天,平均 2.5 天,但因季节、年龄而异;春季发情持续期短,而秋、冬季稍长,老年母猪稍短,青年母猪稍长,引进品种短,地方品种稍长。母猪的排卵时间,一般在发情开始后的 24～36 小时,持续时间为 10～15 小时。母猪发情后,必须在这段时间内完成配种,否则就得再等 21 天后重新发情才能配种。这种情况等于浪费了母猪 21 天的时间,增加了饲养成本。

(二)母猪发情症状

母猪发情症状是,行动不安,食欲减退或不吃食,拱晃圈门,跳圈,鸣叫,排尿频频,外阴红肿有光泽(黑猪看不出红,但明显地肿),阴道黏膜充血,有少量黏液,爬跨,爬圈门,主动地接近公猪,猪圈门附近粪尿多。在生产中主要观察外阴红肿是否、圈门附近粪尿多和爬墙或爬门等症状。

(三)适时配种

公、母猪适宜的交配时间,主要根据母猪发情与排卵规律,精子与卵子在母猪生殖道存活时间而定。精子在母猪生殖道能存活 20～30 小时,卵子在输精管内能存活 6～18 小时,公猪配种时射出的精子进入子宫后,靠子宫的蠕动和精子自身的前进运动,要经过 2～3 小时才能达到受精部位——输卵管的上 1/3 处。交配适宜的时间为母猪排卵前 2～4 小时,也就是母猪发情开始后的 22～34 小时。在实际工作中,判定配种最适宜时间标准为人为用手压迫母猪背部或臀部,母猪表现呆立不动;用试情公猪来爬跨母猪,母猪呆立不动。母猪交配时间受年龄影响较大。一般老年母猪在发情的当天就可配种,中年母猪在发情后的第二天配种,小母猪在发情后的第三天配种较为适宜。

母猪配种时间在品种间存在差别。一般我国地方品种配种时间要晚,在发情后的第2～3天,培育的品种稍早,在发情后的第2天。

为防止发情不明显的母猪错过配种时机,规模化的母猪饲养场可采用试情公猪的办法在发情集中的季节对母猪进行试情,每天的早晚各一次,辨别发情母猪,凡是被试情公猪仔细嗅辨后易接受爬跨并且呆立不动的,确定母猪发情并达到最佳交配期。

(四)配种方式

母猪发情后,不是一下子将成熟卵子全部排出,而是在一定时间内分批排出。因此,必须设法使精子能和分批排出的卵子如期相遇,才能形成更多的受精卵,才有可能多怀胎。所以,在一个发情周期内,要配2～3次才好,每2次间隔以11～12小时为宜。

1.自然交配　配种时,公猪和母猪首先是鼻对鼻的接触,相互嗅对方的外生殖器官,开始鸣叫,公猪反复不断地咀嚼和嘴上起泡沫,并有节奏地排尿,这时开始爬跨母猪;母猪则先不从,然后表现呆立不动,接受公猪爬跨,与之交配,交配持续10～20分钟,完成配种过程。

在配种过程中,还要给以人工辅助。当公猪爬上母猪的臀部后,人工可将母猪的尾巴轻轻地拉向一侧,用另一只手握住公猪的包皮,帮助公猪阴茎顺利导入母猪阴道内。交配的公、母猪体重最好差不多,如果公猪体重比母猪小,交配时应选择有斜坡地方,让公猪站在高处,母猪站在低处;如果公猪体重比母猪大,让公猪站在低处,母猪站在高处;如果公猪体重比母猪体重大得多,就要考虑更换公猪的问题,以防母猪因公猪的爬跨而发生骨折。配种完成后,应轻赶母猪向前行进,这样公猪就自然地下来了。然后用手按母猪腰部,以防精液倒流。

母猪接受配种后,经一个发情周期不再发情,并有食欲增加、行动稳重、被毛有光泽、较为贪睡等表现,基本上可以判定为妊娠。

2.人工授精　猪的人工授精是一项先进的繁殖技术,它能提高优良公猪的利用率,减少种公猪的饲养头数,解决大型瘦肉型品种猪与地方品种母猪配种的困难,方便了饲养户的配种,防止了生殖道疾病的传播,掌握瘦肉猪改良的主动权,防止杂交乱交,实行有计划地二元杂交和三元杂交,进一步提高商品瘦肉猪的生产水平。

(1)器材的要求。凡人工授精的器械应严格按无菌处理。首先用1%～1.5%的碱水(碳酸钠溶液)洗刷,洗净所有污物。然后用清水冲洗三次以上。玻璃器材、药棉、纱布等用高压或蒸汽消毒3分钟。橡胶金属器械煮沸5分钟消毒。用前用灭菌生理盐水冲洗。

(2)采精方法。推广手握法是最基本的方法。操作程序:首先清洗消毒种公猪的包皮附近及台猪。采精员洗净手,戴上外科手套。其次公猪爬跨假台猪伸出阴茎时,采精员将右手握成空举使公猪阴茎伸入。公猪射精时,左手持集精杯接取精液。寒冷时应在温暖的室内,集精杯应用毛巾包裹保温。不接取最初排出的含精子很少的精液。集精杯口用2层纱布覆盖并对精液进行过滤。也可利用假阴道,不按前端集精杯,而直接接取精液。

(3)精液的稀释和保存。稀释液用5%的葡萄糖,每100毫升加柠檬酸钠0.5克,青霉素10万单位,链霉素10万单位。根据精液密度进行1～2倍稀释。稀释应在采精后立即进行。稀释温度保持在30℃。稀释后按每份20毫升分装,精液稀释后可以立即使用。若需保存,在没有冷藏设备的情况下,放入深2米的旱井内,可保存48小时以上。

(4)输精要求。母猪发情时,鸣叫不安,食欲减退,阴门充血肿胀。在栏内来回走动,啃咬栏门。频频排尿。出现发情症状20小时后即可配种。也可观察外阴部,由鲜红变为紫红并出现收缩时配种。老龄母猪早配,初产母猪晚配。配种前母猪外阴部应予以洗净和消毒。精液温度升至25℃。配种时输精管沿母猪阴道上部慢慢插入,边左右旋转边向前进,来回抽送 2～3 次后。直至不能前进,然后稍后退,即注入精液。同时助手按压母猪臀背部,防止精液外流。输入精液要缓缓注入。

采用人工授精技术时,在一个发情周期内最好输精两次,两次间隔时间为 8～12 小时,可提高母猪的受胎率和产仔数。

四、妊娠母猪的饲养管理

从配种受精到分娩的这一过程称为妊娠。受精是妊娠的开始,分娩是妊娠的结束。做好母猪妊娠期的饲养管理,可以保证受精卵、胚胎和胎儿在母体内得到正常发育,防止流产;每窝都能生产大量健壮、生活力强、初生重大的仔猪;保证母猪在妊娠后期良好的膘情,为哺乳期的泌乳打下基础;对初产青年母猪还要保证其本身的正常发育。

(一)确定母猪配种准胎

母猪配种后,应及早诊断其是否准胎妊娠,如果诊断已经妊娠,应按妊娠母猪的要求来搞好饲养管理工作;如果诊断未妊娠,应注意观察再次发情表现,及时补配,以防空怀。妊娠诊断的方法如下。

1. 外表观察法 母猪配种后,经过一个发育周期未在表现发情或在 6 周后再观察一次,仍无发情表现,即说明已经妊娠。其外部表现为:贪睡,性情温顺,食欲增加,上膘快,皮毛发亮、紧贴身,夹着尾巴,阴户缩成一条线。所以,配种后观察是否重新发情,已成为判断妊娠最简易、最常用的方法。

2. 超声波诊断 母猪配种后不再发情并不一定说明都已妊娠,有的母猪发情有迟延现象;有的母猪卵子受精后,胚胎在发育中早期死亡或被吸收而造成长期不再发情。所以,将配种后是否发情来判断妊娠,会有误差。根据现代技术的发展,利用超声波感应效果测定胎儿的心跳数,从而进行早期妊娠诊断,20～

29 天妊娠母猪的准确率为 80％,40 天后的妊娠母猪准确率为 100％。

(二)妊娠母猪营养需要的特点

首先要满足母猪的维持需要,其次是供给胎儿生长发育的营养需要,这是妊娠母猪营养需要的主导部分。作为妊娠后期乳腺组织的发育、生殖器官的增生肥厚和初产母猪本身的生长发育,也是满足营养需要的部分。

(三)妊娠母猪营养需要的规律

妊娠母猪的营养需要随着胎儿的生长发育有一定的规律,这样,就为满足妊娠母猪营养需要和正确的饲养管理提供了依据。胎儿生长发育规律见表 5-4。

表 5-4　胎儿生长发育情况

项目 妊娠时间	生长情况		发育情况
	胚胎重量/克	胚胎长度/厘米	
第 30 天	2	1.5	已初具猪形
第 60 天	110	8.0	长骨开始成骨
第 90 天	550	15.0	在唇耳部及尾部出现软毛
第 115 天	1 200～1 500	25.0	周身长满密毛,出现门齿,犬齿发育良好

从表 5-4 可以看出,以第 90 天划分为妊娠前期和妊娠后期。前期体重、体长增长较慢,其体重还不到初生重的 1％,生长量不大。但是在这一时期是胚胎组织器官分化发育的旺盛时期,1 个月就发育为猪形,2 个月就能分出性别,骨骼中钙、磷沉积明显增加,发育比较迅速。而妊娠后期不但生长迅猛,而且发育迅速,胎儿重量有 2/3 是在妊娠期的后 1/4 时间内增长的,胎儿发育需要的蛋白质和能量及钙磷是在最后 1/4 的妊娠期内得到的。因此,就胚胎生长发育情况来看,前期对营养需要量不多,但必须全价,

而后期所需营养物质不但量要大，而且品质也要好。此外，乳房组织的发育和生殖道的增生增厚，也集中在妊娠后期，需要增加营养物质的给量，和胎儿的生长发育规律是一致的。

(四)妊娠母猪的饲养与管理

要求在妊娠期，饲料必须营养全面，保证蛋白质、矿物质、微量元素及维生素的供给。前期能量稍微降低一些，后期增加蛋白质的供给。妊娠母猪的饲料应按饲养标准配制。

在饲养上，配制的日粮必须有一定的体积，含有一定量的青粗饲料，使母猪吃后有饱感，又不会压迫胎儿，更重要的是，青粗饲料所提供的氨基酸、维生素与微量元素很丰富，有利于胚胎的生长发育，同时青粗饲料可防止母猪卵巢、子宫、乳房发生脂肪浸润，有利于提高母猪的繁殖力与泌乳力。一般可按每100千克体重给1.6～2千克干物质来配制日粮。

喂给妊娠母猪的饲料，要讲究卫生，保证质量。发霉、腐败、变质、冰冻、带有毒性和强烈刺激的饲料，不可用来饲喂，否则易引起流产。后期要适当提高饲喂量，增加饲喂次数，减少每次的饲喂量，可以满足胎儿迅速生长发育的需要。

在管理上，中心工作是做好保胎工作，防止机械性流产。要加强运动，增强体质，可防止难产的发生。每天可在运动场或空地上自由运动，产前1周应停止运动。对妊娠母猪要温和，经常刷拭、抚摸，建立亲和关系，以便于将来的接产。每天都要仔细观察母猪吃食、饮水、粪便和精神状态，做到防病治病，特别要注意消灭体内外的寄生虫病，以防传染给仔猪。

五、母猪的分娩

母猪产仔是养猪生产中最繁忙、最细致的生产环节，要精心准备、合理安排保证母猪安全产仔，保证仔猪成活、健壮。因此，要算好预产期,做好产前准备、进行临产诊断和安全接产等工作。

(一)算好预产期

母猪妊娠平均为 114 天,范围是 110~120 天。

(二)产前准备

1.*产房的准备*　最好为母猪设置专门的产房,没有产房的,可在原圈产仔。在原圈产仔时,冬天要注意保暖。产房内要求,温暖干燥清洁卫生,舒适安静,阳光充足,空气新鲜。在母猪产前的5~10 天就应将产房清扫干净,用消毒液进行消毒。地面上晾干后铺上柔软干净的垫草。

2.*接产用具、药品*　包括母猪产仔哺乳记录表格、灯、接产箱、毛巾、擦布、剪子、5%碘酒、百毒杀消毒液、结扎线、缝合针、秤等。

(三)母猪临产征状

1.*乳房的变化*　母猪在产前 15~20 天,乳房由后向前逐渐下垂,越接近临产期乳房前后膨大,乳头呈"八"字形分开并挺直,皮肤紧张,白毛初产母猪乳房周围的皮肤还明显地发红发亮。

2.*乳头的变化*　临产前母猪乳头从前向后逐渐能挤出奶汁。前面乳头能挤出奶汁时,约在 24 小时内产仔;中间乳头能挤出奶汁时,约在 12 小时内产仔;最后一对奶头能挤出奶汁时,在 4~6 小时产仔或即将产仔。

3.*母猪的表现*　临产前母猪表现,呼吸加快,叼草絮窝,突然停食,紧张不安,时起时卧,性情急躁,频频排尿排粪等情况,说明即将产仔。

(四)母猪的分娩过程

母猪分娩时一般侧卧,经几次剧烈的阵缩与努责后,胎衣破裂,血水、羊水流出,随后产出仔猪。一般每 5~20 分钟产出 1 头仔猪,整个分娩过程持续 2~4 小时。若破水以后 30 分钟后仍产不出仔猪或分娩过程中间,母猪分娩力很强,但产不出仔猪来,则为难产,应采取相应的助产措施。

仔猪全部产出后,胎衣全部排出需 3 小时,超过 3 小时就要采取相应的措施,如注射垂体后叶素,特别是热天,如果胎衣全部或部分未排出,在子宫内腐败,会造成母猪产后高烧及无奶。检查胎衣是否排完的具体做法:检查胎衣内脐带头的数目是否与仔猪数相等,相等说明胎衣全部排完,否则说明未排完。胎衣排完后,应将胎衣、脐带头、死小猪、带血的絮草全部清除,打扫产房,换上新垫草,注意千万不能让母猪吃掉,以免养成吃仔猪的恶癖。同时,要用高锰酸钾液擦洗母猪阴道周围及乳房,以免发生阴道炎、子宫炎和乳房炎。

(五)母猪的接产与助产

1.接产　接产人员最好是由饲养该母猪的饲养员来担任,这样母猪比较放心,产仔迅速。接产人员手臂应洗净,并用 2% 的来苏儿或其他消毒液消毒。接产时,要求产房必须安静,不要大声说话,以免惊扰母猪正常分娩。接产动作要求稳、准、轻、快,待母猪尾根上举时,则仔猪即将娩出。此时,应用消毒过的手先将娩出部分轻轻固定,然后再顺着产轴方向轻轻将仔猪拉出。仔猪产出后,应做到以下三点。

(1)三擦一破。仔猪产出后,迅速擦干口、鼻、全身的黏液,如果发现胎儿包胎衣内产出,就立即撕破胎衣,再抢救仔猪。

(2)断脐。仔猪产出后,有的脐带自然断开,有的未断。对未断的脐带可断得长一些,等脐带动脉不再有脉动时,再把脐带断成 2~3 指长,脐带头上涂上碘酒。如果脐带因自然断开断得过短而流血不止时,应立即用在碘酒中浸泡过的接扎线扎紧就可。

(3)及早吃初乳。产仔完毕后,应让所有初生仔猪尽快吃上初乳,使仔猪获得营养和母源抗体,产生抵抗疾病的能力。

2.助产　待母猪趴窝阵痛后,可随着母猪阵痛节奏,用手沿腹侧由前下方向后上方进行"推拿"助产,必要时用催产素或脑垂体后叶素进行催产。一方面,要注意掌握人工助产的时机,不要很快就采取人工助产,以引起感染的危险;另一方面,如果分娩不顺利,死产和娩出衰弱仔猪的可能性就会增加。在实践中,要判断一头母猪是否难产,首先要判断其分娩过程是否已经结束,方法是检查腹部充满的程度以及产出的仔猪头数。判断难产有以下三种情况:

(1)有未产出的胎儿,但停止努责已达45分钟或更长的时间。

(2)母猪努责超过45分钟却没有产出仔猪。

(3)所有的仔猪都已干燥,但确定还有未产出的仔猪。

如果要进行人工助产,先用温水和消毒皂对母猪的阴门及其周围区域以及助产人员的手和手臂进行清洗,戴上包裹整个手臂的塑胶手套,涂上灭菌的润滑剂,并拢手指成锥状轻柔地伸入母猪阴道,以便撑开产道使其能容纳助产者的手和手臂。如果母猪右侧躺卧,就要用右手助产;母猪左侧躺卧,就要用左手助产。如果检查发现没有任何仔猪滞留在产道内,就使用催产素进行催产。催产素是一种蛋白质性质的激素,可促进子宫肌肉的收缩。如果注射后30分钟仍无仔猪产出,则要进行第二次注射。如果还是没有仔猪产出,可以赶着母猪在产房内各处走动,这样能使胎儿重新正位从而排掉可能存在的障碍而使分娩能够正常进行下去。催产无效时,改用剖腹产手术取出。

(六)母猪分娩后护理

在母猪分娩过程中,一般不喂食,如分娩时间过长可喂些稀的麸皮盐水,这样可补充体力,有利于分娩,又可防止母猪因过于口渴而发生吃仔猪的恶癖。

母猪分娩后,身体极度疲乏,往往感到口渴,不愿活动,由于腹内空虚,腹内压急剧下降,饥饿感很强,吃起来无饱感,这时不要急于喂平时的饲料,原则上在产后 8~10 小时不喂给泌乳母猪料,应让母猪休息 2 小时后,先喂给稀的热麸皮盐水即可。产后 3 天不宜喂得太多,饲料应是营养丰富而又易消化。注意不可立即喂给大量的混合精料,特别是饼类饲料,以免引起消化不良,以及乳汁过浓而发生乳房炎与仔猪消化不良的拉稀。母猪产后第 3~5 天可根据其食欲和膘情逐渐增加精料量。产后 1 周左右可转入哺乳期的正常饲养水平。

如果母猪体弱和膘情较差,产后泌乳量少或无奶,产后第 2 天就应加强营养,增加精料与饼类饲料,特别是含有鱼粉的动物性饲料。

母猪分娩后 3~4 天内由于产后体弱,只能让它在圈内休息与活动。此时母猪最容易受外界环境条件的影响,应全面细心地照顾。注意观察母猪的呼吸、体温、粪便及乳房情况,以防止产后疾病,特别是产后的低烧和高烧,发现后应立即处理,否则将影响仔猪的生长发育。若天气暖和,可让母猪到户外活动,对恢复母猪体力、促进消化和增加泌乳十分有利。

六、哺乳母猪的饲养管理

母猪所产乳是仔猪生后 20 天内的主要营养物质。因此,母猪在泌乳期内的泌乳量与乳中营养成分,对哺乳仔猪的生长发育、成活率和断奶体重影响很大。饲养母猪的主要目标是:提高泌乳量,确保仔猪生长发育,提供断奶窝重;控制母猪减重,在哺乳后期保持在六七成膘情,以使母猪在仔猪断奶后能正常发情、排卵,并延长利用年限。因此,必须掌握泌乳母猪的泌乳规律,了解影响泌乳的因素,加强泌乳母猪的饲养和管理。

(一)母猪的泌乳特性

1.乳房结构　每个乳头有 2~3 个乳腺团,各个乳头间互相独立,母猪的乳房没有乳池,不能随时排乳,仔猪也就不可能在任何时间都能吃到母乳。

2.**放奶过程** 母猪的放奶过程是受神经与激素控制的。由于仔猪反复拱揉乳房,形成的这种刺激由乳房内神经传到脑垂体后叶,立刻分泌催产素和血管加压素,经血液循环释放到乳房,促使乳房中围绕腺泡的肌肉收缩,从而导致放奶。垂体后叶素每次仅维持十几秒到几十秒。

3.**泌乳特点** 母猪的放奶从母猪卧地到仔猪拱奶,一般需要2~5分钟的时间,而放奶时间却很短,每次只有十几秒到几十秒的时间。仔猪吃奶靠母猪泌乳次数多来解决。据统计分析,我国地方品种哺乳60天,平均日泌乳次数25.4次,引进品种为20.5次。与次数相适应,我国地方品种猪平均泌乳间隔时间为50~60分钟,引进品种为60~90分钟。这一规律为仔猪的人工哺育提供了重要依据。

4.**泌乳规律** 母猪泌乳量一般在产后10天左右上升较快,21天左右就达泌乳高峰,以后就逐渐开始下降,不同品种间存在差别。因此,为了提高母猪泌乳力,必须在母猪泌乳高峰到来之前,根据哺乳仔猪的多少,以及母猪本身的膘情,增加精料的质量,可促使泌乳高峰达到更高且下降缓慢。同时,要求母猪泌乳高峰开始下降之前,仔猪必须补上料,保证不会因母猪泌乳量的下降而影响仔猪生长发育。

(二)猪乳的成分

猪乳的成分为,水分79.68%,干物质20.32%;其中,脂肪9.97%,蛋白质5.26%,乳糖4.18%,灰分0.91%,pH值6.8~7.0。

(三)母猪在哺乳期体重的变化

母猪妊娠期增加体重,哺乳期减少体重是正常现象。由于泌乳母猪带仔多,活动量大,精力消耗较多,从而增加母猪的维持需要量。而且哺乳母猪的消耗远远大于吸收,必须动用体内的储备来补充营养需要,保证泌乳,从而造成体重下降。在正常条件下,哺乳母猪体重下降应为产后体重的 15%～20%,主要集中在前一个月。

(四)饲养技术

哺乳母猪的饲料应按其饲养标准配合,保证适宜的营养水平。研究表明,对泌乳母猪提高蛋白质和赖氨酸的摄入量,可使泌乳量显著提高,减少泌乳期的失重。母猪产后几天,体质较弱,消化力不强,所以,应给予稀料。2～3 天后,饲喂量逐渐增多。5～7 天改喂湿拌料,按标准喂给。一般每天饲喂 3 次,并供给充足而清洁的饮水。泌乳母猪的给料量,一般在妊娠给料的基础上,每带 1 头仔猪,外加 0.4 千克料。对于带仔多、泌乳量高的母猪,要多喂勤添,保证母猪在断奶时有良好的繁殖体况。断奶前 3～5 天,逐渐减少饲料量,并经常检查母猪乳房的膨胀情况,以防发生乳房炎。

母猪在哺乳期间,由于泌乳量的加大,水分需要量很大,即使补充也有时满足不了需要。在这种情况下,可对母猪饲料增加青绿饲料,解决在泌乳期最长发生的粪便干结现象。

(五)哺乳母猪的管理

对母猪实行正确的管理,可保证母猪健康,提高泌乳量。

1.创造良好的环境　猪舍要随时清扫粪便,保持干燥清洁,温度要适宜,阳光充足,空气流通,铺草要勤换、勤垫、勤晒。

2.保护母猪的乳房及乳头　母猪乳腺的发育与仔猪的吮吸有很大关系,特别是头胎母猪,一定要使所有乳头都能均匀利用。以免未被利用的乳头萎缩。在带仔数少于乳头数时,应训练仔猪吮吸几个乳头,特别是吮吸母猪乳房后部的乳头。

3.加强观察 要特别注意观察母猪吃食、粪便、精神状态,以判断母猪是否健康。

4.合理运动 为使泌乳母猪尽早恢复体况,除加强营养外,还要在泌乳后期适当加强运动。应让母猪带领仔猪到舍外活动,这样既有利于泌乳,又有利于仔猪生长与及早认食。

七、牧草在母猪生产中的种植利用

牧草种植在母猪生产中占有重要的作用,对降低生产成本和提高生产成绩有着不可取代的作用。牧草的化学性质呈碱性,有助于日粮的消化,肠道蠕动以及通便作用,可促进猪的发育,提高产仔率和泌乳力,改善肉质等。由于牧草中纤维素与木质素的存在,不是所有的牧草都可以饲喂猪,只能选择粗纤维含量少、蛋白质含量高的牧草进行应用。在实际生产中,推荐以下两种牧草。

(一)聚合草

聚合草也叫紫草、爱国草、友谊草、俄罗斯饲料草。是非豆科蛋白质含量较高的饲料作物,茎叶干物质中分别含粗蛋白质21.7%,粗脂肪4.5%,粗纤维13.7%,无氮浸出物36.4%,粗灰分16.3%。一年种植,可长期利用。

聚合草为紫草科多年生草本植物,根系为粗大的肉质根,十分发达,主根侧根不明显,主要分布在30~40厘米以上土层内,深者达1米以上。根颈部分粗大,可长出大量幼芽和叶片。抽茎前叶丛生,呈莲座状,一般每丛有叶50~70片,多者可达150~200片,叶片长为40~90厘米,宽为10~25厘米。叶卵形、长椭圆形或披针形。抽茎后株高可达80~150厘米。

栽培技术。聚合草主要靠无性繁殖,切根繁殖简单易行。具体方法是:先做好苗床,然后选一年生健壮无病的肉质根,切成

4～7厘米的小段,苗床开沟后,入沟中,覆土3～4厘米,注意喷水,保持湿润,大约20天后可出苗。苗高为15～20厘米时即可移入大田栽植,很易成活。聚合草苗期生长缓慢,要注意中耕除草,每次刈割后要结合浇水追施速效氮肥。刈割一般在现蕾到开花期,以后每隔35～40天刈割一次,北方每年可刈割4～5次,亩产鲜草0.8～1.0吨。南方可刈割6～8次,亩产鲜草1.5～2.5吨。留茬高度以5～10厘米为宜。

收割的茎叶适合饲喂母猪,特别是怀孕后期和泌乳期,进行打浆或切碎后饲喂,添加量为每天2～3千克。由于聚合草丰富的营养成分,添加后可以减少精料1/3。

在母猪生产中,饲料中加入聚合草,不仅降低了饲养成本,增加了饲料中蛋白质和维生素供给,增加了适口性和泌乳量,而且由于加大了饲料体积,还使母猪产生了饱感。饲喂后解决了母猪粪便干结的问题,减少了肠道疾病的发生。

(二)紫花苜蓿

苜蓿在牧草中有牧草之王的称号,主要是营养成分丰富,含有大量的粗蛋白质、无机盐、维生素等,其中蛋白质中氨基酸比较齐全,特别是必需氨基酸含量丰富。在干物质中粗蛋白质含量为15%～25%。

1.种植　苜蓿除冬季外可常年种植,在长江以北的区域多选择8～10月份种植,与小麦种植的时间相同。秋季种植苜蓿不受杂草的侵害,到第二年的5月份即可开始收割饲喂。

2.饲喂　利用苜蓿的鲜嫩部分,每头母猪每天的饲喂量在2～3千克鲜草。

3.效果　据试验,应用苜蓿草的母猪每天每头母猪可减少精料1千克,饲喂后减少了肠道疾病,发情周期正常。

第四节 仔猪的生产技术

猪的一生中,以仔猪阶段生长发育最快,饲料报酬也高。饲养的好坏,直接关系到仔猪的成活率和断奶的体重,影响到育肥期的生长发育以及饲料成本的高低,是商品猪生产的基础工作。

一、哺乳仔猪的饲养管理

仔猪从出生到断奶为哺乳阶段,在这一阶段要根据仔猪生长发育的生理特点,保证仔猪的成活率和提高仔猪断奶窝重。

(一)哺乳仔猪的生理特点

要养好哺乳仔猪,必须了解哺乳仔猪的生理特点。

1. 消化道不发达,消化机能不完善

(1)消化道不发达。初生仔猪消化道容积很小,胃的容积只有25～40毫升,胃重5～8克;2月龄时,胃重150克,容积1.5～1.8升,胃的容积增大了60～70倍;小肠长度约增加4倍,容积增大50～60倍;大肠长度增加4～5倍,容积增大40～50倍。然而,成年猪的胃重为86克,容积5～6升,大肠长度4～5米,容积5～10升,可见仔猪胃肠发育速度是非常快的。由于仔猪胃肠容积小,胃内食物排空的速度也快,15日龄时约为1.5小时,30日龄时为3～5小时,60日龄时为16～19小时;而成年猪胃的排空速度为24小时以上。从上述的数字说明,尽管哺乳仔猪胃肠道生长发育特别快,但比成年猪还是不发达,而且胃的排空速度又快。根据这一特点,对哺乳仔猪的饲养应采取少喂勤添的方法,即每天饲喂次数多、喂量少。

(2)消化机能不完善。仔猪各阶段消化液的质量不大相同,哺乳仔猪20日龄前胃内无盐酸,20日龄以后浓度都很低,仅含0.05％～0.15％,3月龄才接近成年猪的0.3％～0.4％。由于在这一时期起作用的是盐酸,所以仔猪胃内抑菌与杀菌力很弱,在管理时注意饲料、饮水及圈舍的卫生,防止下痢病的发生。

20日龄前的哺乳仔猪胃液中有胃蛋白酶原,但无盐酸而不能使其活化变成胃蛋白酶,所以不能消化蛋白质,主要靠小肠中的胰液和肠液消化。然而,此时胃内有凝乳酶,能使乳汁凝固,只有凝固了的乳汁才能在小肠消化,虽然消化力弱,但能较好地利用乳蛋白,而不能有效地利用植物蛋白质。直到40～45日龄,胃内有了盐酸才具有消化蛋白质的功能。

哺乳仔猪的消化液分泌是在饲料吃入胃内,饲料直接刺激胃壁才有少量胃液分泌。这一特点,要求我们对仔猪早开食、早补料,以促进仔猪胃液的分泌,提高消化机能,加速生长。

2. 体温调节能力差,不耐寒　初生仔猪皮薄毛细,皮下脂肪少,散热快;仔猪大脑皮层调温中枢不健全,对冷热刺激反应小,体温是被动地随着环境温度的下降而降低。初生仔猪的临界温度是35℃,如果它们处在13～24℃,在生后一小时内体温可很快下降1.7～7℃,尤其在生后20分钟内,要将身体表面70克羊水全部蒸发,体温下降更快,1小时后才开始回升。如果出生仔猪裸露在1℃的环境中,2小时可冻昏、冻僵,甚至冻死。仔猪体温调节机能6日龄时还很差,9日龄才能得到改善,20日龄接近完善。根据仔猪这一特点,在冬季与早春产仔时,要特别注意搞好防寒保温工作。

3. 没有先天免疫力,对疾病的抵抗能力差　猪的胎盘构造特殊,母猪子宫血管与胎儿脐血管之间被6～7层组织隔开,母源抗体不能通过血液循环进入胎儿体内,因此初生仔猪不具备先天免疫能力。由于初乳中含有大量免疫抗体,仔猪只能靠吃初乳来被动地获得母源抗体,产生对疾病的抵抗能力。产后初乳中免疫球蛋白也就是免疫抗体变化较大,产后3天便从100毫升含7～8克迅速降到0.5克。初生仔猪的肠道上皮在生后的24小时内处于原始状态,免疫球蛋白很容易渗透进仔猪血液,等36~72小时后,这种渗透性显著降低。所以,初生仔猪要尽快吃上初乳。到3周龄时,仔猪开始产生自体免疫抗体,但母猪泌乳量也开始下降,乳中抗体也出现减少,仔猪抗体出现转换期,很容易得病,在饲养管理上要十分注意这一时期,除加强哺乳母猪蛋白质营养外,要加强哺乳仔猪蛋白质及矿物质营养,搞好卫生、消毒。

4.生长发育快　仔猪出生后,初生体重还不足成年体重的1%,但生长发育特别快,生后10天的体重为初生体重的2.1倍,1月龄为5~6倍,第二个月为第一个月增长的2~3倍。

(二)管理措施

根据仔猪的生理特点,养好仔猪必须抓好出生和补料。

1.抓好仔猪的初生　仔猪出生后,所处的条件和营养方式与在母体比较,都发生了骤然的变化。生前在母体子宫内的羊水中漂浮,通过脐循环获得氧气和所需的营养物质,排出废物和二氧化碳;而生后立即转变成自行呼吸,靠吃奶获取营养物质和排泄,生活条件发生了重大变化,从母体恒温条件进入低于体温的外界环境,如果饲养管理条件不到位、不细致,极易引起仔猪死亡,其中头5天内死亡率极高,占哺乳期总死亡数的58%以上。死亡的原因主要是冻死、压死、踩死和饿死以及下痢等。

(1)防冻防压。仔猪出生时适宜的温度是33~34℃,到1周龄时为28~30℃,4周龄时为22~24℃,60日龄断奶时保持在18~20℃。如果达不到上述温度,仔猪体温就会下降,轻者仔猪被冻僵,重者被冻死。防冻措施是:一是在北方冬季寒冷季节,尽量不要安排产仔计划,最好安排在春季的2~3月份和秋季的8~9月份;二是在冬季产仔的,应建立专门的产房或对圈舍保暖升温措施,圈内温度达到10℃以上;三是产仔时迅速擦干仔猪的全身黏液,防止过湿受冻;四是防止贼风和圈舍潮湿。

在防压上,对那些身体过肥、运动不便、体重过大以及初产无护仔经验的母猪,为防止压死仔猪,采取的措施是:一是提高产房温度,地面要平整,铺放的垫草不要过长、过厚;二是母猪多在吃食或排便后,回圈躺卧时压死仔猪的,要求在母猪产后的 3～5 天内应有专人看护,一旦发现压住仔猪,马上进圈抽打母猪耳朵或提起母猪尾巴或一条腿,把仔猪拉出;三是在母猪躺卧睡觉的地方设一个仔猪可以自由出入的护仔间,内放柔软垫草,让仔猪在里面睡觉,开始时仔猪吃完奶后,由饲养人员把仔猪捉进去睡觉,当仔猪形成习惯后,就会自动出来吃奶,自动回去睡觉,对防止压仔很有帮助。

（2）及时吃上初乳。仔猪出生后,尽快吃上初乳是保证仔猪成活、健壮以及正常发育的重要因素。

母猪产后 3 天内分泌的乳汁称为初乳,3 天以后称为常乳。初乳与常乳的成分区别很大,见表 5-4。

表 5-4　初乳与常乳成分比较

项目	成　　　分					
	水分	干物质	蛋白质	脂肪	乳糖	灰分
初乳	77.78	22.22	13.34	6.23	1.97	0.68
常乳	79.68	20.32	5.26	9.97	4.18	0.91

由表 5-4 可见,初乳中营养物质含量高,比常乳浓厚。初乳中蛋白质的含量是常乳的 3 倍左右。而脂肪的含量则较低,这是符合仔猪迅速增重对蛋白质需要量大及对脂肪消化力弱的特点。初乳中维生素 A、维生素 D 与维生素 C 比常乳高 10～15 倍,B 族维生素含量也十分丰富;初乳中含有较多的抗体和仔猪可利用的热源基质,仔猪必须通过早吃初乳,及早地获得能量和抗体,以增强仔猪的抗寒和抗病能力。此外,初乳酸度比较高,对消化器官的活动有良好的作用。初乳中也含有多量的镁盐,它有轻泻作用,能促进胎粪的排出。因此,初乳是初生仔猪不可缺乏和不可替代的食

物。由于初乳中蛋白质和免疫球蛋白等含量是随着时间的推移而逐渐降低,在生产中,十分强调让初生仔猪在生后 1 小时内吃上初乳。如果初生仔猪吃不到初乳很难成活。

(3)固定奶头。仔猪一出生就有固定奶头吃奶的习惯,它具有在生后几小时凭借发达的嗅觉,分辨自己吃过的奶头,利用这一特性,给仔猪固定奶头。所以,奶头一旦固定,一直到断奶都不更换。为了使仔猪尽快固定奶头,应该实行人工辅乳。如果让仔猪自己去固定奶头,由于仔猪有争夺奶头的习性,往往会因争夺出奶多的奶头而进行争斗、咬架,有时会咬伤母猪奶头,从而影响母猪放奶,甚至拒绝哺乳,还可能引起乳房炎。那些出生体重大而强的仔猪占 2 个奶头,弱小的仔猪只能吃出奶少的奶头,甚至吃不上奶。这样就出现强的越强,弱的越弱,到断奶时体重相差悬殊,以致造成弱小的仔猪弱死,不死也可能成为僵猪。

实行人工辅助固定奶头时,可把发育差、初生体重小的仔猪固定在前面 1~2 对出奶多的奶头上吃奶,把发育较好而体长的仔猪固定在中间奶头上吃奶,把发育好而体短的仔猪固定在后部奶头上吃奶,有时还可吃 2 个奶头,这样做可使全窝仔猪发育整齐,均匀。同时,要求饲养人员随时帮助弱小仔猪在母猪防奶的时间内吃上奶。

2. 抓好仔猪的补料 仔猪出生后不久便生长发育迅速,对营养物质的需要量与日俱增,体重呈直线上升。而母猪在产后的 20~30 天达到泌乳高峰,以后泌乳量就逐渐下降,这样供需就发生了矛盾。据报道,在 4 周龄时母乳中的营养物质只能满足仔猪需要的 37%。仔猪的生长发育光靠母乳已不能满足需要。因此,只要给仔猪早补料,才能补上母乳供应不足的那部分营养,同时还能使仔猪的消化器官的机能得到锻炼,促进肠的发育和机能的健全,而且仔猪学会吃料后,才不会乱啃乱吃东西,从而减少肠道疾病的发生。

（1）开始补料时间。仔猪补料，始于开食。开食的最佳时机以生后 7 天左右较好，这一时期仔猪开始出牙，牙根刺痒，有喜欢啃咬硬东西解痒的习性，就可以在母猪产后 3 周泌乳量下降前，仔猪就能正式吃上料，从而弥补了母乳的不足，保证了仔猪正常的生长发育。

（2）补料方法。从 5 日龄到 10 日龄这一时期，将炒得焦黄酥脆的高粱粒或掺有甜味、奶香味调味剂的颗粒料等开食料，撒在仔猪经常活动的地方。仔猪凭嗅觉，很快就会闻到香味，随即慢慢拱食，达到认料开食的目的；也可让母猪带领仔猪吃食，利用仔猪的模仿行为，使仔猪学着吃料，直至吃上料；训练仔猪开食要有耐心，在一天之内，要选择仔猪最活跃的时候，以上午 8～11 时、下午 14～17 时为好。然后，逐步地将开食料由仔猪常活动的地方，往仔猪补饲栏里撒，引导仔猪进入仔猪补饲栏，并使其认料槽、水槽或训练吸吮自动饮水器。这样，全窝仔猪即可达到顺利开食的目的。

仔猪开食以后，应不失时机地饲喂全价乳猪料。方法是：在料槽里先放上全价乳猪料，上面仍旧撒上一层开食料，在仔猪吃开食料的同时，也就吃到全价乳猪料了。然后逐渐撒掉开食料，到 10～15 日龄全部过渡到全价乳猪料。

（3）补料期应注意的问题。一是要注意仔猪料细度适中，适合仔猪口味，多选用颗粒料或干粉料，不喂霉变饲料；二是食槽、水槽经常洗刷、消毒；三是要少喂勤喂，防止仔猪饥饱不均；四是补料与补水同时进行，水要新鲜、清洁；五是饲料变换要循序渐进，逐步过渡。

（4）铁、铜、锌的补充。铁是造血的原料，初生仔猪体内贮备的铁很少，只有 30～50 毫克，仔猪正常生长每天每头需铁 7～8 毫克，而每天从母乳中得到的铁不足 1 毫克，如果不及时补铁，仔猪体内贮备的铁在 1 周内消耗完，就会发生贫血症。仔猪每 100 毫升血液中血红蛋白在 8 克以下时，出现贫血症，表现为精神委靡不振,食欲减退,被毛粗乱无光,皮肤、可视黏膜苍白,发生下痢,生长发育停滞,严重的发生死亡。见表5-5。因此,仔猪必须补铁,作为饲养管理的重要内容。目前市场上出售的产品多为右旋糖酐铁与硒合成的制剂,对铁、硒同时补充,提供仔猪生长过程中对铁及硒的需求量,确保仔猪健康生长。如牲血素、补铁王(葡聚糖铁硒针)等。

　　铜有维持仔猪红血球生成的作用,如果血液中铜的含量低于每毫升0.2微克,就会导致贫血症。哺乳仔猪铜的需要量为每千克6毫克。高铜饲料(每千克日粮含125~250毫克)可使仔猪日增重提高10%以上,饲料利用率提高5%以上。这是因为铜有激活胃蛋白酶和提高胃蛋白酶的水解作用,从而提高仔猪对蛋白质的消化率。

表5-5　仔猪血液中血红蛋白含量与缺铁的表现

每100毫升血液中血红蛋白含量/克	仔猪缺铁表现
≥10	够用,生长良好
9	符合最低需要
8	贫血临界线,需要补铁
7	贫血,生长受阻
6	严重贫血,生长显著减慢
4	严重贫血,死亡率上升

　　硒也是仔猪常常缺乏的微量元素之一,我国大部分地区的土壤及饲料中缺硒。缺硒仔猪发生皮下水肿、肝坏死、心脏衰竭、缺硒性下痢和白肌病。患白肌病仔猪血液中硒的浓度为每毫升0.01~0.02微克以下,而仔猪对硒的需要量为每千克日粮0.3毫克。预防量,仔猪生后3天肌内注射0.1%亚硒酸钠0.5毫升,30日龄时再注射一次。

二、仔猪的早期断奶

近几年来,在养猪生产中普遍推广仔猪早期断奶技术,获得了巨大的经济效益。所谓仔猪早期断奶,是指仔猪依靠母乳生活的时间由传统的50~60天,缩短为28~35天,发达国家和我国条件较好的猪场甚至提前在21日龄断奶。早期断奶对母猪和仔猪是一个严重应激,仔猪断奶前和母猪生活在一起,有一个舒适的环境的保护,营养来自母乳和全价的仔猪料,满足了生长发育的需要。断奶后,母仔分开,首先是失去了母猪保护的这个优越环境条件,其次是没有了母乳,只吃饲料。断奶使仔猪的营养方式和环境条件发生了重大变化和转折。因此,加强断奶这段时间的管理,对仔猪以后的生长发育十分重要。搞好了可以获得显著效益,搞不好可引起母猪繁殖机能紊乱,仔猪生长发育受阻,患病率、死亡率、僵猪数增加,造成重大损失,影响经济效益。

(一)仔猪早期断奶的理论基础

在猪的一生中,仔猪是生长发育最强烈,饲料利用率最高,开发利用潜力最大的一个阶段,也是死亡率最高,饲养管理最繁杂的阶段,对整个养猪生产的发展影响深远。

新生仔猪物质代谢旺盛,20日龄时每千克增重需沉淀蛋白质9~12克,代谢净能30.23兆焦,是成年猪每千克增重的30~35倍和3倍。对营养物质的要求,无论从数量上或质量上都远远高于成年猪,因此对营养缺乏也最敏感,有害影响也最大。

众多研究证实,仔猪处于S形生长曲线的前段,是一生中相对生长最快的时期,而母猪的泌乳曲线呈抛物线形,两者相交的平衡点,从国外引进猪品种是在3周龄,中国地方猪品种是在4周龄。在此之后,仔猪生长曲线继续上升,而母猪的泌乳曲线开始下降,供需之间出现剪刀差,随着时间的延长,剪刀差会越来越大,严重制约着仔猪的生长发育。母乳对仔猪营养需要的满足程度3周龄时为 97％,4 周龄时为 37％,8 周龄为 28％。为使仔猪早日独立生活,从饲料中获取足够的营养物质,保持高的生长率,并且早日将母猪从哺乳育仔中解放出来,为生产更多的猪创造条件,就产生了猪早期断奶技术。

(二)仔猪早期断奶的优点

1.仔猪育成率高,发育整齐　试验表明,21、28、35 日龄断奶的仔猪均较 60 日龄断奶的仔猪发育整齐。35 日龄前仔猪采食饲料量较少,其生长速度取决于不同位置乳头的泌乳量,是发育不整齐的重要原因。早期断奶,使仔猪早日习惯于饲料中获取生长需要的全部营养,不受母乳分泌量的限制,为快速生长、整齐发育,提高育成率提供了可靠的物质保证。试验表明,早期断奶仔猪达 20 千克体重育成率为 92％～98％,而 60 日龄断奶仔猪仅有 83％～87％。

2.饲料利用率高,降低育成成本　用母乳哺育仔猪,营养物质要经过两次转化,利用率只有 20％,而仔猪直接采食饲料,利用率可达 50％～60％,每千克增重耗料量下降 22.6％～31.5％,育成成本平均减少 16％以上。

3.母猪体重损失少,节省饲料　北京试验猪场测定,28 日龄断奶,母猪失重 9.65 千克,日采食 4.5 千克;35 日龄断奶分别为 14.6 千克和 5.25 千克;45 日龄断奶分别为 41.65 千克和 6.10 千克;60 日龄断奶则分别达到 44.75 千克和 6.90 千克。可以看出,母猪出现如此严重体重消耗无疑要通过多采食饲料进行补充,综合测算 60 日龄断奶母猪,每个繁殖周期要比早期断奶母猪多采食饲料 80～100 千克,仅哺乳期就多消耗 48.8 千克,高 25.6％。

4.缩短产仔间隔,增加母猪年产仔窝数和育成仔猪头数　35 日龄断奶,可使母猪繁殖周期缩短 30.74 天,21 日龄断奶可缩短 45 天,从而使年产仔窝数由 60 日龄断奶的 1.8～2 窝,增加为 2.3～2.5 窝,育成仔猪数由 18～21 头增加到 23～25 头。这不单单是一个天数加减的问题,从两方面看,一是早期断奶母猪体况好,哺乳体重损失19%～22%,而60日龄断奶母猪体重损失高达33%～49%;二是断奶后发情早,受胎率高。21～28日龄断奶后母猪3～7天开始发情,35日龄断奶5～7天,60日龄断奶则需7～10天。由于早期断奶母猪体况受损失小,容易恢复,所以母猪的年淘汰率也明显下降,比60日龄断奶可降低33%左右。据丹麦研究资料表明,母猪年生产能力以产仔后哺乳21～30天为最大,效果最好。

5.早期断奶能显著提高养猪生产的整体效益　综上几项所述,早期断奶在母猪利用、仔猪培育、商品猪育肥、饲料及设施节约诸方面均产生了良好影响。

(三)早期断奶的技术要求

1.断奶时间的选择　断奶日龄直接关系到母猪产仔窝数和仔猪的成活率,也关系到养猪生产的经济效益。大量生产实践证明,断奶时间的选择应根据仔猪的发育、采食量、母猪体况和泌乳量、猪场饲养管理条件等综合考虑。目前总的趋势是认为早期断奶,可采用21日龄或28日龄断奶,但仔猪体重应超过5千克,日采食量在25克以上。一般猪场可采用35日龄断奶。此时仔猪所需营养的50%左右来自饲料,体重超过7.5千克,日采食饲料已达200克以上。条件较差的猪场,断奶时间也不应晚于42日龄。这样,既可避免仔猪因断奶过早而引起应激反应,又可简化仔猪阶段的饲料配方。因为这一时期仔猪在消化、免疫、体温调节以及承受断奶应激等方面都已具备了断奶条件。同时对母猪下一个发情周期的繁殖力无不良影响,产后子宫已复原,仔猪已利用了母猪泌乳量的60%,获得了营养物质和抵抗疾病的能力,并已能习惯于采食作为断奶后正常生长所必需数量的饲料。

2.断奶前的准备工作　仔猪在断奶后,一般会产生短时间生长发育停滞现象,为缓解和纠正仔猪生长发育停滞,增加断奶体重及体脂的蓄积量是行之有效的办法。为了确保仔猪健康、达到理想断奶体重、顺利完成由母乳哺育到独立生活的过渡,断奶前应做好以下准备工作。

(1)加强母猪妊娠后期的管理,增加仔猪初生体重。力争达到1.3～1.5千克,起码要在1千克以上。低于1千克的仔猪被认为失去饲养价值,其育成率只有60%左右,断奶体重要低20%～30%,育肥效果也不理想。

(2)提高母猪泌乳能力,补充油脂添加饲料。一般从分娩前10天开始使用,可以提高乳脂率和泌乳量,减轻哺乳期体重损失,促使断奶后尽快发情,同时对提高仔猪初生体重,增强生活力和抗病力均有良好影响。

(3)加强仔猪出生后护理,确保仔猪健康,生长发育正常。在这一时期,仔猪的死亡多在头一个月内,集中发生在头一周内,死亡的原因主要是冻死、压死、饿死、肺炎和下痢。因此,一定要认真做好合理固定奶头,早吃初乳,温湿度管理、防挤压保护、过哺并窝、补铁等技术措施。

(4)严格卫生消毒制度。科学预防投药,防止肺炎、下痢等疾病的发生。

(5)哺乳母猪的饲养是仔猪育成的关键。重点在30日龄以前。要根据饲养标准配制良好的全价饲料,并给以优质青绿饲料作补充。饲料的给量要根据仔猪的头数、生长发育情况、母猪的营养状态确定。一般情况,母猪本身维持需要2千克左右,哺乳一头仔猪需要0.4千克,由分娩时的2.5～3.0千克逐渐增加到哺乳后期的6～7千克,每天喂3～4次。母猪分娩后饮水量明显增加,16～20日可达日饮25～26升水的高峰,因此要满足清洁饮水的供应,饮水器给水量要大,使母猪每分钟可饮水2升以上,并满足仔猪随时饮水。饮水不足或不清洁,会使泌乳量减少,乳脂过浓,使仔猪难以消化吸收,引起下痢或其他疾病。

（6）仔猪提早开食，锻炼胃肠机能，减少对母乳依赖，顺利适应早期断奶关。仔猪生后5～7天，活动显著增加，开始啃咬硬物和拱掘地面，应该看作是觅食的先兆；710日龄开始出牙，齿根发痒，频频出现咀嚼动作，要不失时机地诱导其采食饲料。有的国家和先进场3日龄就开始用人工乳给仔猪补饲，一般猪场可在5～7日龄进行补饲，开始使用的饲料要有良好的适口性，如炒大豆粉、玉米、脱脂粉等，猪喜甜食，可加入10％的蔗糖，饲料颗粒大小要适度，以有利于仔猪辨认和从地上拣起为好。切碎的青绿多汁果菜，也是开食的好饲料。补料的初始训练很重要，可采取人工嘴内抹食、母猪带食、大仔猪带小仔猪、设立专门补料栏等方法，应由有经验的饲养人员具体分管。据试验证明，从7日龄开始补料，30日龄采食量可达0.24千克，60日龄体重可达15千克以上；14日龄补料，30日龄采食量只有0.18千克，60日龄体重达14千克。提前一周补料，采食量可提高30.56％，而且仔猪下痢、寄生虫等疾病明显减少。

3. **断奶的方法**　断奶前3～5天，若母猪膘情好，应适当减少精料和青绿饲料的给量，并控制饮水，以利母猪"回奶"，尽量避免母猪乳房炎的发生，如果母猪膘情不好，则不必减料，可适当控制青绿饲料的给量和饮水量即可，以免母猪过分消瘦，影响断奶后的发情与配种。

（1）一次断奶。一次断奶方法就是到了断奶日龄，一次性使母仔分离。适用于乳房已回缩、泌乳量较少的母猪；采取赶走母猪，仔猪在原舍内饲养7～10天的方法，可减少仔猪的应激反应，有利于断奶适应和今后的生长发育，总体效果最好。

（2）分批断奶。分批断奶法就是将体重较大、发育较好的仔猪先断奶，让弱小仔猪继续吃奶，到一定时间再断奶，此法有利于弱小仔猪的成活和生长发育；适用于母猪奶旺仔猪发育不太整齐的情况。先把发育较好的仔猪隔离出去，让发育落后的仔猪继续哺乳几天。

（3）逐渐断奶。在预定断奶日期前4～6天,减少哺乳次数,后两天可白天母仔隔开,强迫仔猪采食饲料,夜间母仔共居。这种方法对母猪和仔猪的断奶应激小,好适应。

不管哪种方法,一经断奶,就应严格母仔隔离,让仔猪听不到母猪的叫声,尽快使仔猪安静,顺利进入育肥期。仔猪早期断奶要注意,一是抓好仔猪早期开食、补料的训练,使其已具备独立采食的能力;二是仔猪饲料要全价,要求高能量、高蛋白。

三、断奶仔猪的饲养管理

仔猪的断奶是继出生以来又一次强烈的刺激,首先是营养的改变,由吃温热的液体母乳为主改为吃固体的生干饲料;其次是脱离母猪成为完全独立的生活;第三是生活的环境发生了变化等,引起应激的因素增多,很容易引起仔猪发病。在这一时期,主要是保证断奶仔猪的成活率,提高日增重,为育肥猪的生长打下基础。

（一）断奶仔猪的饲养

为了使断奶仔猪能尽快适应断奶后的饲料,减少断奶应激,除对哺乳仔猪进行早期强制性补料和断奶前减少母乳的供给,迫使仔猪在断奶前就能采食较多补料外,还要使仔猪进行饲料过渡和饲喂方法过渡。饲料的过渡就是仔猪断奶2周以内应保持饲料不变,仍然饲喂哺乳期的饲料,2周后逐渐过渡到断奶仔猪饲料,以减轻应激反应。饲喂方式的过渡,仔猪断奶后3～5天最好限量饲喂,平均采食量160克,5天以后实行自由采食。否则仔猪往往因过食而引起腹泻,在生产上要特别注意。

稳定的生活制度和适宜的饲料是提高仔猪食欲,增加采食量,促进仔猪增重的保证。仔猪断奶后15天内,应按哺乳期的饲喂方法和次数进行饲喂。在夜间也坚持饲喂,以免停食过长,使仔猪饥饿不安。每次饲喂量不宜过多,以后可适当减少饲喂次数。

　　饲料的适口性是仔猪增进采食量的一个重要因素,尤其是喜欢颗粒料和粗粉料,其次是细粉料。仔猪采食饲料后经常感到口喝,应保证供给清洁的饮水,水槽每天清洗1～2次,也可训练使用自动饮水器。同时,饲料和饮水中可适当加一部分维生素、补液盐、抗生素类药物。对仔猪管理是否适宜,可以从粪便和体况加以判断。断奶仔猪的粪便软,表面上有光泽,长度8～12厘米,直径2.0～2.5厘米,成串状,4月龄时呈块状。饲养不当则粪便的形状、稀稠、色泽发生变化,如营养不足,则粪便呈粒状、干硬而小;精料过多则粪便稀软或不成块;如粪便过稀含有未消化的饲料粒,则为消化不良。

(二)断奶仔猪的管理

　　1. 合理分群　仔猪断奶后头几天很不安定,经常嘶叫寻找母猪。为减轻应激,先将仔猪在原圈饲养10～15天,当仔猪的吃食和粪便一切正常后,再根据仔猪的大小、性别、吃食快慢进行分群,应使个体体重差不多的合为一群,那些体重小、体弱的仔猪宜单独组群,采取措施,保证生长。

　　2. 创造舒适的环境　断奶仔猪圈必须阳光充足,清洁干燥,仔猪进入圈前应彻底清扫、消毒。仔猪因断奶应激通常在断奶后的2～7天内采食量偏低,此时仔猪为维持体温则会消耗大量自身营养成分,从而导致失重现象,若此时舍温低而造成冷应激,则对于仔猪无疑是雪上加霜,不但可导致疾病,严重者发生死亡,给猪场造成重大损失。仔猪保温状况是否适当可由其睡眠状态与分布情况作出判断,适当的保温状况为:侧卧,四肢伸展且猪群平均分布;出现过热的状况:猪群分散并远离热源,乳猪有喘气急促现象;寒冷的状况:卷曲、竖毛、颤抖、猪只打堆成群。

　　(1)保温措施。

　　①对刚断奶一周内的仔猪,要求温度应保持在28～34℃。当温度在34℃以上时,要注意舍内的通风情况,防止猪只出现急速

喘气现象。

②对断奶后 2 周内的仔猪要求温度应保持在 20～28℃，当温度低于 20℃时对于保育阶段的仔猪仍需采取相应的保温措施。

（2）保温设备。

①早期断奶仔猪保温应以舍温适宜、空气良好为前提。因此对在 25 日龄前断奶者应使用热风炉保温＋保温箱＋保温灯保温。这样可使舍内环境温度均匀，避免因舍温差异较大而导致仔猪应激。尤其在寒冷的冬季上述保温措施最好；在夏季可使用保温箱保温即可；在春秋两季则必须加挂保温灯保温。

②当仔猪在 26 日龄以上断奶时，夏季可不用保温设备就可度过断奶期；在春秋两季要注意温差，夜间用保温箱＋保温灯保温；冬季仍用热风炉＋保温箱＋保温灯保温。

3. 有足够的占地面积和饲槽　如果仔猪群体过大或每头占地面积过小，以及饲槽太少，很容易争食，这样由于采食量不够，以及休息不好，从而影响猪的生长发育。断奶仔猪适宜的占地面积为每头 0.5～0.8 平方米，每群一般为 10 头为宜。并设有足够的食槽、水槽或自动饮水器，让每头仔猪都能吃饱，不发生争食现象。

4. 细心调教　猪有定点采食、排粪尿、睡觉的习惯，但新断奶的仔猪需要人为引导、调教，这样既可保持栏内卫生，又便于清扫。在食槽和饮水器固定的情况下，设立睡卧区、排泄区。训练的方法是，排泄区的粪便暂时不清扫，诱导仔猪来排泄，其他区的粪便及时清扫干净。当仔猪活动时，对不到指定地点排泄的仔猪用小棍哄赶，当仔猪睡卧时可定时赶到固定区排泄，经过 1 周的训练可形成定位。

（三）断奶仔猪饲料配制中应用的新技术

1. 采用诱食剂　早期断奶仔猪因食物突然变化和胃肠机能发育尚不健全，都要出现一个食欲下降，采食量减少，消化不良，生长发育停滞，然后逐渐恢复的过渡阶段，持续 2～3 周。但仔猪的嗅觉和味觉特别灵敏,为了使哺乳仔猪提早开食和提高早期断奶仔猪的采食量,在仔猪饲料中添加诱食剂,可使饲料从嗅觉和味觉上和母乳基本相同,并改善饲料的适口性,提高采食量,刺激消化道活动,增加消化液分泌,强化消化吸收机能。诱味剂主要是带有甜香味或乳香味、清香味的挥发性物质,如酯、脂肪酸、酮、内酯、醛、硫醇、醚等;以及非挥发性物质,如核苷酸、落叶松皮素及其衍生物等。目前市场上的诱食剂,甜味偏重于味觉,香味偏重于嗅觉。以甜味剂的价格较为便宜。商品名称有甜香精、乳猪香、乳猪宝、美美香、康大力等,对早期断奶仔猪增加采食量和提高增重确有良好效果,分别达到 4.09% ~ 15.97% 和 8.33% ~ 18.77%。一些带有香、甜、辛辣味的自产饲料也具有良好的诱味效果,如橘皮、菊花、胡萝卜、甜菜、小葱、蒜苗、韭菜、辣椒粉、炒大豆粉等,物美价廉。

2. 添加脂肪　早期断奶,仔猪断奶初期常出现体重下降。主要因素是采食量低、能量不足,而常规的玉米、豆粕型日粮含能量较低,只有在日粮中添加脂肪可提高日粮能量浓度,增加仔猪能量摄取量。添加量为 3% ~ 5% 为宜。

3. 应用微量元素　通常母猪乳干物质中乳脂占 42%,说明仔猪需要相当多的脂肪,并能顺利消化利用它们。早期断奶可导致仔猪肠道脂肪酶活性显著降低,仅为断奶前水平的 $1/3 \sim 1/2$,至少要 2 周后才会逐渐增长,所以对脂肪的消化率很低。试验证明,高剂量铜能提高仔猪利用脂肪的能力,因为高铜能刺激脂肪酶和磷酸酯酶 A 的活性。因此,饲料中铜的含量对消化利用脂肪影响很大,当铜的含量达 250 毫克/千克时,可使采食量增加 16% ~ 18%,日增重提高 17% ~ 19%,并有抗生素在促生长和抗病方面的类似作用。如能以 0.3 毫克/千克的硒与铜共同使用,效果会更好。常用的制剂有硫酸铜、碳酸铜、氯化铜、亚硒酸钠、硒酸钠、硒酸钙等。

4. 使用乳清粉　欧美乳品业发达国家,在仔猪饲料中添加

10%～30%的乳清粉,取得了良好的效果。在仔猪日粮中适当使用乳清粉,很容易消化吸收,营养丰富,利用率高,不仅适合仔猪较高的乳糖酶活性,提高胃肠酸度,而且还有利于维持肠道微生物平衡,改善饲料适口性等,乳中的生物活性物质还能增加仔猪活力和抗病力,明显减轻断奶综合征的影响,提高仔猪生产性能。因此,在早期断奶仔猪饲料中保证供给易消化的碳水化合物,并添加10%～20%的乳清粉,能够改善仔猪生产性能。

思考题

1. 为什么对生猪饲养实行定时、定量和定质的饲喂?

2. 种公猪有哪些生理特征?

3. 怎样选择后备母猪?

4. 实行人工授精有哪些好处?

5. 为什么对仔猪实行提早开食和早期断奶? 其最佳时间分别是什么时候?

第六章　商品猪育肥技术

本章的重点是无公害商品猪生产的饲养管理,掌握商品猪育肥的影响因素、提高瘦肉率的措施及集约化养猪技术知识,了解福利养猪的概念。

商品猪育肥的饲养管理是养猪生产中最后的一个生产环节,是养猪生产的最终目的。搞好育肥猪饲养管理的主要任务就是利用最少的饲料,在较短的时间内,获得数量多、肉质好并且瘦肉率高的猪肉。在当前饲养商品猪中,缩短育肥期,提高日增重,降低饲养成本,增加瘦肉率和经济效益是养猪生产追求的目标。

第一节　影响商品猪育肥的因素

影响猪生长的因素很多,既有内在的因素,也有外在的因素,从品种、饲料、饲养管理及环境等都影响着育肥猪的生长发育。了解这些影响因素,在生产中采取有效措施,对提高商品猪生产的经济效益有十分重要的意义。

一、品种与经济类型的影响

在肉猪生长育肥过程中,不同品种和类型猪由于所形成的条件及培育条件不同,使其所形成的经济特性也不同。任何品种都有它的优点,必须在特定的条件下才表现出来,如在以精料为主的饲养条件下,国外品种比地方品种的增重速度一般要快,但在以青饲料为主的饲养条件下,则国外品种的增重速度就不如我国地方品种。从不同类型来看,通过代谢试验证明,瘦肉型猪比鲜肉型和脂肪型品种对能量和蛋白质的利用率高,饲养期短,增重快,消耗饲料少,屠宰率高。因此,为了提高育肥效果,必须了解饲养品种及类型的肥育性能,针对人们口味的变化和市场的需要,来选择品种,按照猪的生长发育规律,合理供给营养水平,加快猪的育肥,以取得相应的经济效益。

二、经济杂交的影响

在商品猪生产中,利用国外引进的瘦肉型良种与我国地方品种开展经济杂交,充分利用杂种优势提高养猪生产的经济效益,是目前各地采用的基本生产方式,是加快商品猪育肥十分有效的方法。近几年来的生产实践表明,实行二元杂交和三元杂交的杂交猪,一般生活力强,生长发育速度快,增加了日增重,缩短了育肥期,提高了饲料利用率,降低了生产成本,有明显的经济效益。开展经济杂交,不仅充分发挥猪的繁殖性能,而且是提高瘦肉率和增加猪肉产量的主要途径。在相同的饲养条件下,杂种后代增重速度的优势率为 $10\%\sim20\%$,饲料利用率的优势为 $5\%\sim10\%$,胴体瘦肉率可达 50% 以上,其中以三元杂交比二元杂交效果更为明显。山东省利用沂蒙黑猪为母本,与引进的瘦肉型父本杜洛克猪进行二元杂交生产商品猪,试验表明,日增重 630 克,料重比 3.54∶1,瘦肉率 54.06%,比沂蒙黑猪提高 62 克和 0.39、5.74 个百分点;汉普夏×大约克×沂蒙黑三元杂交组合,日增重 672 克,料重比 3.23∶1,瘦肉率 59.72%,分别比大沂二元杂交提高 46 克和 0.45、7.74 个百分点。

三、仔猪出生重和断奶重的影响

在正常情况下,仔猪出生重和断奶重的大小与育肥效果呈正比例关系,也就是说仔猪出生体重越大,则生活力越强,生长速度也越快,断奶体重也越大。见表 6-1。

表 6-1　仔猪初生重与 30 日龄、60 日龄体重的关系　　　千克

初生体重	仔猪头数	30 日龄平均重	30 日龄平均增重	60 日龄平均重
0.75	10	4.00	3.30	10.20
0.76~0.90	25	4.67	3.85	11.20
0.91~1.05	40	5.08	4.10	12.85
1.06~1.20	46	5.32	4.19	13.00
1.21~1.35	50	5.66	4.38	14.00
1.36~1.50	36	6.17	4.74	15.55
1.51 以上	5	6.85	5.25	16.55

　　仔猪的断奶体重与育肥期增重关系也十分密切,哺乳期体重大的仔猪,在育肥期不仅增重快,而且死亡率也低;而那些体小而弱的仔猪,在育肥期容易发病甚至死亡。见表 6-2。

表 6-2　仔猪一月龄体重与育肥期增重及死亡的关系

1 月龄体重/千克	仔猪头数	208 日龄平均体重/千克	相对增重率/%	育肥期死亡率/%
5.0 以下	967	73.4	100	12.2
5.1~7.5	1 396	83.6	114	1.8
7.6~8.0	312	89.2	122	0.5

　　由表 6-2 仔猪 1 月龄体重、初生重,断奶体重与育肥效果的关系说明,要获得良好的育肥效果,必须重视和加强妊娠母猪及哺乳母猪的饲养管理,保证哺乳仔猪吃到充足的母奶,并采取早开食补料的措施,以获得较高的初生重和断奶重,为提高育肥效果打下基础。

四、营养水平和饲料的影响

（一）营养水平

营养水平不仅能影响肉猪的增重速度，而且也影响猪胴体品质，即影响肌肉、脂肪、骨骼和皮肤的比例。见表6-3。

表6-3　不同营养水平对育肥效果的影响　　　　　　%

营养水平	达90千克体重所需天数	胴体成分					料重比	瘦肉率	肉脂比例	产品类型
		肌肉	脂肪	骨骼	皮肤	结缔组织				
高至高	165	40.3	38.3	11.0	5.3	5.1	5.05	51.27	1∶0.98	肉脂兼用
高至低	196	44.9	33.4	11.2	5.4	5.1	4.28	57.34	1∶0.7	瘦肉型
低至高	196	36.3	44.1	9.7	4.8	5.1	5.61	45.14	1∶1.2	脂肪型
低至低	315	49.1	27.5	12.4	5.8	5.2	5.17	63.76	1∶0.6	发育受阻

从表6-3可以看出，营养水平对育肥效果影响极大，它不仅能影响育肥猪的增重速度，而且能改变胴体脂肪、肌肉、骨骼和皮肤等的组成比例，对胴体品质有显著的影响。营养水平高，饲料利用率高，还能缩短饲养周期；营养水平低，不仅延长了饲养周期，而且还影响生长发育，增加饲养成本。

日粮中能量高，育肥猪摄取越多，日增重越快，胴体脂肪含量也越高，得到产品膘越厚。增高日粮中蛋白质水平，除了提高日增重外，还可以提高胴体瘦肉率（表6-4）。

表6-4　不同蛋白质水平对胴体质量的影响　　　　　　%

日粮蛋白质水平/%	15.5	17.7	20.2	22.3	25.3	27.3
日增重	651	701	723	729	699	689
瘦肉率	44.7	46.9	46.8	47.7	49.0	50.0
脂肪率	26.6	25.1	23.8	23.3	21.6	20.5

(二)饲料

饲料是营养物质的直接来源,各种饲料中营养物质的含量是有差异的。因此,肉猪的日粮应由多种饲料配合,才能满足营养需要,不仅增重速度快,而且饲料利用率也高。

饲料种类对胴体品质影响很大。实践证明,大麦、小麦、麸皮和地瓜干等饲料内含有大量饱和脂肪酸,以这类饲料形成的日粮,所形成脂肪发白、坚硬;而以米糠、豆饼、玉米等为主的日粮中含有大量的不饱和脂肪酸,易产生软脂,脂肪颜色发黄,能影响脂肪的品质。所以,在屠宰前2个月改喂含不饱和脂肪酸少的饲料,对防止软脂的形成有明显的作用。

各地在商品猪饲养中,特别是育肥阶段,添加一些含纤维素多的粗饲料,适量的纤维素添加能促进胃肠的蠕动,起一定的充饥作用,产生很少的能量。但纤维素含量多的粗饲料,猪在咀嚼、消化、排泄这些粗纤维时所消耗的能量,超过从部分粗纤维中所得到的能量,结果是得不偿失,会影响生长发育。所以,根据我国各地进行的生后6月龄达90千克体重育肥试验,其日粮中粗纤维含量不超过5%。

五、群体大小的影响

育肥猪实行群饲,能有效地利用猪舍建筑面积和设备,提供劳动生产率,降低饲养成本,而且还利用猪的抢食性,使其多吃饲料,从而提高了增重效果。

饲养育肥猪最好是仔猪从哺乳、断奶一直到育肥,这样可减少环境条件的转变而形成的刺激。由于现在的农村养猪形成了高度的专业分工,从母猪饲养、种公猪饲养和育肥猪饲养是由不同饲养场(户)来完成的,因此,商品猪育肥场就必须从母猪饲养场(户)购买仔猪从事专业育肥,其群体的大小将影响育肥效果和经济效益(表6-5)。在每头猪占地面积为0.8平方米的情况下,以10头组群日增重和肉重比效果最好。

表6-5 商品猪群体大小对育肥效果的影响

群体头数	日增重/克	肉重比
40	643	1:4.4
30	645	1:4.2
20	669	1:3.7
10	709	1:3.4

六、去势的影响

去势不仅有利于肉猪的增重,而且也能提高肉的品质。我国农村饲养母猪户习惯于在仔猪阶段对仔猪进行去势。去势的仔猪,性器官停止发育,性机能停止活动,肉猪表现安静,食欲增加,生长速度加快,脂肪沉积能力加强,日增重可提高7%～10%,饲料利用率也有提高。同时,去势的肌肉缺乏性器官分泌的激素,肉质柔弱、细嫩、味美,改善了肉的品质。

随着生产技术的提高,加上引进品种性成熟晚,达到屠宰体重的饲养期短,有的采取育肥的公母猪不去势,实行分性别饲养。但不去势的猪肉,由于公猪肉中含有睾丸酮等物质,有膻味,直接影响猪肉品质,公猪应采取去势方法饲养。与阉公猪相比,小母猪生长较慢,采食量较小,饲料与增重的转化率较好,而且同样体重时胴体瘦肉率较高。小母猪在消耗较少饲料的同时,其赖氨酸需要量与同样体重的阉公猪相同。采用分性别饲养可根据公母猪需要量之间的差别分别制定配方。分性别饲养不仅提高了饲料的利用率,而且还可以提高上市猪的均匀度。同时还可以推迟母猪上市时间。

七、屠宰期的影响

育肥猪饲养到一定的时期就要屠宰,屠宰后的猪肉产品必须以市场需要为前提,能取得较高的经济效益,这就确定适宜的屠宰期。一般以产肉量高,增重速度开始减慢,饲料报酬开始降低时为适宜的屠宰期(表6-6)。

表6-6　　大型猪品种增重规律

体重/千克	日增重/克
10～45	295～408
46～90	590～720
91～110	795
111 以上	陡降
200～250	340

大型品种在90～100千克阶段增重最快。超过100千克日增重就下降,200～250千克阶段还不及90～100千克阶段的50%,如果继续养就很不经济,降低了生产效益。

由表6-7看出,体重在10～67千克时,日增重随体重的增加而增加,到67～110千克时,日增重就停留在一定水平上,继续饲养,日增重则下降。同时,还可以看出,肉猪的饲料消耗随着体重的增加而增加,而饲料报酬却随体重的增加急剧下降。综上所述,根据商品猪生产的模式,饲养的二元杂交及三元杂交猪以90～100千克体重屠宰时为最佳适宜时间。

表 6-7 不同体重时的日增重、饲料消耗和饲料报酬

活重/千克	日增重/克	日消耗混合料/千克	饲料报酬
10.0	383	0.95	2.50
22.5	544	1.45	2.61
45.0	762	2.40	3.30
67.0	816	3.00	3.78
90.0	816	3.50	4.17
110.0	816	3.75	4.61

八、饮水的影响

水是维持猪体生命不可缺少的物质,猪体内水分占 55%~65%。据观察,猪吃进 1 千克饲料需要水 2.5~3.0 千克,才能保证饲料的正常消化和代谢。因此,必须供给猪充足的清洁饮水。如果饮水不足,会引起猪食欲下降,采食量减少,导致猪生长速度降低,饲料利用率不高,脂肪沉积增加,甚至引起疾病。有人试验,当水料比为 8:1 时,猪在 50~90 千克阶段的日增重、料肉比、背膘厚为 721 克、3.31:1、3.17 厘米,而当水料比为 1.25:1 时,则依次为 635 克、3.83:1、3.68 厘米。

猪的饮水量很大,需水量随生理状态、环境温度、体重、饲料性质和采食量等而变化,一般在春秋季节其正常饮水量应为采食饲料风干重的 4 倍,约为体重的 10%,夏季约为 5 倍或体重的 23%,冬季也要供 2~3 倍或体重的 10% 左右的水。因此,应装备自动饮水设施,或单独设一水槽经常盛满清洁的水,让猪充分地自由饮水。

第二节　商品猪生产前的准备

一、猪舍的消毒

为防止疫病的发生，入猪前，对猪舍应彻底地消毒。旧猪舍先进行清扫，水泥地面的用水冲洗，然后对舍内外环境如走廊、地面、墙壁、围栏及用具、水槽、食槽等消毒。常用的消毒药品：如2％～3％的火碱水溶液喷雾消毒，然后将水槽和食槽用清水冲洗干净。若是土圈，应进行栏圈改造，地面用水泥硬化，有利于加强对猪的饲养管理。对能够密闭的圈舍，可采用熏蒸消毒的方法，常配制的浓度按每立方米用福尔马林25毫升，高锰酸钾25克，水12.5毫升。使用方法是：在密闭的圈舍中，将水和福尔马林先放置于大的瓷碗中进行混合，放在圈舍的中央，再将称好的高锰酸钾倒入，人迅速退出。消毒过程要经过12～24小时后打开通风。

二、仔猪的选购

能否提高经济效益，选购优良的仔猪是关键。针对目前人们对猪肉需求瘦肉率高的特点，从生长发育速度快的角度，选购三元杂交猪就比较理想，既能符合市场的需要，又能加快育肥速度，获得较高的经济效益。在选购时，体型是一个重要的方面，选购的标准为：

（1）背长。体躯长则增重快，膘薄，瘦肉多。

（2）前胸开阔，胸宽而深。这种猪采食量高，长得快。

（3）臀宽广，后躯丰满，臀部发达。说明长大后腿肉多，瘦肉率高。

（4）背线呈弓状。背弓腹不吊、体躯紧凑的猪膘薄，瘦肉多。

（5）头轻，口角较深，颈短而细。说明屠宰率高，可利用肉多。

（6）尾短。说明骨架大，发育好。骨大则快长，附着肌肉多。

（7）被毛纤细光亮，皮肤有弹性。这种猪健壮。

（8）四肢直立，细而坚实。一般认为，四肢矮而胖的仔猪是长不大的。

（9）体质结实健壮，精神活泼，食欲良好。

三、去势

我国各地饲养的条件不同，仔猪的去势的日龄也不相同。大多数在仔猪断奶的30～45天进行去势，这样在仔猪出售前就恢复了因去势造成的应激，出售后容易饲养。也有的采取入场后去势，在饲养一段时间后进行。去势的公猪分别比不去势的公猪增重提高10％，去势的母猪多产脂肪7.6％。

四、驱虫

驱虫对提高肉猪的增重影响较大，因为在哺乳期就感染了体内寄生虫。因此，在整个育肥期间可驱虫2次，第一次在断奶后进行，第二次在进行育肥前进行，常用丙硫苯咪唑等药物驱虫。

五、防疫

对每个饲养场（户）来讲，制定适宜的防疫程序是控制疫病的关键。必须按照当地的疫情流行情况和国家规定控制的疫病确定免疫程序，保证养猪生产的健康发育。

第三节　商品猪的育肥

随着人们生活水平的提高，对猪肉的需求也改为含蛋白质高的瘦肉型，脂肪型猪肉已不适应市场的需求。动物遗传学和营养学的研究也表明，每增重1千克脂肪比增重1千克瘦肉所消耗饲料要多。因此,脂肪型培育不再是养猪的方向,已转向发展瘦肉型。同时,我国加入WTO后,生产的猪肉已不能局限在国内,作为商品猪育肥生产要面对国际,国外的市场需求也是发展生产的方向。如西欧国家的腌肉型肥育,其基础品种是长白猪和大约克猪,饲料以大麦、麦类和马铃薯为主,采用定额给饲的方法;美国的鲜肉型肥育则以汉普夏、杜洛克猪为基础品种,饲料以玉米为主,采用自由采食方法;日本近年来由欧洲式肥育改为美式肥育,其肥育要点是:育肥到45千克采用仔猪料,45千克后用肥猪料,若为腌肉型育肥实行定额给饲,肉用型育肥则实行自由采食。

一、鲜肉型育肥

鲜肉型育肥采用一贯育肥法,多用于地方品种及杂交后代的育肥,肥育的结果是肉猪生长快,育肥期短,饲料利用率高,经济效益好,但胴体瘦肉率低,背膘较厚。

一贯育肥法是从仔猪断奶到育肥末期,按照猪在各个生长发育阶段的特点,采用不同的营养水平和饲喂技术,整个育肥期始终保持较高的营养水平,以获得较高的日增重。精料的搭配比例是随体重增加而逐渐增加,按照猪不同生理阶段的不同需要,其能量水平是步步登高,而蛋白质水平是前高后低,从而在最短的时间内使肥育猪达到上市体重,一般6~8月龄,体重达90~100千克可出售。

二、瘦肉型育肥

瘦肉型育肥采用"前高后低"的育肥方式,用于引进品种与地方品种杂交生产的二元杂交、三元杂交仔猪的育肥,育肥的结果是肉猪的胴体瘦肉率高,背膘较薄,胴体品质较好,只是在育肥后期肉猪生长速度稍慢。

"前高后低"的育肥方式,就是保持在一定蛋白质水平的前提下,通过划分育肥阶段和改变饲喂方式等途径,控制育肥期的能量水平,以提高肉猪的胴体瘦肉率。

(一)划分前、后期方式

育肥前期(20～60千克)饲粮消化能为12.13～12.97兆焦/千克,粗蛋白质15%～16%;育肥后期(60～90千克)饲粮消化能为11.3～12.55兆焦/千克,粗蛋白质13%～14%。自由采食或不限量按顿喂。

(二)划分前、中、后期方式

育肥阶段(20～35千克)饲粮消化能12.55～13.39兆焦/千克,粗蛋白质15%～16%;中期(35～60千克)饲粮消化能12.55～13.39兆焦/千克,粗蛋白质13%～14%;育肥后期(60～90千克)饲粮消化能11.72～12.97兆焦/千克,粗蛋白质11%～12%。

(三)改变饲喂方式

在肉猪体重达60千克之前,采用高能量高蛋白饲粮(每千克饲粮含消化能12.97兆焦,含粗蛋白质15%～16%),让猪自由采食或不限量按顿喂(食后稍有剩料),以促进增重和肌肉组织的充分生长。肉猪体重达60千克以后,适当限制采食量(饲粮同前期),让猪吃到它自由采食的七八成饱。这样,既对增重影响不会太大,又能减少脂肪的沉积,肉猪少吃10%的饲料,瘦肉率可提高1%～1.5%。

三、快速育肥适时出栏技术

在农村实行的散养模式中,制定一套快速育肥技术措施,有利于经济效益的提高,为逐步由小到大向规模化发展奠定基础。

(一)育肥仔猪的选择

首先选留三元杂优仔猪。这样的品种生长快,饲料报酬高,瘦肉率高,生猪销售容易,价格高。作为商品瘦肉型仔猪的基本要求是体高、身长。

(二)定期驱虫和防疫

每头育肥猪驱虫两次。即开始育肥时一次,体重达到 60 千克以后一次。驱虫用左旋咪唑。同时,在进入育肥时进行一次猪瘟、猪丹毒、猪肺疫三联苗防疫。

(三)创造适宜的育肥环境

猪圈要保持冬暖夏凉。推广栏圈改造技术,将旧式圈坑敞开式栏圈,改为水泥地面,冬季盖塑料薄膜,夏季搭凉棚。要求对猪圈每天进行清扫,给猪创造一个良好的生活生长环境。这样改造在严寒的冬季圈温达 6℃以上,同时还提高了栏圈的利用率,由原来每批养 2～3 头可增加到 6～8 头,由年出栏二批可增加到 3～4 批,效果显著。

(四)饲喂全价配合饲料

一是适当的营养标准,低纤维素,断奶至 30 千克为前期,饲料粗蛋白 19.6%,消化能 3.08 兆卡。30～60 千克为中期,饲料粗蛋白 18%,消化能 3.1 兆卡,60 千克至出栏为后期,粗蛋白 15%,消化能 3.12 兆卡。二是每天给料 4 次,自由采食,供给充足的饮水。

(五)适时出栏

实践证明,推广出栏体重为 100～110 千克。此时机出栏瘦肉率高,饲料报酬高,经济效益可观。

第四节　无公害商品猪生产

为预防和控制疫病的发生,必然带来对猪用药的增多,使用的药物在猪肉产品中将造成一定的残留,直接影响着人们的身体健康,动物食品的安全已越来越多地引起了人们的关注。动物安全产品按其内在含义及标准,可分为四类。

第一类即"放心肉",是最初级的安全动物产品。产品要求,人们食用后不会发生中毒事件及人畜共患疫病。

第二类即无公害动物产品。要求符合国家省级农业质量系列标准，并经过省无公害农产品认证机构认证。有毒有害物质残留量控制在允许范围内。

第三类即"绿色动物产品"。要求按农业部制定的"绿色"标准体系生产的"优质营养"类动物产品。生产标准包括产地环境质量标准、生产技术标准、产品质量标准及包装贮运标准四个方面。绿色动物产品又分 A 级和 AA 级两个标准。A 级标准要求达到欧美发达国家先进水平，可与国际有机食品接轨。AA 级标准要求符合国际有机农业运动联盟（IFOAM）标准。

第四类即有机食品。要求生产过程完全不使用人工合成的农药（兽药）、肥料、生长调节剂，利用天然资源、无污染的自然生态环境生产的食品（包括动物产品）。

在当前阶段，无公害猪肉产品生产是今后商品猪生产工作的重点。无公害猪肉产品是指产地环境、生产过程和产品质量符合国家有关标准和规范的要求，经认证合格获得认证证书并允许使用无公害农产品标志的未经加工或者初加工的食用农产品。生产无公害猪肉是一个系统工程，它是从生产基地到肉食市场的链式猪肉食品安全全程监控的生产体系。今后育肥猪生产的发展方向就是逐步推行企业加农民专业合作社联农户的经营模式，即围绕龙头企业发展养猪专业合作社，带动农户，养猪专业合作社作为龙头企业的一个生产车间，按照市场需求组织标准化生产，在养猪专业合作社内统一实行技术服务、统一饲料供应、统一防疫，实现"全进全出"的饲养模式。这样不仅解决了千家万户饲养中难于管理的问题，而且保证了猪肉产品的安全。

一、无公害猪肉的标准

生产无公害猪肉，必须了解无公害猪肉的标准。根据农业部制定的行业标准（NY 5029—2001），主要内容如下：

(一)感官指标

项目	指标
色泽	红色,有光泽,无淤血,脂肪乳白色
组织状态	坚韧,有弹性,指压后凹陷立即恢复
黏度	外表微干或微湿润,不黏手
气味	有鲜猪肉正常气味,无异味
煮沸后肉汤	澄清透明,脂肪团聚于表面
肉眼可见杂质	无

(二)理化指标

项　目	指标(毫克/千克)
挥发性盐氮	$\leqslant 15$
汞(以 Hg 计)	$\leqslant 0.05$
铅(以 Pb 计)	$\leqslant 0.5$
砷(以总 As 计)	$\leqslant 0.5$
镉(以 Cd 计)	$\leqslant 0.1$
铬(以 Cr 计)	$\leqslant 1.0$
解冻失水率(%)	$\leqslant 8$
金霉素	$\leqslant 0.1$
六六六(以脂肪计)	$\leqslant 4.0$
滴滴涕(以脂肪计)	$\leqslant 2.0$
敌敌畏	0
β-兴奋剂	0
土霉素	$\leqslant 0.1$
磺胺类	$\leqslant 0.1$
伊维菌素	$\leqslant 0.02$
氯霉素	0

(三)微生物指标

项　目	指标
菌落总数 CFU/克	$\leqslant 5\times 10^{6}$
大肠菌群 MPN/100 克	$\leqslant 1\times 10^{4}$
沙门氏菌	0

二、无公害商品猪生产

(一)商品猪场的选址

(1)场址环境应符合国家质量监督检验检疫总局发布的《农产品安全质量无公害畜禽肉产地环境要求》的要求。

(2)场址应符合当地畜牧主管部门制定的规划布局要求,符合当地土地利用发展规划和村镇发展规划要求。

(3)场址应地势高燥、平坦,交通便利,水源可靠。

(4)养猪场应远离交通要道、公共场所、居民区、学校、医院和污染区。

(5)养猪场应选在无疫区内。

(二)商品猪场的设施设备

(1)养猪场必须严格执行生产区与生活区相隔离的原则。人员、动物和物资运转应采取单一流向,防止污染和疫病传播。

(2)猪舍及其设备对猪无害,且易于清洗和消毒。

(3)隔离、加温和通风设施必须保证空气流通、防尘、保温,空气相对湿度适宜,有害气体浓度不得超标,以防对猪造成伤害。

(4)猪舍必须具有适宜的光照设施,在自然光照不足时,以补充人工光照,光线必须有足够的强度。

(5)猪舍地面应坚固、平整和舒适,猪只躺卧区必须清洁舒适,易于排水,但不能对猪造成伤害。猪舍垫草必须洁净、干燥、无毒且经常消毒。

（6）猪只饲喂和饮水设备必须设计建造合理，材料坚固、无毒无害，且易于清洗、消毒。

（7）养猪场应备有健全的消毒设施，防止疫病传播，对猪场设施设备定期清洗、消毒。

（8）养猪场应具备对害虫如昆虫和啮齿动物等的防护设施。

（9）养猪场必须具有有效的粪便和污水处理系统。排污应符合《恶臭污染物排放标准》的要求。

（10）猪场粪便处理应符合《粪便无害化卫生标准》的要求。

（三）饲养管理

1. 工作人员应定期检查，不得患有任何人畜共患病　工作人员必须穿工作服，非生产人员应"谢绝参观"。特殊条件下，非生产人员可穿防护服入场参观。

2. 引进猪只条件　不采取自繁自养的猪场从外面引进猪只时，应符合以下要求：

（1）猪装运之日无疫病症状。

（2）运输车辆应做过彻底清洗消毒。

（3）运前 30 天内没有发生过国家发布的一、二、三类传染病。

（4）畜主必须附带官方兽医或动物检疫员签发的检疫证明和非疫区证明。

（5）引进的猪必须隔离观察 15 天以上，确认无疫病后方可混群饲养。

3. 饲料与饮水

（1）养猪场内人畜用水符合《生活饮用水卫生标准》的要求。

（2）养猪场所用饲料卫生指标符合《饲料卫生标准》的要求。养猪场所用饲料质量应符合相关国家标准和行业标准。

（3）养猪场使用饲料添加剂或自配饲料时，使用的添加剂应符合农业部农牧发 105 号和 20 号文件规定，严禁使用国家明令禁止的添加剂。

4.饲养密度　任何养猪场,对于群养的育成猪和断奶仔猪,其饲养密度应保证动物自由平躺、休息和站立,每头猪所占面积至少为0.6平方米。见表6-8。

表6-8　猪饲养密度

平均体重/千克	每头猪应占面积/平方米
10 以下	0.15
10～20	0.2
20～30	0.3
30～50	0.4
50～85	0.55
85～110	0.65
110 以上	1

(1)饲喂卫生。猪只的饲料要根据其年龄、体重、行为和生理需求,保证其健康生长,维持其正常机能。对两周龄以上的猪只必须提供足够的清洁饮水。

(2)种公猪。除本标准条件外,其圈舍在选址和构造上应保证其自由运动,并使种公猪能够听、嗅和看到其他猪只,其休息场所必须洁净,躺卧区干燥舒适。

(3)妊娠母猪和分娩母猪。除本标准其他要求外,还应达到以下要求。

①必要时,在兽医指导下进行体内、外寄生虫驱虫。

②躺卧必须清洁舒适,且易于排水。

③为便于自然分娩或辅助分娩,圈舍必须有足够的面积,有利于分娩。

(4)断奶仔猪和生长育成猪:仔猪断奶后必须尽快合理分群,群体应尽可能小,商品猪应坚持"全进全出"的饲养原则。

（四）防疫

（1）养猪场常规监测疫病的种类包括：口蹄疫、猪水泡病、猪瘟、非洲猪瘟、肠病毒性脑髓炎、猪伪狂犬病、结核病、猪繁殖与呼吸道综合征和布鲁氏杆菌病。

（2）上述疫病的监测应定期进行，并向当地防疫监督管理机构和官方兽医提供连续性监测信息。

（3）养猪场发生传染病或疑似传染病时，应及时通知当地动物防疫监督管理机构和官方兽医进行诊断或由官方兽医采集样品送指定实验室进行诊断。

（4）经确诊发生口蹄疫、猪水泡病、猪瘟、非洲猪瘟、肠病毒性脑髓炎时，养猪场应配合当地动物防疫监督机构和官方兽医，对猪群实施严格的扑杀措施，并随后对猪场进行彻底清洗消毒。

（5）经确诊发生猪伪狂犬病、结核病、猪繁殖与呼吸道综合征和布鲁氏杆菌病时，应按照国家畜牧兽医行政主管部门的要求，对猪群实施清群和净化措施。

（6）经确诊发生普通疾病时，应用药物进行治疗，所用药物应符合农业部《食品动物禁用的兽药及其他化合物清单》的要求。

（7）发生疫病死亡的猪只，按照《畜禽病害肉尸及其产品无害化处理规程》的规定进行无害化处理，消毒按《畜禽产品消毒规范》的规定进行。

（8）药物控制。

①养猪场应按国家畜牧兽医行政主管部门制定的《中华人民共和国动物及动物源性食品中残留物质临近计划》，做好残留控制工作。

②养猪场应由官方兽医定期采集水、饲料等样品送指定实验室进行监测。

③动物出售后，由官方兽医从屠宰厂采集样品送指定实验室进行监测，各项指标应符合农业部1999年农牧发17号文件规定。

(9)资料记录。

①认真做好日常生产记录,记录内容包括引种、配种、产仔、哺乳、断奶、转群、饲料消耗等。

②种猪要有来源、特征、主要生产性能记录。

③做好饲料来源、配方及各种添加剂使用情况的记录。

④兽医人员应做好免疫、用药、发病和治疗情况记录。

⑤每批出场的猪应有出场猪号、销售地记录,以备查询。

⑥资料应尽可能长期保存,最少保留 2 年。

(五)消毒

(1)消毒剂要选择对人和猪安全,没有残留毒性,对设备没有破坏,不会在猪体内产生有害积累的消毒剂。

(2)猪场门口、猪舍门口、生产区门口应设立消毒池,进出人员、车辆应经消毒池消毒,并定期更换消毒液。

(3)猪场生产区、生活区、办公区、污物处理区应定期清扫并消毒。

(4)猪舍、设施、设备应定期清洗并消毒。

(六)商品猪出售

(1)商品猪出售前 3 日内,应报告官方兽医或检疫员到场进行检疫,并由官方兽医或检疫员出具《县内动物检疫合格证明》和《出县境动物检疫合格证明》。

(2)商品猪装车前后,应对运输车辆和动物进行消毒,动物消毒应符合《畜禽产品消毒规范》的要求,并由官方兽医出具《动物及动物产品运载工具消毒合格证明》。

(3)运输途中,不应在疫区、城镇和集市停留、饮水和饲喂。

第五节　提高瘦肉率的途径

饲养商品猪的目的在于向市场提供猪肉产品,随着人民生活水平的提高,人们偏向吃瘦肉多的猪肉。从国际市场看,参与竞争也必须提供瘦肉率高的产品。因此,饲养瘦肉型商品猪是取得养猪经济效益的途径。目前,一些养猪先进的国家,肉猪的胴体瘦肉率较高,多为55%～65%,而我国的肉猪胴体瘦肉率则为40%～50%,远不能适应国内外市场的需求。研究与实践证明,瘦肉型肉猪具有较强的沉积蛋白质的能力和较高的饲料转换率。因此,发展瘦肉猪生产,能提高肉猪的饲料转换率和瘦肉率,从而提高养猪生产的经济效益。

肉猪胴体瘦肉率的高低,受多种因素制约,必须采取综合措施,才能提高肉猪的胴体瘦肉率,增加瘦肉的产量。

一、引进良种

引进瘦肉率高的品种是快速提高瘦肉率的有效措施。由于猪的胴体瘦肉率的遗传力较高,因此,选择胴体瘦肉率高的父本和母本,其后代胴体瘦肉率也高。但是在猪的活体上无法测得其胴体瘦肉率的高低,选种比较困难。一般来说,膘厚的猪,胴体瘦肉率就低,胴体脂肪含量就高。膘薄的猪,其胴体瘦肉率就高,胴体脂肪含量就少。因此,通过对猪体膘厚进行测定(如活体测膘)和选择,就可以达到提高其后代胴体瘦肉率的目的。

二、正确地开展杂交

正确地开展杂交是提高肉猪胴体瘦肉率的有效途径。我国地方猪种分布广,数量多,多数是经济杂交的理想母本,但其瘦肉率较低,又不可能完全用现代瘦肉型肉猪来取代。通过实验证明,用杂交手段提高肉猪瘦肉率是行之有效的。

一般两品种杂交的后代只含1/2的外血,其胴体瘦肉率介于父母本之间。地方猪种作母本的杂交组合,其选择杂交的父本瘦肉率越高,则产生的杂交猪胴体瘦肉率亦越高。因此,选择父本时,应选择那些瘦肉率高的品种,如长白猪、大约克夏猪、杜洛克猪、汉普夏猪等。据辽宁省畜牧研究所报道,辽宁本地黑猪瘦肉率为 48.7%,杜洛克猪瘦肉率为 63.04%,"杜本"杂交一代肉猪瘦肉率为 54.40%,杂种肉猪胴体瘦肉率比纯种母本猪提高了 5.62 个百分点。进行三品种杂交可采用两种方式,一种是以引进的国外品种作母本,先后用繁殖性能较好和瘦肉率较高的国外引进瘦肉型品种猪作第一和第二父本,进行生产性杂交,其胴体瘦肉率可达 65%以上。这种生产方式称为"外三元"杂交。另一种是以我国地方猪种为母本,用繁殖性能较好的国外引进瘦肉型品种作第一父本与之杂交,所得到的一代杂种母猪留种,再用瘦肉率较高的国外引进瘦肉型品种作第二父本进行杂交,产生的后代肉猪就可以达到胴体瘦肉率 55%的指标。这种杂交方式称为"内三元"杂交。山东省利用莱芜猪为母本,大约克猪和汉普夏猪先后作第一和二父本,进行"内三元"杂交,产生的三品种杂交猪,胴体瘦肉率达 61.48%以上。

三、控制营养水平

猪体的各组成部分,如骨骼、皮肤、肌肉和脂肪等,在不同年龄和生长发育阶段,其生长速度是不一样的。在小猪阶段,骨骼是生长的重点;随着年龄的增长和体重的增加,骨骼的生长逐渐减慢,肌肉生长转为重点;50 千克以后,脂肪生长速度超过肌肉生长速度,脂肪成为生长的重点。因此,在肉猪饲养中,根据其体脂肪及体蛋白沉积规律,只要保证一定水平的粗蛋白质供给,控制能量水平,采取限食等方法,就可以提高胴体瘦肉率。一般来说,肉猪在整个肥育期饲粮的能量水平保持在一定水平,瘦肉量的增长取决于饲粮中蛋白质和氨基酸的水平。据试验,饲粮中的蛋白质水平从 13%提高到 17%,瘦肉率则提高 6.6 个百分点。又据报道,用 20~90 千克的生长肥育猪进行试验,在能量水平相同的情况下,饲喂蛋白质水平不同的饲粮,结果粗蛋白质水平在 17.7%～21.3%增重最高,同时获得膘薄、瘦肉率高的胴体。如果蛋白质水平过高,会加大养猪成本。

猪对蛋白质的需要实质上是对氨基酸的需要。必需氨基酸含量丰富,而且配比恰当的蛋白质才是能被猪充分利用的全价蛋白质。据试验,第一组为高蛋白组,粗蛋白质含量为 17%,则瘦肉率为 46.8%。第二组为低蛋白组,粗蛋白质含量为 14%。而第二组加了赖氨酸,则瘦肉率提高了 2.9 个百分点。可见,改善肉猪饲粮的氨基酸水平,是提高胴体瘦肉率的有效途径之一。

在育肥方法上可以采用"前高后低"的育肥方式。从断奶到育肥结束,始终采取较高的营养水平,精料搭配比例是随日龄和体重的增长而逐渐增加,按照猪在不同生理阶段的不同需要,其能量水平逐步提高而蛋白质水平是前高后低。这种方式饲养的猪增重快,肥育期短,周转快,出栏率高,饲料利用率高,经济效益好,但胴体背膘较厚,瘦肉率不高。

为提高育肥猪的瘦肉率,在瘦肉猪饲养技术中,育肥前期自由采食,育肥后期限量饲喂,已得到世界所公认。试验研究证明,瘦肉型猪体重在 20～60 千克阶段,体内蛋白质沉积速度较快,体重 60～90 千克阶段蛋白质沉积速度变慢,而脂肪增长速度则相反,体重 20～60 千克阶段,体脂肪沉积速度慢,当体重 60～90 千克阶段,体脂肪沉积速度显著增快。可见,瘦肉型猪在体重 50～60 千克阶段,是肌肉和脂肪沉积的转折点。为了获得高的日增重和饲料利用率,同时又能得到瘦肉率高的胴体,应该在肥育前期,就是在体重 50～60 千克以前,给予高能量、高蛋白的日粮,尽快使猪多长瘦肉,并能得到高的日增重和饲料利用率;而在体重 50～60 千克以后,在不影响日增重的情况下,适当限制日粮能量水平,这样才能控制脂肪大量沉积,获得瘦肉率高的胴体。在生产中,可采用前敞后限的饲养方式,就是在体重 60 千克以前,让猪自由采食,或者不限量按顿饲喂,以促进增重和肌肉充分生长;体重 60 千克以后,限量饲喂,让猪吃到自由采食量的 80%～85%,即让它吃到它所能采食量的八成左右,这样既不影响增重,又能减少体脂肪的沉积量。据研究,商品瘦肉猪每少吃 10% 的饲料,瘦肉率可提高1%～1.5%。

限量饲喂的另一种方法,是在日粮中适当增加青粗饲料的比例以降低能量浓度,让猪自由采食或不限量按顿饲喂。由于日粮能量浓度降低,猪的胃肠容积有限,即使自由采食,每日进食的总能量也会减少,可以达到限食、提高瘦肉率的目的。有人试验,限饲 25%,增重比自由采食低 14.3%,每千克增重少耗料 12.5%,背膘比自由采食组显著地薄。中国农科院畜牧所用长白×北京黑猪杂交组合试验,第一次自由采食,瘦肉率仅 46%;第二次试验时,公猪去势,母猪不去势,实行限量饲喂,全期减量 18%,瘦肉率达 53%;第三次试验时 60～90 千克阶段,在第二次减料 18% 的基础上再减 10%,结果瘦肉率达 55%。可见,改变我国传统肥育法,实行科学饲养法,调节营养,控制能量,可减少脂肪沉积,达到提高胴体瘦肉率的目的。

限量饲喂要有一个限度,不然猪就会因长时间吃不饱和饲料中的热量不足而慢慢消瘦,不仅不长肉,甚至会影响猪的健康,合理地限制饲料中的热量,能满足猪维持基本生命活动需要的热量和生长瘦肉需要的能量,这样才能保持猪的健康,多长瘦肉。

四、创造适宜的环境条件

(一)温度

环境温度过高或过低对肉猪蛋白质的沉积都不利,都会降低肉猪的瘦肉率。体蛋白质的沉积主要标志是猪体内氮的沉积量。通过试验证明,在不限量的饲喂条件下,高温与低温对氮的沉积量都有不良影响。氮的沉积量减少,则会降低肉猪体内瘦肉的生长量,从而降低肉猪的瘦肉率。因此,应该为肉猪创造一个适宜的圈舍温度条件。据报道,一般肉猪舍内温度在 18～23℃时,有利于蛋白质的沉积,能促进肉猪瘦肉率的提高。

(二)光照

对肥育猪来说,强光照射,机体氧化过程加强,体内脂肪沉积少,瘦肉较多;光照不足时,氧化过程减少,体内脂肪沉积较多。有人测定,光照 6～8 小时,猪体内脂肪沉积比光照 14～15 小时的多 10%～15%;在黑暗中育肥的猪,饲料利用率提高 8.2%,屠宰率提高 4%,胴体脂肪含量高。光照饲养可使胴体瘦肉率较暗舍饲养增加 16%～30%,暗舍饲养可使胴体脂肪增加 20%～30%。可见,光照对猪体脂肪的沉积有减缓作用,暗光可促进体脂肪增长,温热光照可促进体内蛋白质的沉积,有利于瘦肉的生长。因此,增加光照能提高胴体的瘦肉率。但注意光照强度不要过强,控制在 40～50 勒克斯,不能超过 120 勒克斯。

五、适当提早屠宰

长期以来,由于人们生活水平低,常食用含脂肪较多的肥肉,为此人们追求养大肥猪。养大肥猪到底有何不好呢?归纳起来说,一是增重减慢;二是胴体瘦肉率下降;三是饲料利用率降低;四是销售价格也低。

对于增重来说,体重在 10.0～67.5 千克时,日增重是随体重的增长而上升的。体重在 67.5～110.0 千克的范围内,日增重并不是随体重增加而上升,而是维持一定水平,如继续饲养下去,日增重反而会下降,而且增加的体重主要是脂肪。

由于在不同生长发育阶段,骨骼、肌肉和脂肪生长的阶段性和不均衡性,猪在不同体重阶段,其规律是体重越小,出肉率越少,瘦肉率越高;体重越大,屠宰率越高,出肉率越多,脂肪量也越多,而瘦肉率则越低。因此,为了追求出肉率而养大猪,是很不经济的。

但是,屠宰体重过小,猪的瘦肉率和饲料利用率虽较高,然而从整体来看(包括公猪、母猪吃的饲料都摊在肉猪身上),饲料消耗会增加;屠宰体重过小,每千克活重分摊的仔猪费用就更大,育肥成本提高,并且产肉量减少,故同样是不经济的。为了提高养猪经济效益,必须控制育肥猪的适宜屠宰体重,以获得增重速度快、耗料最少、胴体品质好、出肉量最多的最佳经济效益。

同一杂交组合,在同样的饲养条件下,屠宰体重不同,肉猪的胴体瘦肉率也不同。即屠宰体重越大,胴体瘦肉率越低。据报道,苏白猪与东北民猪杂交的后代,体重 125 千克时屠宰,胴体瘦肉率为 46.3%,而适当提早到体重 100 千克时屠宰,其胴体瘦肉率则为 50%。因此,在不影响肉猪增重效果的前提下,适当提早屠宰,可以提高肉猪的胴体瘦肉率。因此,确定肉猪适宜的屠宰体重,既要考虑瘦肉率高,又要兼顾获得较高的屠宰率、增重速度和饲料转换率等综合因素。各地可以结合当地肉猪品种的特点,综合考虑确定其适宜的屠宰体重。由于品种类型不同,经济杂交组合方式不一,体型大小和饲养条件不同,适宜的屠宰时期和体重是不同的。我国地方猪种体型较小,多属早熟脂肪型品种,适宜的屠宰体重一般在 70～80 千克;国内培育的新品种,或本地猪作母本,与外来品种杂交的二元、三元杂交猪多属兼用型,适宜屠宰体重为80～90 千克;大型瘦肉型猪和它们之间的杂交猪,属晚熟品种,一般育肥 6 月龄、体重达 90～100 千克屠宰较为适宜。

第六节　提高出栏率的综合措施

出栏率高低是衡量肉猪增重速度与饲养期长短的一个重要指标,也是反映养猪水平高低的标志。我国是养猪生产的大国,2000 年猪肉产量 4 031.4 万吨,占世界总产量的 48.8%,出口猪肉产量仅为3%。虽然产量很高,但肉猪的出栏率很低。我国出栏的肉猪平均胴体重 76 千克,低于世界平均水平 2 千克,平均胴体瘦肉率也较低,再加上食品安全方面的问题,不仅造成了出口的肉猪数量少,而且由于脂肪含量高而降低了收入。因此,采取综合措施提高我国肉猪的出栏率势在必行。

一、出栏率的概念

所谓肉猪出栏率是指年内出栏肉猪头数占上年末或今年初存栏猪头数的百分比。它是反映母猪年生产力、肉猪产肉力和经济效益的综合指标,也是反映商品肉猪群周转快慢的重要指标。

$$肉猪出栏率 = \frac{年内出栏肉猪头数}{上年末或今年初存栏猪头数} \times 100\%$$

二、提高出栏率的综合措施

我国猪存栏数高,出栏率低,这是影响养猪经济效益的重要因素,从而也反映出我国的肉猪生长缓慢、饲养期长、维持需要饲料消耗多,胴体瘦肉率、设备利用率和经济效益均低。因此,必须采取综合措施来提高出栏率。

(1)提高母猪的年产仔数。必须加强种公猪的饲养管理,提高精液品质,推广人工授精技术。对空怀母猪及妊娠母猪要加强饲养管理,适时配种,增加母猪的年产仔窝数,这样就可以提供大量的仔猪。

(2)正确开展杂交。采用优良的杂交组合,搞好仔猪培育。努力提高仔猪断奶窝重和断奶个体重,为肉猪生产提供优良的杂种仔猪。大量实验证实,采用二元杂交猪饲养商品猪,可比纯种猪提高日增重 15%～20%,三元杂交猪比纯种猪提高 25% 左右。目前国内多采用长白和大白的杂交母猪与杜洛克或皮特兰的公猪交配,从而获得最佳的三元组合。

（3）做好育肥前的准备和疾病预防工作。减少肉猪疾病发生率和死亡率。合理配合饲粮，满足肉猪生长发育的营养需要，充分发挥增重潜力。适时进行消毒防疫和驱虫，对生长肥育猪要严格按照科学的卫生防疫程序进行猪瘟、猪丹毒、猪肺疫等病的疫苗注射和药物驱虫工作，以确保健康和实现养猪高效益。

（4）控制育肥后期肉猪饲粮中的能量水平。采取限食的方法，降低胴体脂肪含量，适时出栏，最大程度地提高屠宰率和胴体瘦肉率。

（5）供给充足洁净的饮水。一般体重越大、喂料越干、气温越高，饮水量越多。同时饮水槽必须要洁净，只有这样，才能保证肥育猪有旺盛的代谢能力。

（6）饲喂要科学。饲喂时间、次数要根据猪的不同生长阶段来确定，一般仔猪日喂5~6次，中猪4~5次，大猪3次。

（7）合理的饲养密度。一般以每头商品猪占0.8~1.0平方米为宜。3~4月龄每头需0.6平方米，4~6月龄每头需0.8平方米，7~8月龄每头需1平方米。夏季每头一般占1.1~1.2平方米，冬季占0.91平方米。

（8）实行同窝原圈饲养。减少应激可提高日增重7%~8%，能缩短育肥出栏期20~30天。

（9）实行早去势。去势日龄越早，对仔猪造成的应激影响越小。在养猪生产中，一般宜在20~25日龄。根据试验结果，此日龄比60日龄断奶后再去势的仔猪，可提高日增重5%~6%，缩短出栏时间15~20天。

采取以上措施，就可以在较短的时间内，生产出大量肉猪，从而提高肉猪的出栏率。降低养猪成本，提高养猪生产的经济效益。

第七节　集约化养猪技术

集约化养猪技术是我国养猪技术的发展方向,与传统的养猪技术相比,可提高劳动生产力,提高母猪年生产力,减少母猪数,提高产仔数,缩短肉猪饲养期,提高饲料利用率。规模化养猪不仅是养猪数量的增加,而且在饲养方式与饲养技术上亦要进行许多改进,它包括下列几方面内容。

一、实行"分阶段饲养"

集约化养猪要求把猪舍分为:待配舍、分娩舍、保育舍、育肥舍。母猪、仔猪、肉猪在这些猪舍流转,犹如工厂化生产,对不同猪舍根据不同类型猪的生理需要提出不同的设计要求。如分娩舍、保育舍,则要求冬天保暖夏季降温等技术设施。在营养需要上,将猪的生长划分为更多的饲养阶段,采用不同的饲料配方进行饲养。

二、实行早期断奶技术

改传统的仔猪 60 日龄或 45 日龄断奶为 35 日龄或 28 日龄断奶,更早的为 21 日龄断奶。使母猪年产 2.1～2.2 窝,提高母猪年生产力。每头母猪年提供上市肉猪可达到 24～26 头。

三、饲喂早期断奶仔猪饲料

应用现代饲料与营养的先进技术,配制早期或超早期断奶仔猪饲料,使 35 日龄仔猪断奶平均体重达到 7.5 千克以上,70 日龄保育仔猪体重达到 23 千克以上。

四、缩短肉猪饲养期

使肉猪在 25～90 千克体重阶段的饲养期在 100～120 天,达

100 千克体重日龄为 170～180 天。肉猪舍一年可出栏 3 批猪,大大提高劳动生产力,使一个饲养员年产值可提高为 1 000 头肉猪。

五、实行隔离技术

采用隔离早期断奶系统就是当母猪的保护性母源抗体仍然处于高水平时,早期断奶可以避免疾病由大猪传给小猪的垂直传播。断奶日龄越早,仔猪感染的病越少,最常见的断奶日龄为 14～16 天。再就是将母猪场、保育仔猪场、肥猪场三者通过距离分开,相距 250 米至 10 千米。这样可防止母猪、仔猪、肉猪的交叉感染,建立起健康猪群。

六、商品仔猪、育肥猪实行全进全出

采用全进全出的饲养方式可减少猪只的发病率,但应与彻底清扫和避免猪群与猪群之间的设备交叉感染相结合。

第八节　商品猪饲养模式

饲养商品猪就是获得经济效益,而效益取决于猪粮比价。猪粮比价是指同一市场、同一时间内生猪单位重量价格与粮食价格之间的比例。由于我国猪饲料中的玉米占到 60%～70%,往往以玉米原料作比较。从目前市场看,生猪价格与玉米的比价不能低于 6:1,养猪才能有效益。猪粮比价低于 5.5:1 国家将进行市场调控。因此根据市场价格变动和自身条件确定饲养模式成为获得效益的关键。

一、专业饲养育肥猪模式

这种类型是指养猪专业户到仔猪专业市场或专业生产仔猪的猪场购买断奶后的仔猪进行育肥,直到 90～100 千克出栏销售。

该类型的主要优点有：

(1)经营方式简单。这种方式很容易饲养，而且可根据市场行情的波动，随时上马或下马。如果能摸准市场脉搏，不但可赚取养猪本身的利润，还可赚取差价。

(2)猪舍结构相对简单。设备要求较简单，能快速上马。

(3)饲养周期短。资金周转快，从投入到产出最多3～4个月。

(4)投入资金少。固定资金投入少，栏舍周转快，每个栏舍每年最少可饲养3批。

二、生产和销售断奶仔猪模式

这种类型是指专业饲养母猪生产仔猪，待仔猪断奶后饲养到一定体重后销售给育肥猪饲养户，而一旦仔猪市场价格下降，就不再销售仔猪，而转向育肥猪生产，市场好时就出售，直至育肥出售。该类型的主要优点有：

(1)流动资金投入较少。

(2)资金后期周转快。开始周转慢，一旦种猪投入正常生产之后，资金周转就较快。

(3)工作量小。每头猪的采食和排泄都较少，每天投入喂料和清粪的体力相对较少。

(4)猪群相对稳定。种猪群一旦固定，就很少到场外购猪，从外界带入疫病的几率减少，因而能保证猪场良好的健康状态。

(5)随时改变饲养方式。仔猪转向育肥猪生产，可避开市场的低峰，增加经济效益。

三、专业育肥仔猪模式

这种类型是指养猪户掌握了成熟的仔猪饲养技术，利用仔猪不同生长阶段的配合饲料，从养母猪户专门购买断奶仔猪，饲养到40～50千克出售。该类型的优点是：一边饲养，一边根据仔猪市场的行情,利润高时就销售,经济效益高,是仔猪产区的一种重要模式。

四、全程饲养模式

这种类型是指养猪专业户从种猪生产、仔猪培育、肉猪育肥直到 90～100 千克出栏销售的整个生产、经营、管理过程。该类型的主要优点有:

(1)减少疫病传入。从场外购猪的几率小,因购猪带入疾病的几率减少,猪场健康有保障。

(2)效益高。可获得仔猪和育肥猪两部分收益,因而每头猪利润高。

(3)自繁自养,均衡生产

五、种猪饲养模式

这也是一种全程饲养类型,其目的是生产种猪并出售给其他的养猪者。饲养的种猪既可以是纯种,也可是杂交的。这是一种非常专业化的饲养类型。特别是饲养者在育肥技术、种猪系谱和品系发展等方面需要有较好的把握。该类型的主要优点有:

(1)种猪售价高。优良品种能卖出很高的价格,因而利润较高。

(2)具有全程饲养的所有优点。

如果猪舍使用期较短,或养猪是临时行为,或能较好把握市场行情的,可选择第一种养猪类型。如果饲养者的专业知识和技术优势倾向于饲养母猪和仔猪,可选择第二种养猪类型。在仔猪销售区可选择第三种类型。第四种养猪类型虽然要求掌握较全面的养猪技术和资金投入相对较大,但受市场波动的影响和受外来疾病感染的风险相对较小,养猪收益相对较稳定。如果具有育种技术,有较强的市场意识,有较大的销售网络。第五种类型是获利最丰厚的一种,也是当前农村发展较多的模式。

第九节　福利养猪

一、福利养猪的含义

　　所谓福利养猪,就是让猪在饲养、运输、宰杀过程中,确保其有不受饥渴的自由,有不受痛苦伤害和疾病威胁的自由,有生活无恐惧的自由,享受舒适的和表达天性的自由。不因它们是动物,而人为虐待或加害,按照人道的原则,创造各种条件满足其生存的需要(足够的食物、饮水,适宜的温度、湿度,清新的空气,符合习性要求的饲喂、管理方法等);管理猪时,要善待而不加害,体恤而不粗暴,做到人与猪的"亲和",使猪生存舒适;在宰杀时尽量减轻它们的痛苦。

二、福利养猪的基本要求

　　1. 给猪创造一个良好的生活生产环境　主要指各种设施的科学合理安排,这也是当前部分猪场普遍存在的一个问题。很多猪场外环境差,夏季蚊虫多,臭气难闻,空气质量差,各栋舍之间没有绿化带,安全间隔不够,或一些绿化带没有起到净化空气、改善小气候的作用。还有一些猪场建设不科学,使得卫生状况差。有些设施本身就对猪造成损伤,如地面凹凸不平。有些产床保育舍易损伤母猪或小猪的脚和乳头,严重影响猪只的生产。

　　2. 饮水要清洁,饲料要新鲜　水温不能太低或太高,有些猪场夏天的饮水温度达到45℃以上猪只根本不喝或饮水少,还有饮水器的水速问题,有的猪场夏天水压严重不足,而导致猪饮水减少等。饲料要求新鲜,原料无杂质,粉碎度要合适,原料无杂质、不发霉,使猪采食新鲜的饲料。

　　3. 给猪创造一个舒适、干燥、清洁的内环境　有些猪场为节约投资,猪舍简易,采用高密度饲养,造成猪舍冬季不保温,复季不防暑降温,空气浑浊,猪只扎堆,卫生差,很容易诱发和导致各种疾病发生,严重影响其生产性能。

4. 不能粗暴对待猪只　要给猪创造一个稳定的环境。

5. 自动喂料箱下边要加料槽　很多猪场采用自动喂料箱,多数料箱下槽子很小,猪要把头伸进箱子里边才能吃到料,这样猪很憋气,容易引发呼吸道疾病。如果自动料槽下边有一个托盘,料到托盘内,猪就容易采食。

6. 给猪栏内放些供猪玩耍的东西　猪喜欢磨牙,如果猪舍内什么玩具也没有,就互相咬,其实只要在中间挂条铁链或可以拱的东西,就好多了。

7. 有定期的药物保健和预防以及合理的免疫程序　使猪群保持一个良好的健康水平,一些疾病采取口服给药,同时加服葡萄糖、维生素等,就是为了给猪创造一个有利于康复的环境,减少打针引起的不必要的应激,创造一个相对稳定的环境。

思考题

1. 影响商品猪育肥有哪几方面的因素?

2. 简述快速育肥适时出栏技术。

3. 什么是无公害猪肉?

4. 怎样提高瘦肉率?

5. 什么是福利养猪?

第七章　自然养猪法技术

本章的重点是垫料池建设及发酵垫料的制作,全面系统地掌握从猪场的选址到猪舍建设、垫料池建设及发酵垫料的制作及垫料管理方面的知识。

第一节　自然养猪法的技术原理与优点

一、技术原理

自然养猪法是当今养猪生产中推行的一项新技术,是一种以发酵床技术为核心,在不给自然环境造成污染的前提下,以生产健康食品为己任,尽量为猪只提供优良生活条件等福利待遇,使猪只健康快速生长的无污染、高效、新型的科学养猪方法。

当前,社会上广泛宣称的"生态养猪法"、"发酵床养猪"、"生物环保养猪"、"零排放养猪"等,都是现有自然养猪法的基本饲养模式在不同区域的不同叫法,其基本技术原理是一样的,即在养猪圈舍内利用一些高效有益微生物与垫料建造发酵床,猪将排泄物直接排泄在发酵床上,利用生猪的拱掘习性,加上人工辅助翻耙,使猪粪尿和垫料充分混合,通过有益发酵微生物菌落的发酵,使猪粪尿的有机物质得到充分的分解和转化。技术原理与农田有机肥被分解的原理基本一致,关键是垫料碳氮比与发酵微生物的选择。其技术核心在于发酵床的铺设和管理,可以说,发酵床效率的高低决定了自然养猪法经济效益的高低。

自然养猪法的现有基本饲养模式是:在舍内设置一定深度

（50厘米以上，一般80～100厘米）的地下或地上式垫料池，填充锯末或秸秆等农副产品垫料，接种高效的有益菌种对垫料进行发酵，形成有益菌繁殖的发酵床；猪粪尿直接排泄在垫料上，不流向舍外，真正实现了粪污零排放；猪只生存环境明显改善，不适合蝇蛆生长，臭味减少；猪只抗病力增强，生产效益提高；垫料使用较长时间，一般2～3年清理一次，并成为高档有机肥料。

　　经过自然养猪法专家组多批次试验，认为该法从一个全新的角度对猪舍建设、饲养管理、生物安全体系建设、日粮配制、疾病防控等方面提出了新的要求，一方面要为有益的发酵微生物提供良好的培养条件，使其迅速消纳猪只的排泄物；另一方面也要保证为猪只提供良好的生活环境，以满足不同季节、不同生理阶段猪只的需要，达到增加养殖效益的目的。

二、自然养猪法的优点

（一）解决了粪尿处理和恶臭难题

　　在发酵床内，粪尿是微生物资源源源不断的营养食物，不断地被分解，从而不再需要对猪排泄物采用清扫排放，也不会形成大量的冲圈污水，没有任何废弃物排出养猪场，真正达到养猪污染物零排放的目的。猪生活于这种有机垫料上面，猪的排泄物被微生物作为营养迅速降解、消化，当天就无臭味，只需3天左右的时间，粪便就被微生物分解成非常细的粉末，消失得无影无踪，尿液中的水分被直接蒸发。猪舍不再臭气熏天，发酵床使蝇蛆和虫卵不适合生存，过去长期困扰人们的粪尿处理难题得以破解。不仅改善了猪场本身的环境，而且也有利于新农村建设。

（二）减少应激，提高了猪肉品质

　　在当前养猪生产中，猪群的应激问题一直困扰着广大养猪场、户，因为应激带来的生产问题层出不穷，疾病风险过大。发酵床结

合适宜的特殊猪舍,使其更通风透气、阳光普照,温湿度适合于猪只生长。再加上自然养猪法满足了猪只拱掘的生物学习性,运动量的增加,符合动物福利要求,猪能够健康地生长发育,机体对疾病的抵抗力增强,发病率明显降低,大大减少使用或不再使用抗生素等抗菌药物,避免了药残的存在和耐药性菌株的产生,提高了猪肉品质。经农业部畜禽产品质量安全监督检验测试中心(济南)检测,这种方法饲养的猪,其猪肉达到了国家无公害猪肉标准的要求。

(三)劳动生产效率大幅度提高

利用该技术养猪省工节本,可提高养猪效益。由于发酵床养猪技术不需要用水冲洗猪舍,不需要每天清除猪粪,猪发病少,在治病方面的投入少;采用自动给食、自动饮水技术等众多优势,达到了省工节本的目的。由于免除了猪圈的清理,仅此一项就可以节约劳动力近50%,一个人可以饲养500～1 000头肥猪,100～200头母猪,节约用水75%～90%,这对于提高生猪饲养的规模化水平和实现产业化具有重要意义。

(四)提高了猪的增长速度

长期以来,我国北方地区为克服冬季寒冷而大量使用保温装置和设备以求获得较好的养猪效益,但仍然难以达到理想的猪只体感温度,同时还增加了采暖费用和呼吸道疾病及消化道疾病的发生。自然养猪法利用发酵床提供的温和的生物热.克服了冬季寒冷对养猪的不利因素,改善了猪只体感温度,提高了冬季饲养育肥速度,节约了能源,提高了效益。据试验,在舍外温度为-2℃的情况下,舍内温度可达14℃,发酵床温度可达28℃。平均饲养期可以缩短7～15天,每头猪可节约饲料粮15～25千克。

(五)提高了养猪的经济效益

即使不考虑人力的节约和优质优价的因素,仅节约的饲料、兽药、水电等费用,每头猪可增加 50~80 元。试验结果表明,传统养殖成本约 550 元/头,发酵养猪仅需约 430 元/头,增收约 1×20 元/头。

(六)变废为宝,改善农村生态环境

在发酵制作有机垫料时,锯末、稻壳、花生壳、玉米秸秆等农业废弃物均可作为垫料原料加以利用,通过有益微生物的发酵,这些废弃物变废为宝,成为环保"卫士"。据调查,每 10 平方米的发酵床可以使用 1 亩地的玉米秸秆,这也为禁烧秸秆、美化城乡生态环境提供了另外一条比较好的解决途径。

自然养猪法是一种无污染、零排放、环保型高效畜牧业养殖实用技术,是当前依靠科技、促进节能减排、提高经济效益的重要技术,可以说是对传统养猪模式的一场革命。

第二节 猪舍的建筑与垫料池建设

一、猪舍的建筑设计

对于自然养猪法的猪舍建筑,需要结合传统猪舍设计的优秀成果,但同时不要被传统思维模式限制了设计思路,需要用创造性的思维去指导和不断创新猪舍设计。

(一)猪舍设计的基本理念

科学的自然养猪法要求猪舍是尽最大可能利用自然资源,如阳光、空气、气流、风向等免费的自然元素,尽可能少地使用如水、电、煤等现代能源或不可再生资源,尽可能大地利用生物性、物理性转化,尽可能少地使用化学性转化。

(二)猪舍设计的基本原则

自然养猪法猪舍设计,需要事先考虑如下原则:

1."零"混群原则　不允许不同来源的猪只混群,这就需要考虑隔离舍的准备,最好是产自同一窝的仔猪分为一群。

2.最佳存栏原则　始终保持栏圈的利用,这就需要均衡生产体系的确定。

3.按同龄猪分群原则　不同阶段的猪只不能在一起,这是全进全出的体系基础。

(三)舍内外环境对猪舍设计的要求

猪舍的环境指标,主要指温度、湿度、气体、光照以及其他一些因子,是影响猪只生长发育的重要因素。为保证猪群正常的生活与生产,自然养猪法必须人为地创造一个适合猪只生理需要的舍内气候条件。

1.温、湿度　自然养猪法要求为不同生理阶段的猪只提供适宜的温、湿度(表7-1)。舍内空气的相对湿度对猪的影响和环境温度有密切关系。无论是幼猪还是成年猪,当环境温度处在较佳范围之内时,舍内空气的相对湿度对猪的生产性能基本无影响。试验表明,若温度适宜,相对湿度从45%增加到95%,猪的增重无异常,这时,常出于其他的考虑,来限制相对湿度。例如,考虑到相对湿度过低时猪舍内容易飘浮灰尘,过低的相对湿度还对猪的黏膜和抗病力不利;相对湿度过高会使病原体易于繁殖,也会降低猪舍建筑结构和舍内设备的寿命。因此,就算是处于较佳温度范围内,舍内空气的相对湿度也不应过低或过高,适宜猪生活的相对湿度为60%~80%。在某些地区或季节,舍内相对湿度偏高而无法降低时,应采取措施增加或降低舍温及做好相关卫生防疫工作,这样也能确保猪只的正常生产。高温、高湿的条件会使猪增重变慢,且死亡率高。在低温、高湿条件下,猪体热量散发加剧,致使猪日增重减少36%,产仔数减少28%,每千克增重耗料增加10%。实践表明,自然养猪法需要加强控制夏季高温和冬季高湿的现象。

表 7-1　各阶段猪的适宜温湿度范围

猪别	日龄	适宜温度/℃	适宜相对湿度/%
哺乳仔猪	出生几小时	32～35	60～70
	1～3	30～32	
	4～7	28～30	
	8～14	25～28	
	15～25	23～25	
保育猪	26～63	20～22	60～80
生长猪	64～112	17～20	
育肥猪	113～161	15～18	
产仔母猪		18～22	
妊娠空怀母猪		15～20	

2. 光照　幼猪经常接触阳光,可增强血液循环,加速新陈代谢,促进细胞增殖和骨骼生长,提高发育速度。母猪常接触阳光,可加速卵细胞的发育,促进发情排卵,提高繁殖力。但光照时间过长,易使猪活动量增加,对增重有影响。自然养猪法要求尽可能地合理利用自然光照,减少人工光照。

3. 气流　气流对猪机体的作用,主要是影响猪体的散热。在一般环境条件下,只要有气流存在,均可促进机体的对流散热和蒸发散热,散热效果随气流的温度上升而下降。当气流温度等于猪皮肤温度时,对流散热的作用消失;当气流温度高于皮肤温度时,机体通过对流得热;低温而潮湿的气流,能显著增大散热量,猪更感寒冷,有可能引起冻伤、冻死。气流总是和温度、湿度一起协同作用于猪的机体,使冷、热应激的程度得以缓和或加剧。自然养猪法要求猪舍内气流可控,保证在高温季节猪舍内空气对流良好,达到降温的目的;低温时,排除湿气,但不带入过多的寒气,以免对猪只不利。

二、场地选择与总体布局

(一)场址选择

自然养猪法建筑设计同传统集约化猪场场址无多大差异,比传统猪舍更趋灵活,主要应综合考虑以下几个方面的问题。

1. 地理位置　确定场址的位置,尽量接近饲料产地,有相对好的运输条件。由于自然养猪法用水量少,实现了粪污零排放,养猪环境明显改善,故猪场选址限制因素明显减少,应结合区域规划,着重考虑猪场整体防疫。要远离生猪批发市场、屠宰加工企业、风景名胜地和交通要道等。一般要求距离畜产品加工厂 1 千米以上,距离主要公路 300 米以上,距离一般公路 100 米以上,可设置专用猪场通道与交通要道相连结,且距离最近的村庄最好不少于 2 千米;高压线不得在仔猪舍和保育舍上面通过。

2. 地势与地形　自然养猪法猪场场址要求地势较高、干燥、平缓、向阳。场址至少高出当地历史洪水水位线以上,地下水位应在 2 米以下,这样可以避免洪水的威胁和减少因土壤毛细管水位上升而造成地面潮湿,影响垫料发酵。如地势低洼或地面潮湿,病原微生物与寄生虫容易滋生,机具设备易于腐蚀,甚至导致猪群各种疾病的不断发生。如采用地下或半地下式发酵舍,更应充分考虑地下水位,否则垫料过湿会影响发酵效果,也减少了垫料使用年限。地下水位低的地方可采用地下式或半地下式发酵垫料池,地下水位较高的地方选择地上式发酵垫料池比较适宜。

平原地区宜选择地势较高、平坦而有一定坡度的地方,以便排水、防止积水和泥泞。地面坡度以 1‰～3‰ 较为理想。山区宜选择向阳坡地,不但利于排水,而且阳光充足,能减少冬季冷气流的影响。地形宜开阔平整,不要过于狭长或边角太多,否则会影响建筑物合理布局,使场区的卫生防疫和生产联系不便,场地也不能得到充分利用。

3.土质　自然养猪法猪舍对土质要求有一定的承载能力,最好选择透气透水性强、毛细管作用弱、吸湿性和导热性小、质地均匀的沙壤土。

4.水、电　自然养猪法由于不用冲洗圈舍,所以用水量只要满足猪只的饮用水需要,同时保证垫料湿度控制、用具洗刷、员工和绿化用水即可。水质要良好,达到人饮用水标准。由于猪舍多采用自然光线,猪场用电主要保证相关设施设备运行和夜晚照明即可。

总之,自然养猪法猪场的场址选择虽然相对传统规模猪场而言更加灵活,但牵涉的因素仍然较多,必须认真对待,周密调查,因地制宜,综合考虑,经反复比较后加以确定。

(二)总体布局

1.总体布局原则

(1)利于生产。猪场的总体布局首先要满足生产工艺流程的要求,按照生产过程的顺序性和连续性来规划和布置建筑物,有利于生产,便于科学管理,从而提高劳动生产率。

(2)利于防疫。规模猪场猪群规模大,饲养密度高。要保证正常的生产,必须将卫生防疫工作提高到首要位置。一方面在整体布局上应着重考虑猪场的性质、猪只本身的抵抗力、地形条件、主导风向等几个方面,合理布置建筑物,满足其防疫距离的要求;另一方面当然还要采取一些行之有效的防疫措施。自然养猪法应尽量多地利用生物性、物理性措施来改善防疫环境。

(3)利于运输。猪场日常的饲料、猪及生产和生活用品的运输任务非常繁忙,在建筑物和道路布局上应考虑生产流程的内部联系和对外联系的连续性,尽量使运输路线方便、简捷、不重复、不迂回。

(4)利于生活管理。猪场在总体布局上应使生产区和生活区做到既分隔又联系,位置要适中,环境要相对安静。要为职工创造一个舒适的工作环境,同时又便于生活、管理。

2.功能分区和布局方案 自然养猪法规模猪场按其功能相同的建筑物可分成3类,每一类的建筑物可组成一个功能区,即生产区、辅助生产区和生活管理区。按照功能要求、主导风向、地形、猪群的防疫能力以及它们在生产流程中的相互联系作出分区布局方案。

(1)猪场功能分区的一般要求如下:

①种猪舍位于猪场的最佳位置,地势高、干燥、阳光充足、上风向、卫生防疫要求高。

②根据猪群特征和自然抗病能力,将保育舍依次安排在育成育肥舍的上风向或侧风向,以便减少保育猪和育成猪的发病率。

③辅助生产区位置适中,便于连接生产区和生活管理区。

④生活管理区应布置在上风向或侧风向,接近交通干线,内外联系方便。

⑤病猪隔离治疗室、无害化处理室等污秽设施应布置在远离猪舍的下风向地段。

(2)猪场功能分区布局方案:有专业性猪场分区布局方案和综合性猪场分区布局方案2种,见图7-1,图7-2。

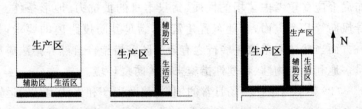

图7-1 专业性自然养猪法猪场分区布局方案

3.猪舍布局形式 猪舍的布局一般是根据地形条件、生产流程和管理要求而定。目前主要采用单排式、双排式及多排式。不管采用何种排列方式,都应分清何为必要、何为不必要的,尽可能

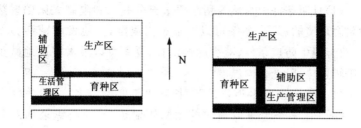

图 7-2 综合性猪场分区布局方案

地将猪舍有效使用面积最大化。

(1)单排式猪场。猪舍按一定的间距依次排列成单列。组织比较简单,一边是净道,一边是污道,互不干扰。布局整齐,条件一致为好。

(2)双排式猪场。猪舍按一定的间距依次排列成两列。其特点是:当猪舍栋数较多时,排列成双列可以缩短纵向深度,布置集中,供料路线两列共用,电网、管网等布置路线短,管理方便,能节省投资和运转费用。

(3)多排式猪场。大型猪场可以采用三列式、四列式等多排式布局,但道路组织比较复杂,道路多,主次不易分辨。

自然养猪法猪舍应考虑以自然通风为主,其跨度比较小(7~12 米)。如规模较大,就会感觉建筑过于分散,占地较大,并导致道路、管线长度、基建投资费用和日常经营费用的增加。应该在解决通风问题的前提下,适当加大跨度(12~18 米),使建筑布置更加紧凑。特别是寒冷地区,建筑的合并除缩短道路、管线长度外,还能明显降低建筑的费用(墙面积的减少及采暖费用的降低)。环境控制好的情况下,北方也可采用无间距的联体式猪舍布局。

4.猪舍朝向 猪舍朝向的选择与当地的地理纬度、地段环境、局部气候特征及建筑用地等多种因素有关。猪舍朝向主要考虑日照条件和通风条件两个方面的因素。

（1）日照条件。自然养猪法要求充分利用和限制太阳辐射热对猪舍环境的影响，冬季可以增加舍内温度，促使发酵菌活力增强，改善卫生防疫条件，减少能源消耗；夏季可以最大限度地减少太阳辐射热，降低舍内温度。

目前猪舍建筑多为狭长形，长度比跨度大得多，一般为（8～15）：1。在冬季为争取最大的太阳辐射热量，应将纵墙面对着太阳辐射强度较大的方向，夏季炎热地区的猪舍应尽量避免太阳辐射热导致余热剧增，宜将猪舍纵墙避开太阳辐射强度较大的方向。

夏至是一年中白天最长的一天，太阳高度角大；冬至是一年中白天最短的一天，太阳高度角小。自然养猪法猪舍要求太阳在冬季尽可能大地照射到舍内（至少满足能照射到垫料所有区域），夏季尽可能小地照射到舍内。

（2）通风条件。自然养猪法要求尽可能多地以自然通风为主，所以必须组织自然通风，夏季能获得良好的通风效果，冬季能减少冷风渗透。另外，为使猪舍排出的污秽气体、尘埃借助于舍外的自然风迅速扩散、排除，防止相邻猪舍互相污染，传染疾病，猪舍朝向选定时，必须考虑舍外自然风的主导风向。

规模化自然养猪法猪舍相对高密度集约化饲养，必须通过自然通风和机械通风将有害气体排至舍外，换送新鲜空气，以调节猪舍内的氧气、温度和湿度，再由自然风将污秽气体排出场区，保证场区内及时补充到洁净空气，防止相邻猪舍相互污染和疫病传染。

5. 猪舍间距 猪舍的间距主要考虑日照间距、通风间距、防疫间距和防火间距。自然通风的自然养猪法猪舍间距一般取5倍屋檐高度以上，机械通风猪舍间距应取3倍以上屋檐高度，即可满足日照、通风、防疫和防火的要求。在确定间距过程中，防疫间距极为重要，实际所取的间距要比理论值大。我国一般猪舍间距为10～14米，上限用于多列式猪舍或炎热地区双列式猪舍，其他情况一般取 10~12 米。

6. 猪场道路 猪场道路组织在总体布局中占有重要地位。自然养猪法猪场净道与污道分开,分工明确。饲料与病死猪运送通道尽量避免交叉。工作人员尽量不要穿越种猪区,并以最短路线到达各猪舍。

三、猪舍建筑设计

(一)猪舍分类

主要有单坡式、不等坡式和双坡式 3 种(图 7-3)。

单坡式猪舍　　　　　不等式猪舍　　　　　双坡式猪舍

图 7-3　坡式猪舍示意图

1. 单坡式 屋顶由一面斜坡构成,构造简单,屋顶排水好,通风透光好,投资少,但冬季保暖性差。

2. 不等坡式 其主要优缺点与单坡式基本相同,但保温性能较单坡式要好,投资稍多。

3. 双坡式 保温性能较单坡式和不等坡式要好,但猪舍对建材要求较高,多用在跨度较大的猪舍。

(二)猪舍通风口的设置

自然养猪法要求通过合理组织通风,达到尽快排出舍内有害气体,保证猪只健康,维持高效生产的目的。

1. 自然通风 猪舍自然通风是指利用空气的自然流动达到通风换气的目的,经济适用。但受外界气候条件的影响比较大,通风不稳定。为了充分和有效地利用自然通风,除正确地选择猪舍跨度外,还必须根据通风要求选择猪舍的剖面形式,合理布置通风口的位置,达到"有组织的自然通风"要求。猪舍的自然通风通常有热压通风和风压通风两种方式。

(1)热压通风。猪只在群养条件下,机体散发的热量作为一个热源。利用这个热源,通过气流组织使舍内达到适宜的温度。由于舍内空气温度高,空气容重小,室外空气容重大,形成了内外压力差,此称热压。于是舍内热空气上升,从上部排风口排出,室外冷空气由下部进风口或缝隙流入舍内,达到连续不断通风换气的目的。

(2)风压通风。自然气流遇到猪舍受阻而发生绕流现象,气流的动能和势能发生变化,反映出空气压力的增大或减小。猪舍迎风而空气受阻,空气压力增大,超过了大气压;背风面气流形成旋涡区,出现了空气稀薄现象,风压减小,小于大气压。空气压力大于大气压成为正压,小于大气压成为负压。根据上述原理,应结合当地的主导风向,将猪舍进风口设置在正压区,排风口设置在负压区,才能达到很好的通风换气的效果。

自然养猪法猪舍由于尽量选择自然通风为主的设计理念,实际操作中是风压通风和热压通风同时进行的,所以,猪舍特别是产房和保育舍,要具备一定的密闭性和保温隔热措施,以保证舍内外温度差;另外,还要防止"贼风"直接吹到猪只身体,引起猪只体温下降。进风口应设在上风向和与主导风向成 30°～60°,排风口设在下风向。

为使猪舍内的气流组织比较均匀,在布置通风口时,应在保证结构安全条件下,尽量减少窗间宽度。为缩小窗间墙后的旋涡区,改善通风效果,最好不要大于 1 米。

2.机械通风　机械通风是以机械为动力,通过控制通风量来调节猪舍的温度、湿度和有害气体浓度,创造适宜猪只生长发育的小环境。原理是通过利用风扇等机械,产生舍内外的压力差来进行强制性通风。

机械通风气流组织效果主要决定于进风口的形状和布置。为使舍内气流分布均匀,不出现较大的死区,应尽量将进风口沿猪舍全长均匀布置,其形状以扁长为最佳。

四、垫料池的建设

自然养猪法中的技术核心之一就是"发酵床"(就是填入垫料池中垫料原料的总称),可以说,发酵床制作得成功与否,在很大程度上是由垫料池的建设所决定的,也决定了日后的经济效益。

发酵床的面积根据猪的大小和饲养数量的多少进行确定。保育猪一般为0.3~0.8平方米/头,育肥猪0.8~1.5平方米/头,母猪2.0~2.5平方米/头。

目前垫料池有3种分布形式(图7-4):一是地上式垫料池,适合地下水位高、雨水容易渗透的地区,管理方便,但地上建筑成本有所增加,发酵床靠近四周的垫料发酵受周围环境影响大;二是地下式垫料池,适合地下水位低、排水通畅、雨水不易渗透的地区,地上建筑成本较低,发酵效果相对均匀,但需要挖掘发酵床区域泥土;三是半地上半地上式垫料池,结合了地上式、地下式的优点,地上建筑成本和效果也介于二者之间。

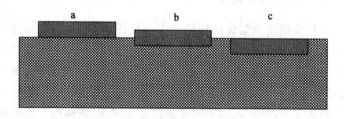

图7-4　垫料池分布侧面示意图

a.地上式垫料池　b.半地上半地下垫料池　c.地下式垫料池

　　针对垫料池的这几种形式,可以利用特殊地理状况因地制宜地建设,以降低成本。如利用废弃梯田建设垫料池。一般发酵床在整栋猪舍中相互贯通,不打横格,以增加发酵率,降低建设成本;深度因所饲养猪只及管理规程不同而略有异。推荐垫料池深度一般为80～100厘米。过浅的垫料池使发酵床的厚度可调节范围小,容易出现发酵效率低下、垫料使用年限变短等问题。但过深垫料池容易造成垫料的浪费、发酵过以及增加一次性投入。

　　垫料池四周一般使用24厘米的砖墙,内部水泥挂面(图7-5)。也可使用水泥预制板拼接而成。床体下面直接使用有土地面,不用硬化处理。

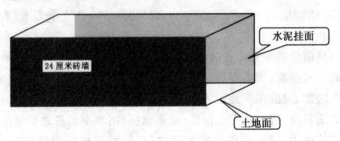

水泥挂面

24厘米砖墙

土地面

图 7-5　垫料池的构造示意图

五、各类猪舍的构造

　　自然养猪法对猪舍结构的要求与传统猪舍基本一致,特殊之处在于增加了前后空气对流窗,合理设置垫料池。应按猪群的性别、年龄、生产用途,分别建造各种专用猪舍,如育肥猪舍、保育猪舍、母猪舍等。基本结构为:在猪舍内设置1米左右的走道,一定宽度的水泥饲喂台,与饲喂台相连的是发酵床,墙体南北均设较大的通风窗,房顶设通风口,推荐使用饲喂及饮水一体的自动喂料槽;也可料槽和饮水分开。设置水泥饲喂台的目的,一是防止垫料污染饲料,影响采食量;二是夏天高温季节常为猪只提供选择趴卧休息凉爽区,以减少发酵床过热对生猪的影响;三是有利于生猪肢体发育,这一点对种猪饲养尤其重要。

(一)育肥猪舍

一般单列式自然养猪法育肥猪舍比较合适,保证阳光充足,猪只活动区域大。其平面图见图 7-6,在猪舍北端设置 1 米的水泥走道,1.2～1.5 米宽的水泥饲喂台,可单独设置饮水台或在猪舍适当位置安置乳头饮水器,水泥饲喂台向北面倾斜坡度2%～3%,保证猪饮水时所滴漏的水往栏舍外流,以防饮水润湿垫料。

走　　　道		
饲喂区	(水　泥	地　面)
垫	料	区

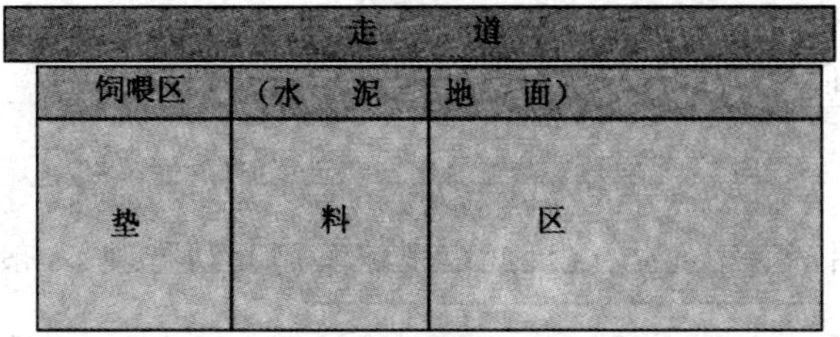

图 7-6　自然养猪法育肥猪舍示意图

在建设上,一般选取自然养猪法育肥猪舍坐北向南(图 7-7),猪舍跨度为 8～13 米,猪舍屋檐离发酵床面高度为 2.2～2.5 米;南面立面全开放卷帘或大窗结构,窗户高 2 米左右,宽度在 1.6 米左右;北面采用上窗和地窗,也可采用与南面同样模式的窗户,屋顶设通风口。为减少猪舍成本,除发酵床外,育肥猪舍也可采用塑料大棚式的结构。也可对现有猪舍进行改造,只要符合夏天通风降温、冬天保温除湿条件即可。

垫料池可采用地上式、地下式或半地上半地下式。如果当地地下水位低,可采用地下式或半地上半地下式;如果地下水位高,可采用地上式。为便于管理,防止雨季渗水入垫料池,推荐使用地上式猪舍。规模猪场实行自然养猪法,栋舍间距要宽畅些,并且设

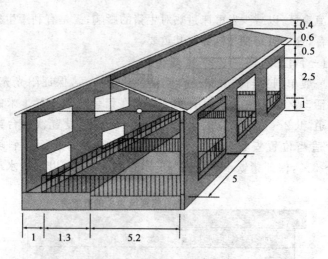

图 7-7　自然养猪法育肥猪舍示意图(单位：米)

计过程中注意小型挖掘机或小型铲车可开动行驶,一般在 4 米以上。

为防止夏季高温,可以将屋檐至屋顶的高度提高 0.5～1 米,内设置滴水降温设施。

(二)母猪舍

母猪舍又分为妊娠猪舍和分娩猪舍(即产房),均可参考育肥舍外形结构。妊娠猪舍可采用小群饲养模式,分娩猪舍常采用分娩栏或产床进行饲养,对保暖性能要求较高。

1.妊娠猪舍　自然养猪法的妊娠猪舍可采用单列式结构或双列式结构,其建筑跨度不宜太大,以自然通风为主,充分利用空气对流原理,结合当地太阳高度角及风向、风频等因素建造。单列式妊娠猪舍也是坐北向南,猪舍跨度为 8～13 米,北面采用上窗和地窗,南面立面使用全开放卷帘,猪舍屋檐高度 2.2～2.5 米。双列式猪舍坐北向南,猪舍跨度为 8～13 米,南北面可采用上窗和地窗,窗户开启可使用升降卷帘,猪舍屋檐高度 2.2～2.5 米,为补充光照,屋顶南面可使用两张保温隔热板配合一张阳光板的方式,以增加采光。垫料池可采用地上式、地下式或半地上半地下式。为便于管理,防止雨季渗水入垫料池,推荐使用地上式猪舍。

2.分娩猪舍　分娩猪舍即产房。自然养猪法产房扩大了母仔活动范围,一般有4种可用模式:一是母猪、仔猪均在产床上,粪尿流入发酵垫料池,垫料池仅起到分解粪尿的作用。二是产床限制母猪,仔猪可以在产床或垫料池活动,增加了仔猪活动范围,恢复其自然习性。仔猪可选择休息、活动区域。三是无限位栏,有饲喂台,母仔均可在垫料床上自由活动,母仔均有单独饲喂台。四是母猪仅有一部分接触垫料,但不能在垫料床上活动。

(三)保育猪舍

刚断奶的转入保育栏的仔猪,生活上是一个大的转变,由依靠母猪生活过渡到完全独立生活,对环境的适应能力差,对疾病的抵抗力较弱,而这段时间又是仔猪生长最强烈的时期。因此,保育栏一定要为小猪提供一个清洁、干燥、温暖、空气新鲜的生长环境,要求有专门的饲喂台和垫料区。

一般采用双列式猪舍,坐北向南,猪舍跨度为8~13米,南北面可采用上窗和地窗,窗户开启可使用升降卷帘,猪舍屋檐高度2.2~2.5米。为补充光照,屋顶南面可使用两张保温隔热板配合一张阳光板的方式增加采光。垫料池可采用地上式、地下式或半地上半地下式,推荐使用地上式猪舍。

六、猪场的基本建设投资概算

(一)猪舍建筑投资

因建筑材料不同,猪舍建设成本也不尽相同,塑料大棚式的建筑投资最低,猪舍建设单价一般为150~300元不等,多为200~300元。各类猪舍的建筑投资等于建筑面积×建设单价。

（二）垫料投资

垫料成本一般 50～65 元/平方米。垫料成本因原料种类不同、产地不同而不同。如山东省沂水县兴建养猪场，采用均匀垫料模式，圈舍垫料最终厚度约 80 厘米，垫料由稻壳、锯末、米糠混合组成。每立方米垫料中稻壳 60 千克、锯末 70 千克左右（湿的 100 千克）、米糠 4 千克、酵母素 0.2 千克。目前，按稻壳 440 元/吨、锯末 200 元/吨、米糠 2 000 元/吨计算，每立方米垫料造价在 68.4 元（含发酵菌 20 元），每平方米约合 55 元。

（三）设备购置改造费用

自然养猪法目前尚无系统的成品设备，许多设备都需要改造或自己焊接。如分娩床、保育床等，都需要改造，其成本可降低到原有成本的 60%～75%。采用自动食槽 700 元/套，饲料运输车数 400 元/台，仔猪转运车数 400 元/台，人工授精设备一套 2 000～40 000 元，火焰消毒枪 1 000 元/支，怀孕测定仪约 2 600 元。

另外，还有土地使用与办公、饲料加工和存放仓库、宿舍、水塔等生产辅助用房等建设，根据需要设置，因情况不同有所差异，在此不作详细计算。

第三节　自然养猪法的菌种

目前，我国推广自然养猪法使用的菌种有生产厂家提供的成品菌种和自己就地采集制作的菌种，通过应用效果来看，都能完成发酵过程。主要菌群有高单位枯草杆菌、纳豆杆菌和酵母菌等。自然养猪法的核心技术表现在菌种功能方面，其质量优劣直接影响猪舍粪尿的降解效率。如有相关专业技术人员指导，可以自行采集微生物菌种，但难度较大。而最保险也最方便省事的办法是从专门厂商购买发酵菌种，注意选用知名品牌或厂商的优质产品。

一、自然采集制作的菌种

(一)菌种的采集

猪排出的粪便由发酵床中的菌种降解,菌种的好坏直接影响粪便的降解效率,因此土壤微生物菌种的采集就显得十分关键,可以在不同的季节、不同的地点采集不同的菌种,采集到的原始菌种放在室内阴凉、干燥处保存。

(二)发酵床的活性剂

当发酵床用过一段时间后可以向其上面喷洒一定的活性剂以提高降解效率。活性剂包括天惠绿汁、氨基酸液等,是从植物体内提取出来、经发酵后形成的,主要用于调节土壤微生物的活性。特别是在土壤微生物的活性降低时,按说明把活性剂稀释到合适的比例喷洒床面以加快对排泄物的降解、消化速度。因此活性剂的合理使用对发酵床的循环利用有十分重要的作用。

可以采用上述方法制作的菌种进行生产,但由于不同的制作人对工艺的掌握熟练程度不同,且不同的采集地方所得的菌种在土壤微生物菌群种类和数量并不相同,致使制作的发酵垫料分解效率相差很大。虽然大型规模猪场使用该法,有专业人员专门采集制作土壤微生物,可以显著降低生产成本,但对初次使用该法的规模猪场以及广大中小养猪场户,建议最好还是选择效果确实的本地域专业单位制作的成品菌种。

二、成品菌种

山东省自然养猪法专家组已对当地相关的土壤微生物进行菌种培养、纯化处理、分离与鉴定,与有关厂家合作制作了相关成品菌种,具有体积小、使用简便、效果良好等优点,得到了广大养殖场户的欢迎。但由于垫料发酵菌种属于一个新的使用领域,目前尚无专门的国家标准,不同单位提供的成品菌种的质量相差很大,难以把握。广大养殖场户在选购成品菌种时需注意如下几点。

（1）选择正规单位制作的菌种。养殖场户在选购垫料发酵菌种时，注意选用正规单位提供的、发酵功能强、速度快、性价比高的成品菌种。

（2）成品垫料发酵包装要规范。一般正规单位提供的成品菌种包装印刷都比较规范，有详细的产品使用说明或技术手册，有主要成分介绍，有单位名称和联系电话。

（3）垫料发酵菌种色纯味正。成品垫料菌种应是经过纯化处理的多种微生物的复合物，并非单一菌种，但仍然颜色纯正，无异样味道。

（4）多了解已使用的效果。养殖场户在选用成品垫料发酵菌种时，一定要多方了解，选择省内有研究和试点基础、单位信誉好的单位提供的菌种，最好选择专家组研究推荐的菌种。多与已经使用菌种的养殖场户交流，确认其使用效果。

第四节　发酵垫料的制作与管理

发酵垫料制作是自然养猪法另外一个重要技术环节，也是生产管理的关键。对垫料原料进行科学组合，能达到减少管理强度、减少疫病发生、增加养猪效益等目的。

一、垫料原料的选择

为保证发酵菌种高效的活力，使有益菌旺盛生长，需要营造适宜有益菌生长繁殖的垫料环境。试验发现，自然养猪法所制作的垫料需要满足如下条件。

（一）高效的发酵菌母种

自然养猪法垫料发酵分解粪尿的过程是微生物作用的结果，就如同面粉中有了酵母菌、鲜奶中有了乳酸菌后才能做成好吃的馒头和酸奶一样,微生物在垫料中的发酵活动也增加了垫料的肥效,而且还产生高温杀死很多有害病菌和虫卵等。所以,发酵菌母种活力的高低决定了粪便分解和垫料发酵的效率,是自然养猪法垫料制作的首要关键因素。

(二)具备一定的微生物营养源

微生物的生存和繁殖需要有一定的营养源,主要来源于垫料原料和猪粪尿中易分解的有机物。这些原料中的碳水化合物(碳)就是微生物的食物,而无机的氮素(氮)是微生物繁殖建造细胞的材料。所以,碳和氮的含量高低就决定了微生物的生存和繁殖效率,它们就是发酵微生物的营养源。我们将微生物细胞中的或其他有机物中的碳素与氮素含量的比值称为"碳氮比"。一般来说,微生物的活动繁殖所需的最佳碳氮比为 25∶1,因为微生物每合成一份自身的物质,刚好需要 25 份碳素和 1 份氮素。我们制作自然养猪法发酵垫料就是通过相关措施控制碳氮比,使发酵菌种均衡、持续、高效地活动和繁殖。由于猪粪的碳氮比为 7∶1,是提供氮素的主要原料,所以自然养猪法发酵垫料原料必须选择碳氮比大于 25∶1 的原料即能达到发酵的目的。由于养猪生产粪尿持续产生,所以垫料原料碳氮比越高,垫料使用时间越长。

(三)适宜的酸碱度

垫料发酵微生物多是需要中一微碱性环境,pH 7.5 左右最为适宜,过酸(pH<5.0)或过碱(pH>8.0)都不利于猪粪尿的发酵分解。猪粪分解过程产生有机酸,在区域内 pH 会有所降低。正常的发酵垫料一般不需调节 pH,靠其自动调节就可达到平衡。可以通过翻耙垫料或其他措施调节酸碱度,以适应发酵微生物的生长。

(四)透气性

氧气的供给是耗氧性微生物增殖不可缺少的,依靠微生物的增殖,粪中有机物被分解为稳定的物质。由于垫料发酵微生物多为耗氧性微生物,只有垫料本身透气好,才有利于发酵微生物的活动和繁殖,利于粪尿的分解。若垫料透气性差,使得嫌气性微生物活动加强,则不利于粪尿及垫料的分解,过早地生成大量垫料腐殖质。翻堆、深耙、悬耕等都可调节透气状况,改善垫料原料的透气性(空隙率在30%以上)。

(五)保水性

发酵垫料需要具有一定的保水性。因为水分是影响微生物生命活动的重要因素,微生物在发酵垫料的水膜里进行着生命活动。同时,水分也影响堆料内部养分和微生物的移动,影响发酵效率的高低,也影响空气成分和垫料及舍内的温度。一般情况下,发酵垫料的含水量为持水量的55%~70%。含水量过高或过低时均不利于发酵处理。当水分含量大于85%,由于垫料毛细结构被破坏,从而影响发酵效率。

(六)厚度

参与发酵的微生物,通常在30℃以上的环境温度下增殖旺盛。所以,垫料床的厚度是决定温度的重要因素,一般要求发酵床垫料厚度为80~100厘米,不得低于50厘米。如果垫料太薄则发酵产生的热量迅速散失,发酵垫料难以达到适宜的温度,从而使发酵微生物增殖受限,导致不发酵。垫料太厚,则可能导致内部升温太高、太快,且一次性投入大,垫料深翻工作量大,不利于垫料管理。

从上述垫料制作要求可知,可以通过改善垫料组成的方法,如垫料原料的选择、添加辅助材料(如锯屑、稻壳等),调整垫料的水分和提高混合垫料的空隙率;配合搅拌、翻转,使发酵垫料和空隙均匀地接触;利用太阳高度角原理或屋顶制作可调控制的透明树脂板,利用太阳热能促使水分蒸发等。通过这些方法,均可达到促进垫料发酵的效果。

二、垫料原料选择的原则

自然养猪法发酵床的制作过程实际上就是制备有益微生物培养基的过程,发酵床原料组合及相关因子应适应有益菌生长需要和养猪生产的要求。一般而言,发酵床原料组成为:垫料原料(包括透气性原料和吸水性原料)、营养辅料、菌种及辅助调节剂。所有这些原料共同作用,形成了发酵床这一动态平衡体系。

发酵床原料碳氮比是该体系中最重要的影响因子。原则上讲,只要碳氮比大于 25:1 的原料(如杂木屑 491.8:1,玉米秸 53.1:1,麦秸 96.9:1,玉米芯 88.1:1,稻草 58.7:1,野草 30.1:1,棉籽壳 27.6:1 等)均可作为垫料原料,碳氮比小于 25:1 的原料(如猪粪 7:1,麦麸 20.3:1,米糠 19.8:1,啤酒糟 8:1,豆饼 6.76:1,花生饼 7.76:1.菜籽饼 9.8:1 等)均可作为营养辅助原料。其他(如菌种、辅助调节剂等)作为垫料添加剂加入。由于养猪过程中猪粪尿是持续产生的过程,且猪粪尿本身碳氮比低(约 7:1),持续提供氮素(即持续提供营养辅料),所以从原理上讲,自然养猪法发酵垫料原料或原料组合总体碳氮比只要超过 25:1 即可。当然,碳氮比越接近 25:1,垫料使用年限越短。

实际生产中,最常用的垫料原料组合是"锯末＋稻壳"、"锯末＋玉米秸秆"、"锯末＋花生壳"、"锯末＋麦秸"等,其中垫料主原料主要包括碳氮比极高的植物碎片、木屑、锯末、树枝粉、树叶等及禾本科植物秸秆等。这些原料主要提供菌体生长繁殖所需的碳素。不过,在垫料选择过程中,应注重原料质地要软硬结合,防止质地过软而使透气性变差,影响发酵效果。

由于制作的垫料需要水分为 50%～60%,而新鲜农作物原料本身含有大量水分,在农作物收获季节原则上也可以直接使用新鲜农作物秸秆搭配其他原料进行垫料制作(具体使用效果尚有待进一步研究）。

另外需要注意的是，选择自然养猪法发酵垫料时，腐烂、霉变或使用过化学防腐物质的原料不能直接使用。

同样，我们可以通过调整猪只饲养密度来增加或减少猪粪尿的排放，调整垫料微生物的活力，以调整垫料发酵温度。在新制作垫料过程中，为使菌种达到相当数量，往往需要提供一定量的碳氮比较低的营养辅料，作为新垫料酵熟（发酵成熟）营养源添加原料。

三、垫料制作方法

垫料制作方法根据制作场所不同一般可分为：集中统一制作和猪舍内直接制作两种。

（1）集中统一制作垫料是在舍外场地统一搅拌、发酵制作垫料。这种方法可用较大的机械操作，操作自如，效率较高，适用于规模较大的猪场，要新制作垫料的情况下通常采用该方法。

（2）在猪舍内直接制作是十分常用的一种方法。即使在猪舍内逐栏把谷壳、锯末、生猪粪、米糠以及微生物菌种混合均匀后使用。这种方法效率低些，适用于规模不大的猪场。或部分栏舍垫料使用很久显得很旧以及垫料状况很差而不利于猪生长时，通常可采用该方法。

四、制作过程

不论采用何种方法，只要能达到充分搅拌，让它充分发酵就可。

（1）确定垫料厚度。育肥猪舍垫料层高度冬天为80厘米，夏天为60厘米。保育猪舍垫料层高度为60厘米，夏天为40厘米。

（2）计算材料用量。不同夏冬季节、猪舍面积大小，以及与所需的垫料厚度计算出所需要的谷壳、锯末、米糠以及微生物菌种的使用数量。

(3)菌种与米糠的制作。将所需的米糠与适量的微生物菌种逐级混合均匀备用。

(4)原料混合。将谷壳、锯末倒入垫料场内,在上面倒入生猪粪及米糠和微生物菌种混合物,用铲车等机械或人工充分混合搅拌均匀。

(5)物料堆积发酵。各原料经搅拌均匀混合后像梯形状一样堆积起来,在堆积过程中喷水调节水分,使物料水分保持在 45%。堆积好后表面铺平,用麻袋覆盖周围保温。现场实践是用手抓垫料来判断,即物料用手捏紧后松开,感觉蓬松且迎风有水汽说明水分掌握较为适宜。

(6)物料温度检测。第二天选择物料不同部位,约 30 厘米深,温度可达到 40℃以上,以后温度便逐渐上升,最高可达到 70℃左右。由于环境气温不同,到达 70℃左右时间有所不同,一般需要发酵 10 天左右。

(7)物料的铺设。根据季节外界温度不同,物料经发酵,温度达 70℃左右时,保持 3 天以上,当物料摊开,气味清爽,没有粪臭味时即可摊开到每一个栏舍。高度根据不同季节、不同猪群而定。间隔 24 小时后等待进猪。

五、垫料制作的注意事项

(1)调整水分要特别注意尽可能不要过量。

(2)制作垫料时原材料的混合,什么样的做法都可以考虑,以高效、均匀为原则。

(3)堆积后表面应按压。特别是在冬季里,周围应该使用通气性的东西如麻袋等覆盖,使它能够生温并保温。

(4)所堆积的物料散开的时候,中心部水分比较低。气味应很清爽,不能有恶臭的情况出现。

(5)散开物料时,还出现氨臭的话,温度还很高、水分够的时候让它续继发酵。

(6)一定应注意第二天物料初始温度是否上升 40~50℃,否则从以下几个因素考虑:

①谷壳、锯末、米糠、生猪粪等原材料是否符合要求。

②谷壳、锯末、米糠、生猪粪以及洛东酵素比例是否恰当。

③物料是否混合均匀。

④物料水分是否合适,是否在 45%,太干还是太湿?

六、垫料的日常维护

(一)正常维护

填充到垫料池的各种垫料原料经过上述发酵成熟后,耙平整后,铺设 10 厘米厚未经发酵的质量好的垫料原料后,24 小时后即可进猪。进猪一周内为观察期,防止垫料表面扬尘。此周内一般不用特殊管理,主要观察猪排粪拉尿区分布情况,猪只活动情况,发现有无异常现象,做好相关记录。

1 周后,一般每周根据垫料湿度和发酵情况翻耙垫料 1~2 次。若垫料太干,灰尘的出现,应根据垫料干湿情况,向垫料表面喷洒适量水分;用叉把特别集中的猪粪分散开来;在特别湿的地方按垫料制作比例加入适量锯末、谷壳等新垫料原料;用叉子或便携式犁耕机把比较结实的垫料翻松,把表面凹凸不平之处整平。

从进猪之日起每 50 天,大动作地深翻垫料一次。在猪舍内搬入小型挖掘机或铲车,在粪便较为集中的地方,把粪尿分散开来,并从底部向上反复翻弄均匀;水分过多的地方添加一些锯末、谷壳等垫料原料;看垫料的水分决定是否全面翻弄。如果水分偏多,氨臭较浓,应全面上下翻弄一遍,看情况适当补充一些垫料原料和发酵菌种。

何鹏、周开锋等(2008 年)的试验表明 20 厘米深翻耙垫料其垫料表面和 10 厘米深垫料温度变化规律,翻耙垫料后一般在

10 天左右温度会呈下降趋势。试验认为如果实际情况允许,育肥阶段饲养可以在 7~10 天翻转一下床面。

正常使用中的垫料,其中心部位应是无氨味、湿度在 50% 左右(手握不成团,摊开即散),温度在 45℃左右、pH 值 7~8。否则垫料发酵效果不正常,当因其他原因造成垫料过湿而显氨味时,可适当添加吸湿性好的垫料原料(如锯末等)并辅助添加透气性原料(如稻壳等),猪出栏后,可加稻壳再堆积,调整水分和 pH 值。

全部猪只转出栏后,最好先将发酵垫料放置干燥 2~3 天。将垫料从底部反复翻弄均匀一遍,看情况可以适当补充米糠与菌种添加剂,重新由四周向中心堆积成梯形,使其发酵至成熟杀死病原微生物;同新垫料酵熟技术一样,重新酵熟垫料。该过程除垫料区可进行全面消毒(硬化地面、金属器械等推荐用火焰消毒)。进猪前 1~2 天,可将发酵成熟的垫料摊平后填充未发酵的垫料原料(如谷壳、锯末等),厚度约 10 厘米,间隔 24 小时后即可再次进入下一批猪只进行饲养。

(二)夏季垫料维护技术要点

夏季垫料的维护与其他季节不同,其主要垫料维护要点如下:

1. 调低垫料厚度　夏季垫料深度可适当调低一些,但需保证高度在 50 厘米以上,一般 60 厘米深的垫料比较合适,在保证发酵的同时还能避免发酵产热太多。

2. 营造垫料区域性发酵环境　发酵垫料本身有温度区域化分布的规律,一般四周温度低,中间和粪尿集中区温度高。正常季节,特别是冬季,尽量将粪便均匀到垫料各个区域,使其均匀发酵。夏季垫料管理有所不同,有意识地营造区域性发酵环境。夏季一般不进行翻耙工作,不用将粪便均匀散开,让猪只排粪尿自然形成一个粪尿排泄区。由于夏季气温相对高,其本身及附近区域发酵效率也相当高。如有粪便堆积,可顺势向后堆积,其他区域由于发酵营养源的缺乏,其发酵效率得到抑制而使垫料表面凉爽。

3.制造垫料水汽蒸发区　当用常规降温措施均不太理想时,如当天最低气温高于 25℃时可考虑向垫料滴水降温。由于滴水使滴水区域垫料水分过大而达到抑制该区域及周边区域发酵菌的发酵,同时受高温气候影响该区域形成较大的水分蒸发区,由于水分蒸发而带走周边热量而达到降温效果。

通过上述三大措施将垫料发酵区域化,专门营造垫料呈现出粪便区(也是发酵集中区)、水汽蒸发区、猪只休息区三大类区域。加上强化通风、遮阳及设置水泥地面的喂料台(为猪只提供了选择垫料或水泥地面的权利),甚至设置遮阳网、覆盖草帘、通入冷空气、提供水域等措施解决猪只越夏问题。也有业者在探讨猪舍周围种植绿化树木和探讨直接利用建材林进行林下自然养猪法,可以充分利用夏季树荫,冬季利用阳光等自然资源,效果应该不错。

七、垫料的使用年限

从碳元素、氮元素转化成微生物机体组织,以及形成的有机肥最适宜的碳氮比(20～30):1 的关系,选择碳氮比 15:1 为垫料最终的碳氮比。据此,提出垫料理想使用期的概念,即指垫料原料中多余的碳素和氮素均转化为微生物蛋白,且能保证生产过程不影响微生物的生长和繁殖,达到最终碳氮比 15:1 情况下的使用期限。

根据实际使用情况看,一般"锯末＋稻壳"、"锯末＋玉米秸秆"作为垫料原料组合,使用年限在 1.5～3 年。满足垫料制作透气性、吸水性等基本条件的配方垫料,原则上碳氮比越高,使用的年限也越长。

垫料的使用年限与原料种类、猪的饲养密度等因素有很大的关系,在猪的饲养过程中,需要不断地加入垫料,对于垫料的实际使用年限,请广大读者在具体使用过程中不断摸索。

思考题

1. 自然养猪法的核心技术是什么？

2. 自然养猪法有哪些优点？

3. 怎样选择菌种？

4. 简述垫料的制作过程。

5. 在夏季如何维护垫料？

第八章　商品猪疫病防治技术

本章的重点是疫病的防治措施,特别是免疫、注射知识;掌握无公害生产中的用药、禁用药知识,对常见的重大动物疫病作为重点掌握,对多发的病毒病、细菌病、寄生虫病和普通病作一般性掌握。

第一节　猪病发生原因及流行特点

一、猪病发生原因

发生猪病的原因分为非传染性因素和传染性因素。

(一)非传染性因素

多为个体发病。

1.外伤　如骨折、皮肤割伤、冻伤等。

2.中毒　如食盐中毒、农药中毒、药物中毒等。

3.营养失调　主要是指维生素、矿物质、微量元素、钙和磷等的缺乏。

4.内科病　如消化不良、拉稀等。

(二)传染性因素

有传染性,引起群体发病。

1.细菌　如猪的链球菌病等。

2.病毒　如猪瘟、猪口蹄疫等。

3.寄生虫　如囊尾蚴、旋毛虫等。

二、流行特点

随着商品猪生产向规模化发展,猪病的发生也出现了新的特点,主要有以下几个方面:

(1)群体发病。由于是规模化养殖,数量在 100～1 000 头,有的还达到万头以上,一旦感染疫病,往往波及整个饲养场,造成的损失是巨大的。

(2)有明显的季节性。多发生于冬、夏季节,冬季呼吸道疾病增多,夏季因昆虫大量滋生寄生虫病流行。

(3)细菌性疾病和寄生虫病危害增加。由于大剂量药物的滥用和在饲料中添加某些抗生素药物,长期应用的结果导致一些细菌和寄生虫产生耐药性,发病时应用抗生素无效,造成短期内难以控制疫病,是流行的主要因素之一。

(4)混合感染增加。发病多为两种或两种以上的微生物所致,感染后病猪所表现出的临床症状没有诊断特异性,而表现为一组病原体感染后的一系列综合征候群。这几种微生物有时为继发感染,有时为并发感染。

(5)营养代谢病和中毒病增多。集约化饲养条件下,有时饲料保存时间过长,造成维生素氧化而失效,引起维生素缺乏;饲料或饲料原料受霉菌污染易引起霉菌毒素中毒;某些药物长期大量应用,如痢特灵、喹乙醇等易引起蓄积性中毒。这些营养代谢疾病和中毒性疾病的发生日益突出,造成了一定的经济损失。

(6)新的疫病不断增加,危害越来越大。随着我国加入WTO,国外的畜禽品种、疫苗等大量进入我国市场,由于我们缺乏严密的检测监控经验,也带进了一些疫病;同时,交通的方便带来了活畜禽交易面扩大和频率加快,不断地出现一些新的疫病。如猪的萎缩性鼻炎、繁殖与呼吸综合征等。

三、引起传染流行的主要因素

（1）引进了病猪。在引进猪只时，购进了患病的或已经感染疫病正处在潜伏期的猪只，引起发病流行。

（2）人为因素。防疫制度不健全，无隔离概念，无关人员随便进入饲养场；特别是参观者，尤其是从事饲养者的人员交流，都成了病原的携带者。

（3）昆虫叮咬。由于昆虫，特别是蚊虫的叮咬，可携带病原进行传播。

（4）空气、水源、饲料的污染。空气、水源和饲料被病原体污染后，经呼吸道、消化道引起发病。

（5）粪便无害化处理设施不健全。饲养场无粪便处理设施，对粪便无有效的无害化处理办法，粪便随便堆放，是目前一些小型饲养场疫病传播的又一重要因素。

（6）防疫程序不合理或对疫病种类免疫不全。制定的防疫程序不能使机体产生免疫力，对一些危害严重的疫病未加入防疫程序中，都是发病的重要因素。

第二节　防治措施

目前我国是世界上最大的猪肉生产国和消费国，猪肉食品安全问题已成为人们普遍关心的问题，特别是加入 WTO 和各大城市实施畜禽产品准入制度，要求商品猪生产必须实行标准化生产。标准化生产的中心问题就是控制猪的疫病，减少猪肉产品中的药物残留。只有防止疫病发生，才能减少用药，杜绝猪肉产品的药物残留。因此，对猪的疫病采取"预防为主"的原则，消灭病原体，切断传播途径，有计划地开展免疫接种，达到防止疫病发生的目的。因此，饲养生猪最根本的主题就是树立防重于治的指导思想，采取措施使猪场不发生疫病或少发病,这样不仅保障了食品安全,而且能够大幅度提高饲养经济效益。

一、综合性防治措施

(一)平时的预防措施

1.饲养的猪只必须健康无疫　购进的仔猪必须来自无疫区,持有畜牧部门签发的防疫证明和检疫合格证明,经隔离饲养确认健康无疫后方可入群饲养。

2.加强饲养管理　饲料要满足各个生长阶段的营养需要,保证质量,定时定量饲喂,供给充足的清洁饮水。

3.应严格控制和禁止外人参观　必要时应穿戴隔离衣经消毒后方准进场。

4.饲养场入口处设立消毒池　进入饲养区的任何人员都要出入后消毒,是杜绝传染源的重要措施。池内消毒液要经常更换,防止失去药效失去消毒作用。

5.饲养人员进入饲养区必须穿戴工作服和水靴　工作结束后,应将工作服和水靴进行消毒后再用。绝对不允许穿工作服进入生活区或出场,以防传染源带入场内。外来人员须经严格消毒后才能进入猪场。人员进出猪舍必须通过舍门口消毒池(盆)泡浸。外来车辆在外严格消毒后才能进入生活区和靠近装车台。各种消毒过程要严格做好清扫、冲洗、消毒三步曲,而且每个环节都要彻底。

6.实施制度化消毒工作　消毒工作是切断疾病传播、杀灭或消除猪体外病原体的好办法。严格执行消毒制度是搞好消毒工作的重要环节,猪舍每周1～2次小消毒,每月一次大消毒,各类猪舍转栏后及时消毒。通过定期对环境进行消毒,使病原微生物不能积累到感染剂量,能有效控制传染病的发生和流行。

7.对粪便进行无害化处理　饲养场应划定粪便的堆放场所,

对清除的粪便集中进行无害化处理后出场,既不污染周围环境,也符合标准化生产的要求。

8.定期杀虫灭鼠　蚊、蝇、鼠等是病原体的宿主和携带者,能传播多种传染病和寄生虫病,应当清除猪舍周围杂物、垃圾及杂草等,填平死水坑,并采取杀虫灭鼠等措施。

9.落实官方兽医监管制度　按照官方兽医的要求,接受从饲养到出栏等环节的监管和指导,确保各个生产环节都能实现食品安全要求。

10.搞好免疫接种,提高机体的抗病能力　根据《中华人民共和国动物防疫法》的规定,按照当地畜牧部门的免疫计划,制定出适合本场的免疫程序并严格实施。同时,还要根据疫情动态,随时添加免疫的种类。

(二)发生疫病时采取的措施

(1)发生《中华人民共和国动物防疫法》规定的一、二类传染病时,应及时向当地动物防疫监督机构报告。

(2)按照疫病扑灭的要求,配合相关部门做好隔离、扑杀、销毁、消毒和紧急免疫接种等工作。

(三)建设无规定动物疫病区

目前,人民生活水平提高后,消费观念发生了根本性的改变,自我保健意识增强,无污染、无残留和无公害的猪肉产品越来越受到广大消费者的青睐。我国已经加入 WTO,动物疫病防制体系建设面临严峻挑战,畜禽及其产品只有达到世界公认的动物防疫标准,才能获得广泛的国际市场,养猪业才能有更广阔的发展空间。据统计,近几年来,世界肉类增加的产量,中国占 80%,但我国畜禽及其产品的出口量却很小,仅占生产量的 1%,其中最主要的原因,就是我国的畜禽产品品质及一些动物疫病还没有达到相应的控制标准。

无规定动物疫病区就是在某一特定区域内,某种特定动物疫病达到了消灭标准。无规定动物疫病区建设是对动物疫病实行区域化管理,即在一定的区域内集中人力、物力和财力,加强动物防疫的基础设施建设,采取行政、法律、经济、技术手段在内的综合防制措施,有计划、有重点、有目标地扑灭国家计划控制的重点疫病,降低动物的发病率和死亡率。建设无规定动物疫病区是国家启动经济发展,加强基础设施建设,改善畜牧业发展环境,迅速与国际接轨的一项重大举措,也是使人们吃上放心肉,保护人体健康的需要。

只有在一个区域内全面控制,直至消灭危害严重的疾病,才能保证在这一区域内无疫病发生,养猪生产既减少了因疫病造成的经济损失,还可减少药物的残留。今后的发展就是在无规定动物疫病区建立生猪生产基地或企业,实施标准化生产管理,从根本上杜绝猪肉产品的疫病污染,解决兽药的滥用和超剂量超时使用问题,这样的猪肉产品才具有安全性,才能达到世界公认的动物防疫和安全卫生标准,参与国际市场的销售,实现畜牧业持续增长方式的转变。

(四)动物标识及可追溯体系建设

动物标识及可追溯体系是指对动物个体或群体进行标识,对有关饲养、屠宰加工等场所进行登记,对动物的饲养、运输、屠宰及动物产品的加工、储藏、运输、销售等环节相关信息进行记录,从而实现在发生疫情或出现质量安全事件时,能对动物饲养及动物产品生产、加工、销售等不同环节可能存在的问题进行有效追踪和溯源,及时加以解决。

我国目前确定的动物标识及疫病可追溯体系基本模式是以畜禽标识为基础,在生猪生产上,按照免疫程序对生猪进行口蹄疫、猪瘟和猪高致病性蓝耳病的防疫注射,在耳朵上佩戴有编码的防疫耳标,登记免疫卡,并建立免疫档案,利用移动智能识读设备,通过无线网络传输数据,中央数据库存储数据,记录生猪从出生到屠宰的饲养、防疫、检疫等管理和监督工作信息，实现从生猪出生到屠宰全过程的数据网上记录，达到对生猪及猪肉产品的快速、准确溯源和控制。

根据《动物免疫标识管理办法》，动物免疫标识的编码、标准由农业部统一设计，实行全国统一；对饲养的猪进行防疫注射佩戴耳标时，一定要按照当地畜牧兽医行政管理部门的要求进行。操作时，搞好免疫耳标和耳号钳的消毒。

建立追溯体系是畜牧兽医行业的一项基础工作，十分必要，势在必行。建立追溯体系是充分利用现代科技，发展现代农业，推进健康养殖，提高动物管理水平的要求；是开展动物流行病学调查，进行动物疫病追踪，提高重大动物疫病防控水平的要求；是对动物及动物产品实施全程有效监管和追踪溯源，提升动物卫生监管水平，确保动物产品安全的要求；是与国际上广泛推行追溯体系的大趋势接轨，防止动物及动物产品国际贸易技术壁垒，促进我国动物及动物产品出口的要求。

二、免疫

免疫包括猪先天的抗病能力和免疫接种后获得的抗病能力。

（一）猪的抗病力

猪的机体有几道抵御疫病侵害的屏障，包括皮肤、黏膜、白细胞和免疫系统。一旦这些屏障失去作用，猪表现抗病能力下降。

1. 皮肤屏障　猪的皮肤是防御传染病的第一道防线，完整健康的皮肤提供了阻止大量的生活在皮肤和周围环境中的细菌和病毒侵入的屏障。良好的营养才能保持皮肤健康。

2. 黏膜屏障　黏膜屏障是一条由位于口、鼻、眼睛、消化道、呼吸道、生殖系统和泌尿系统的保护上皮组成的重要防线。猪利用黏膜防止传染源侵入的方法是多种多样的，大部分黏膜产生黏液，即一种由能捕捉和杀死正在侵入的微生物病原的酸和酶组成的物质,而在气管表面有一层刷状整齐排列的纤毛,帮助捕捉和排除灰尘及其他引起肺炎的病。如果猪舍有尘土或尘土飞扬,使猪易引起咳嗽感染疾病。消化道黏膜表面含有大量的正常的有益菌群,这些菌群可以抑制病原体的数量和种类,起到正常的防御作用。

3. 白细胞　除了皮肤和黏膜以外,猪还有一个高效的白细胞防御系统,这个系统是由来源于血液、脾、淋巴结和骨髓的各种各样的白细胞组成,分布全身。如已知的凝集性巨噬细胞等。这些白细胞是游动的,并且可以快速地向病原侵入地带和受伤区域移动。其他类型的白细胞静止在循环系统或停留在身体器官系统的间隙。巨噬细胞在体内有一个敏锐的识别能力和接近异物或体外侵入物体的能力,它攻击外来异物如细菌、病毒并吞噬它们,它们能够凝集性地毁灭大量密集的病原体。

发热是大部分传染病在早期阶段表现出的一个症状,体温升高是由于侵入的病原产生的毒素和白细胞释放的酶类,刺激大脑热控制中枢的结果,发热促进和提高吞噬细胞的活性及抗原—抗体的反应速度,能够杀灭许多细菌。但发热并不是传染病的特征,如脱水、过敏反应和由于中毒而发生的急性衰竭也可引起发热。

4. 免疫系统　抗体是存在于血液(血清)或机体其他分泌物中的蛋白质片段的代称,它是由疫苗或病原体(抗原)作用在抗体生成细胞而产生的。抗体是机体的最后一道防线。当传染源进一步通过第一道和第二道防线后,机体仍可以召唤它的"后备部队",即抗体,为保护自己做最后的努力。

(二)免疫机理

从一个传染病感染康复后,机体常产生对同种病原再次感染的抵抗力,首先是保存了部分对这个病原体的"记忆",因此机体有效地准备好了对同种病原后来的再次侵入的处理。这种保护(免疫)是由于抗体对传染源(抗原)的反应而产生的免疫接种应用了这个免疫应答原理,降低和预防疫病的危害。

　　新生仔猪有一个不成熟的、几乎没有发育的免疫系统,然而它们所处的环境是充满了有害细菌和病毒的世界。出生后初乳提供了暂时的保护,在仔猪生活的第一天里,它的肠道能够吸收抗体(从母乳中获得)直接到毛细血管里,这些母源抗体在仔猪最初1~2周的生活中,对仔猪提供了保护。与此同时,仔猪的自身免疫系统逐步发育起来。这种从母乳中获得的保护被称为"被动免疫"。母乳持续提供哺乳仔猪抗体的时间和仔猪与母猪在一起的时间一样长,即使常乳中抗体不能像初乳中的抗体那样被吸收,但可覆盖在仔猪肠道表面,起到保护年幼的仔猪抵抗传染性腹泄的作用。

　　仔猪自身的免疫系统经过3~6周的发育,能够补偿母乳中持续降低的抗体浓度,仔猪自身的免疫系统产生的抗体被称为"主动免疫"。因此,如果仔猪受到第一次传染源的有限伤害并且主动地产生了特异性抗体抵抗它,将来任何时候相同病原的侵袭将会遇到一个高水平的抵抗力。

　　抗体是由体内的抗体生成细胞在疫苗(抗原)或病原的刺激下产生的,制造抗体的细胞遍布全身,它们分布于骨髓、淋巴结、脾及消化道、呼吸道的黏膜层中,抗体的功能具有高度的特异性,它们只有在抵抗刺激它们产生的特异性抗原或那些有密切相关的交叉抗原中,才提供保护。在这点上,有几种免疫方式应引起我们重视,这些免疫方式是依据抵抗和破坏传染性病源中的免疫能力而定义。

　　1.自然免疫　　这种免疫方式也被称为先天性免疫或种间免疫。比如,猪对牛的病毒性腹泻有天然的抵抗或免疫作用,猪体内的环境不支持感染其他不同种动物的绝大部分病原的生长。

　　2.个体免疫　　在同一猪群的不同个体之间,在一定时间内抵抗一个特定的疫病能力方面存在着差异。例如:在哺乳猪舍内的一组仔猪里,有10%的仔猪死于新生仔猪腹泄,一些腹泄的仔猪经过治疗或者没有任何治疗而康复了,同时一些仔猪根本没有表现出腹泻症状。仔猪在对腹泻病原反应上的差别可能是由于年龄、初乳吸收或由于母猪营养状况不同所致。

3. **主动免疫**　主动免疫是在动物从一个自然发生的传染病康复后获得的免疫。在感染和发病期间,动物体产生了特异性抗体,抵抗病原或它们产生的毒素,另外产生了记忆免疫细胞,准备在以后同类病原侵入时,产生更多更高的抗体。

主动免疫也可以通过使用疫苗人工获得,疫苗是一种由死的、活的或致弱的病原或其抗原活性物质所构成的液体或悬浮液。当这些疫苗注入体内时,免疫系统将产生与自然发生的感染而产生的同样的抗体,免疫接种也将提高记忆免疫细胞的形成。

(三)免疫接种

动物对疫病抵抗力可以用特异性疫苗注射猪,刺激免疫系统产生抗体而被提高。商品猪场制定防疫计划时,不仅要按照当地防疫部门的计划,还要符合本场的实际。使用的疫苗要考虑经济成本,仅仅为了"确保"使猪不得病而使用所有疫苗是昂贵的和不必要的,疫苗并不保证不发生疫病,免疫接种也不能代替良好的管理。

1. **抗原及其功能**　抗原是体外的物质,刺激猪的免疫系统产生中和该抗原或带有具有这种抗原的病原体所需要的抗体。所有的疫苗都包含抗原,疫苗中的抗原是由蛋白质或多糖体和蛋白质构成的,它们含有病原微生物的多种细胞成分或毒素。

2. **菌苗**　菌苗是被热、紫外线辐射或化学物质杀死的细菌悬浮液。

3. **细菌提取物苗**　这种疫苗是最近发展起来的疫苗,它含有高度纯化的、免疫源性很强的细胞壁成分或像细菌纤毛类的其他细菌成分。比如猪腹泻大肠杆菌疫苗就是筛选出的大肠杆菌产肠毒素株的纤毛悬浮液;这类疫苗具有以下优点:

(1)对怀孕猪使用安全。

(2)产生良好的抗体反应。

(3)能为新生仔猪提供高水平的母源抗体。

4.病毒疫苗　有两种类型的病毒疫苗,一种是灭活的死病毒疫苗,一种是弱毒的活疫苗。

(1)灭活的病毒疫苗。死的病毒疫苗有排除疫病发生和扩散疫病危险的优点,但免疫的水平和持续的时间不如活病毒疫苗产生的效果好。死的病毒疫苗适用于帮助减少最重要的猪病毒病的发病率。

(2)致弱的活病毒疫苗。这种类型的疫苗有产生抗体水平高和持续较长时间的优点。

5.疫苗的局限性　免疫接种后并不能完全地防止疫病发生,主要有以下几个方面的原因:

(1)微生物病原本身和它的疫苗在刺激抗体产生上有极大差异(抗原性差异),因此,一些疫苗较其他疫苗必须更多次注射才能产生较强的抵抗力。

(2)不同的动物个体产生免疫反应的能力差异很大,引起应激反应的一些因素,如营养不良和并发病对其影响很大,因此,在一个免疫接种的动物群内部,一些个体较其他动物对疫苗有更好的免疫反应,获得了较好的保护。

(3)感染更强毒力的病毒和细菌,超过了以前被免疫接种所产生的免疫力,仍可以引起被免疫的动物发病或死亡。

(4)发生猪病是由多种因素引起的,如环境条件差和饲养管理粗放。

(四)免疫接种注意的问题

1.确定恰当的首免时间　过早免疫影响免疫效果,过晚免疫会遭受病毒感染的危险,因此如猪瘟的免疫,首免时间是仔猪的母源抗体降到最低水平时再进行疫苗接种,才能获得显著效果,因此猪瘟首免在 20 日龄进行,60 日龄进行第 2 次免疫,其他疫苗的接种,必须根据疫苗要求,通过免疫监测,依据抗体的水平来确定最佳免疫时间。

2.选用合适的疫苗　　无论是冻干活菌苗,还是油乳灭活苗,都必须要选择使用国家或农业部指定的正规的生物药品厂生产的疫苗,还要根据猪群的免疫检测情况以及猪群的发病情况来选择使用何种疫苗。而且要有针对性地防止传染病的流行。在接种时,要考虑疫苗之间的相互影响,如果疫苗间在引起免疫反应时互不干扰或有相互促进作用,可以同时接种;如果相互有抑制作用,则不能同时接种,否则会影响免疫效果。因此在不了解情况时,不要几种疫苗同时免疫接种。可联合使用的疫苗最常见的是猪瘟、猪丹毒、猪肺疫三联苗。

3.正确使用疫苗

(1)要按照生产厂家的要求和疫苗的种类,按照疫苗说明保存,以防失效。同时注意疫苗的真空,封口是否严密、是否破损和吸湿,非真空疫苗一定不要使用。

(2)稀释疫苗之前应逐瓶检查,尤其是名称、有效期、剂量等。对需要特殊稀释液的疫苗,应用指定的稀释液。而其他的疫苗一般可用生理盐水或蒸馏水稀释。稀释液的用量在计算和称量时必需细心和准确。

(3)稀释过程应避光、避风尘和无菌操作,尤其是注射用的疫苗应严格无菌操作。

(4)稀释过程中抽取疫苗后再对疫苗瓶用稀释液冲洗 2～3 次。活苗一经稀释,要在 1 小时内用完,死苗要在当天用完。

(5)做好配种前母猪的免疫,使仔猪从出生到育肥出栏一直得到保护,避免出现免疫空白期。

(6)免疫接种时要严格消毒注射部位,而且要做到每头猪 1 个针头,以免经针头传播疾病。

(7)在接种疫苗前后,应尽可能避免造成剧烈刺激的操作,如转群、采血等。

(8)在接种前,要全面了解和检查猪群的情况,若体质弱、有其他疾病等,暂不接种。

4. 走出用苗的误区

(1)用苗的同时不能使用抗生素的误区。免疫进行用药可以在同一时间内,但疫苗使用前后禁用抗病毒药物,菌苗使用前后禁用抗生素,禁止将抗生素放入疫苗内一起使用。

(2)疫苗使用次数越多越保险的误区。免疫次数及时间应根据体内抗体的消长规律确定。当抗体降到免疫临界点时,适时给予免疫,从而使抗体水平升高,当再次降到临界点时,再给予免疫。但并非免疫次数越多越好,不恰当的免疫,只能中和体内较高的抗体,而使免疫产生负面影响。

(3)所有疫苗都用就保险的误区。活疫苗有很强的毒性,使用后存在散毒和污染的问题,所以,使用疫苗一定要有针对性,切忌盲目用苗。初次使用新的疫苗,最好使用灭活苗。

(4)疫苗剂量加大,免疫效果越好的误区。疫苗的剂量太少或不足,不足以刺激机体产生足够的免疫效应,剂量过大可能引起免疫麻痹或毒性反应,所以疫苗使用剂量应严格按产品说明书进行。目前很多人为增加免疫效果而将剂量加大几倍使用,是完全没必要甚至有害的。免疫剂量超过一定限度时,抗体的产生会受到抑制,出现免疫麻痹,正常情况下,根据疫苗说明剂量使用即可。目前使用的猪瘟细胞苗1头份可以达到临床保护。过期或失效的疫苗不得使用,更不得用增加剂量来弥补。

5. 免疫与加强饲养管理相结合　免疫时必需严格遵守免疫技术操作规程,同时加强饲养管理、消毒等综合防制措施。

三、药物治疗

药物防治技术是指使用药物抑制或杀灭机体内的病原体,控制动物感染性疾病的发生和发展或治疗动物感染性疾病的一种技术。引起动物感染性疾病的病原体包括细菌、真菌、病毒和寄生虫。由于目前所发现和研制的对动物安全而对病毒有杀灭作用的药物品种有限,效果又不理想。所以,动物的病毒性疾病主要是使用疫苗进行免疫预防;虽然部分细菌性疾病可以用菌苗预防,但大部分细菌性疾病和所有寄生虫性疾病主要还是用药物进行防治。

(一)药物敏感试验

抗菌药物在猪病防治上已得到了广泛的使用,但是对某种抗菌药物长期或不合理地使用,可引起这些细菌产生耐药性。如果盲目地滥用抗菌药物,不仅造成药物的浪费,同时也贻误了治疗时机。药物敏感试验,是一项药物体外抗菌作用的测定技术,通过本试验,可选用最敏感的药物进行治疗。常用的药敏试验的方法有纸片法。

1.纸片法　各种抗菌药物的纸片,市场有售,是一种直径6毫米的圆形小纸片,要注意密封保存,藏于阴暗干燥处,切勿受潮。注意有效期,一般不超过6个月。

(1)试验材料。经分离和鉴定后的纯培养菌株(例如大肠杆菌、链球菌等)、营养肉汤、琼脂平皿、棉拭子镊子、酒精灯、药敏纸片若干。

(2)试验步骤。

①将测定菌株接种到营养肉汤中,置37℃条件下培养12小时,取出备用。

②用无菌棉拭子蘸取上述菌液,均匀涂于琼脂平皿上。

③待培养基表面稍干后,用无菌小镊子分别取所需的药敏纸片均匀地贴在培养基的表面,轻轻压平,各纸片间应有一定的距

离,并分别做上标记。

④将培养皿置37℃温箱内培养12～18小时后,测量各种药敏纸片抑菌圈直径的大小(以毫米表示)。抑菌圈直径大的表明药物最有效。

2.自制纸片法 市场上出售的定性滤纸制成直径6毫米的圆形小纸片,灭菌消毒保存。对要用的药物按使用说明制成溶液,将上述纸片放入充分浸泡,取出晾干后按纸片法的操作步骤进行测定抑菌圈直径。这一方法可以测定抗菌药物的质量,以防伪劣假冒产品和过期失效药物进入猪场,有利于对购买兽药的选择使用,尽快控制疫病。

(二)药物治疗

对疾病作出正确诊断是选择药物的前提,有了确切的诊断,方可了解其致病菌,从而选择对病原高度敏感的药物。对细菌进行分离、培养、鉴定以及药敏试验是选择抗菌药物的有效方法。要尽量避免在无确诊指征和指征不强的情况下选用药物。对疾病确诊后就要选择适当的药物进行治疗,要求对于出现症状的猪采取对症治疗,对同群猪或全场猪群进行药物预防。选择药物的原则是:

(1)对病原体有高度的敏感性而对猪毒性低或者无毒。

(2)在猪体内残留小或无残留、无致癌致畸变,不影响环境卫生。

(3)不影响适口性,适于在饲料和饮水中添加且性质稳定。

(4)不易产生耐药性。

(5)能够提高机体的防御机能,改善临床症状,治疗效果好。

(三)常用抗生素

抗生素是杀灭细菌的化学物质。当抗生素被合理使用时,对被治疗的动物基本没有不利的影响,抗生素的作用方式差异很大。杀菌性抗生素(抗菌素)杀死细菌是通过破坏掉细菌的细胞壁或者干扰细菌的正常新陈代谢过程而发挥杀菌作用。抑菌性抗生素阻

止细菌的生长和繁殖,使动物体的防御系统更有效地抵抗感染。不同的抗生素可以抵抗不同的细菌。常用抗生素有:

1.青霉素 青霉素是 19 世纪 40 年代发现的第一个抗生素,它的发现揭开了传染病治疗的新纪元。青霉素是一个窄谱抗生素,最常用的给药方法是肌内注射,特殊的制剂也适用口服和静脉注射用。青霉素是所有的抗生素中毒性最小的一种。

2.新霉素 新霉素的抗细菌作用和链霉素相似,一般仅限于口服给药,主要用于治疗肠道感染和哺乳仔猪腹泻。新霉素毒性很大,禁止注射使用,猪新霉素停药期为 14 天。含有新霉素的悬浮液,禁止连续使用 4 天以上。

3.泰乐菌素 泰乐菌素被用来治疗猪丹毒、肺炎和猪痢疾。肌内注射时,它有某种程度的刺激性,在任何位置注射用药不应该超过 5 毫升。当在饲料中使用泰乐菌素治疗动物疫病时,停药期至少为 8 天。

4.磺胺类药 一般磺胺类药物通过食物或水进行口服。磺胺类药物常用的治疗期是 3～5 天。

5.三甲氧苯嘧啶增强的磺胺药物 三甲氧苯嘧啶药物加入到磺胺嘧啶中,加强或提高了磺胺嘧啶的作用效力,用这个复合药物,低水平的剂量就可以达到良好的抗微生物作用。增效磺胺是广谱抗生素,有杀菌作用,一般的治疗期应当不超过 5 天,增效磺胺的停药期是 10 天。

6.喹诺酮类药物 喹诺酮类化合物是一种新型的合成抗菌药物。由于喹诺酮类药物具有抗菌谱广,抗菌活性强、给药方便,与常用抗菌药物无交叉耐药性等特点,并且具有价格低等方面的优势,使得其临床应用迅速普及,作为对防治全身感染有效的广谱抗菌药物,成为目前临床最广泛应用的抗感染治疗药物之一,是当今世界上争相开发生产和应用的重点药物。尤其是氟喹诺酮类化合物,自 20 世纪 90 年代以来对其研究很多,发展迅猛,合成的衍生物已有 10 万种。并且不断推向临床,在兽医临床上应用的也不下 10 种,如诺氟沙星、环丙沙星、恩诺沙星、氧氟沙星、丹诺沙星和麻保沙星等。这类药物大多数具有吸收快、分布广、半衰期较长的特点,组织中的浓度高于血浆浓度,对于全身感染性疾病的防治具有重要意义。

(四)猪的给药方法

1. **口服法**　药物经口内服经胃肠吸收后作用于全身,或在胃肠道发挥局部作用。其优点是操作简单,适合大多数药物,但药物在胃肠道吸收不规则,吸收较慢,而且受胃肠道内容物的影响较大,因此显效较慢。为了发挥药物在胃肠道的局部作用,常采用吸收很差或不吸收的药物,以维持药物在胃肠道中的浓度和作用时间,如肠道抗菌药、驱虫药、制酵药等。在空腹或半空腹服用的药物有驱虫药、盐类泻药。刺激性强的药物应在饲喂后服用。在以下情况下不能通过内服给药:病情危急、昏迷、呕吐时;刺激性大,对胃肠黏膜有损伤的药物;能被消化液破坏的药物。进行药物预防和治疗时,常将粉剂药物拌入饲料中喂服。先将药物按规定的剂量称好,放入少量精饲料中拌匀,然后将含药的饲料拌入日量饲料中,认真搅拌均匀,再撒入食槽任其自由采食。

2. **药物注射法**　猪的注射方法,常用的有皮下注射、肌内注射、静脉注射和腹膜腔注射。

(1)皮下注射法。将药液注射于皮下结缔组织内,使药液经毛细血管、淋巴管吸收进入血液循环,因皮下有脂肪层,吸收速度较慢,注射药液后经 10～15 分钟被吸收。多用于易溶解、无强刺激性的药品及菌苗。部位在耳根后或股内侧。局部剪毛、碘酊消毒,在股内侧注射时,应以左手的拇指与中指捏起皮肤,食指压其顶点,使其成三角形凹窝,右手持注射器垂直刺入凹窝中心皮下约 2 厘米(此时针头可在皮下自由活动),左手放开皮肤,抽动活塞不见回血时,推动活塞注入药液。注射完毕,以酒精棉球压迫针孔,拔出注射针头,最后以碘酊涂布针孔。在耳根后注射时,由于局部皮肤紧张,可不捏起皮肤而直接垂直刺入约 2 厘米,其他操作与股内侧注射相同。

(2)肌内注射法。猪最常用的给药途径是肌内注射。药物通过肌内注射对机体发挥作用的速度取决于所使用的药物类型。水溶性注射液吸收快,以致血液中浓度很快地升高,油性注射液吸收慢,发挥作用时间长。由于在猪的皮肤下面有一个缺乏血液循环的相当厚的脂肪层,因此肌内注射要使用足够长的针头,以穿过脂肪层达到深部肌肉层。因为药物注射到脂肪内的吸收很慢,且只有极少量被吸收,达不到效果。一般对母猪、生长猪和育肥猪采用 2.5~3.8 厘米长的针头,以保证注射的药物深度到达肌肉组织。而对较小的猪,采用小短针头,如对仔猪注射铁制剂。

注射部位的皮肤要用 70%酒精的棉球进行消毒,如果未对皮肤消毒,针头将带着皮肤表面的细菌进入深层组织,导致脓肿发生。注射部位在臀部或颈部,局部剪毛消毒后,以盛药液的注射器针头迅速刺入肌肉内 3~4 厘米(小猪要浅些),回抽活塞没有回血,即可注入药液,注射完毕,拔出注射针,涂布碘酊。

(3)静脉注射法。将药液直接注于静脉内,使药液很快分布全身,奏效迅速,但排泄较快,作用时间短,对局部刺激性较大的药液均采用本法。部位在耳大静脉或颈静脉。局部消毒后,左手的拇指和其他指捏住耳大静脉(或用橡皮带环绕耳基部拉紧做个活结),使其怒张,右手持注射器将针头迅速刺入(约 45°角)静脉,刺入正确时,可见回血,而后放开左手(或取去橡皮带),徐徐注入药液,注射完毕,左手拿酒精棉球紧压针孔,右手迅速拔出针头。为了防止血肿,应继续紧压局部片刻,最后涂布碘酊。静脉注射时,保定要确实。看准静脉后再刺入针头,避免多次扎针,引起血肿和静脉炎。针头确实刺入血管内后再注入药液,注入速度不宜太快,以每分钟 20 毫升左右为宜。油类制剂不能作血管内注射。在注射前要排除注射器内的空气。注射刺激性强的药物不能漏在血管外的组织中。

(4)腹膜腔注射法。将药液注射于腹膜腔内。腹膜吸收能力很强,当心脏衰弱,静脉注射困难时,可通过腹膜腔注射进行补液。部位在下腹部耻骨前缘前方3~6厘米腹白线(主中线)的侧方。采用倒提法保定。局部剪毛消毒后,用右手持注射器,针头与皮肤垂直刺入腹腔,回抽活塞如无气体和液体时,即可缓缓注入药液。当大量药液注入时,应将药液加温,使之与体温相同。

3.群体给药 在现代规模化养猪的感染性疾病控制中,一个最有效的措施就是群防群治。将药物添加到饲料或饮水中,防治猪的细菌性感染性疾病和寄生虫性疾病或促进猪的生长发育是现代规模化养猪用药的一个常用方法。其优点是:

(1)能够对整个猪场或某个猪群的疾病进行群防群治,便于宏观控制。尤其是对可能被某种病原菌感染的猪群或感染前期还未表现出临床症状的猪群,在饲料中添加药物来控制疾病的暴发和流行是一种最经济最有效的措施。

(2)方便经济,不需要兽医技术人员花时间和精力对每头猪进行注射或口服给药。

(3)减少对猪的刺激,降低应激性疾病的发生。

(4)通过长期连续或定期间断性混饲或混饮用药,能对猪场扎根的某些顽固性细菌性疾病(如猪气喘病、仔猪水肿病、猪传染性萎缩性鼻炎等)及寄生虫性疾病进行根治。

群体给药的主要缺点是药物的正确添加量难掌握和猪的内服剂量不均(药物与饲料混合不匀及猪的采食量不等)。为此要做到以下几点:

(1)要掌握药物的内服剂量与猪的采食量或饮水量的换算。猪的采食量和饮水量与体重相关,成正比关系。饮水量与环境温度成正比关系,与相对湿度成反比关系。一般条件下,仔猪的日采食量占体重的 6%～8%,育肥猪的日采食量占体重的 5%左右,种母猪的日采食量占体重的 3%左右,而哺乳期要上升 1 个百分点(4%左右)。猪的饮水量一般是采食量的 2～2.5 倍。知道了猪群的总体重就可根据不同药物的内服剂量换算出药物添加量。

(2)药物的适口性与采食量的关系,适口性好可在全量饲料中均匀添加,适口性差就应将药物添加在半量饲料中,当猪群饥饿时喂服,在猪群将添加药物的饲料吃净时,再投放另一半饲料。

(3)在饲料、饮水中添加药物。一般说,添加在饲料中比较适合于疾病的预防,添加在饮水中比较适合于疾病的治疗。猪在发病时,因病情原因致使食欲下降,甚至废绝,此时通过饲料给药,进入猪体内的药量不足,达不到治疗效果。但病猪特别是热性疾病,猪饮水比较正常,有时略有增加,此时通过饮水添加药物就能达到预期效果。通过饮水添加用药,其药物应是水溶性制剂,否则药物会在水中沉积,造成治疗无效或水饮干后沉积的药物被少数猪食入而中毒。

(4)药物与饲料的混合要均匀,药物的量较饲料量低得多,相对饲料来讲,药物所占比例极小,要将极少量的药物与大量饲料混匀不是件容易事。实践证明,必须采用“等量递升法”或“逐级混合法”才有可能将极少量的药物与大量的饲料混合均匀。

4.局部用药　通过涂擦、喷淋、清洗等方法将药用于皮肤或黏膜表面,主要用来治疗创伤、化脓感染、皮肤病、皮肤寄生虫病等。

四、寄生虫的综合防治

各种寄生虫病严重地危害着猪和人类的健康,并能降低畜产品的数量和质量。不少寄生虫病为人畜共患性疾病,例如猪旋毛虫病、猪囊虫病和弓形虫病等,所以防治寄生虫病是关系到人畜健康和养猪业健康发展的大事。但防治寄生虫病是个极其复杂的问题,它与多种因素有关,如外界环境状况、人们的卫生习惯、猪的饲养管理、中间宿主等，必须实施综合性防治措施，才能收到较好的成效。有不少猪场只注重猪的驱虫但不注意环境卫生，有时驱了虫，但不久猪又重复感染，就是对外环境没有处理，造成了很大的经济损失。综合防治措施主要包括两个方面：一是猪体的驱虫，二是外界环境的除虫。

（一）猪体驱虫

驱虫是将猪体内（或身体上）的寄生虫杀灭或驱出体外的措施。寄生虫生活在猪的体内或体表的这个阶段是它们生活史中较易被我们所消灭的环节；相比之下，寄生虫生活在自然界中，因虫体很小，散布很广，而且虫卵的抵抗力很强，往往难于杀灭它们。故驱虫是防治寄生虫病中最积极而且也容易办到的措施。但是，几乎所有的驱虫药都不能杀灭蠕虫子宫中或排入消化道或呼吸道中的虫卵。这样，驱虫后含有崩解虫体的排泄物，如果任意让它散布，就会给外界环境造成严重的污染。而消毒外界环境中的虫卵或幼虫是极其困难的。所以，我们必须使驱虫成为消除寄生虫携带者和保持外界环境不受污染的行动。在驱虫工作中，必须做到以下几个方面：

1.定期驱虫　驱虫是治疗和消灭猪病原寄生虫，减少或预防病原寄生虫扩散的有效措施之一。选好时间，全群覆盖驱虫，经常阶段性、预防性用药，防止再感染，将寄生虫消灭于幼虫状态。对猪场里所有的猪进行一次驱虫，这是非常重要的。母猪在分娩前14～21天进行一次驱虫，使母猪在产仔后身体不带虫，因为仔猪会接触到母猪的粪便，跟母猪的皮肤摩擦接触，带虫就会通过这些途径传染给仔猪，这样驱虫后仔猪就不会受感染；母猪在配种前14天用一次；公猪每年至少用两次，春、秋各用一次；育肥猪最经济的办法是在35～40日龄时驱虫一次，一直到出栏基本没问题；对所有引进的猪，首先要进行隔离，然后进行驱虫，最后进行合群；

如果猪场虱较多,可以在间隔十天左右用第二次药,对于感染疥螨严重的病猪,可以再用药1次。怀孕的母猪在围产期的驱虫是非常重要的,因为怀孕的母猪在孕期免疫力非常低,对寄生虫的易感性增加,这时驱虫对于保证它健康产仔非常重要,更重要的是产下仔猪对寄生虫感染会大为减少,在哺乳期仔猪和母猪的接触是非常亲密的,如果母猪感染寄生虫,很容易传染给后代,这个环节非常重要。驱虫时,随粪便排出大量的虫体和虫卵,为了防止污染猪舍和运动场,驱虫后要清扫、收集粪便,并进行无害化处理。

2. 驱虫药的选择　驱虫前要做粪便虫卵检查,弄清猪体内寄生虫的种类和危害程度,以便有的放矢地选择驱虫药。驱虫药的选择原则是:高效、低毒、针对性强、使用方便和价廉;采用口服药对猪集体驱虫时,驱虫药的安全范围要大,量要足,因猪常吃食不均,有的吃进药物多,有的吃进药物少,要确保吃进药物多的猪不发生中毒,吃进药少的猪能达到有效驱虫剂量。常用的药物有伊维菌素、丙硫苯咪唑等。

3. 驱虫药用药次数　许多驱虫药是抑制寄生虫的代谢,使其不能生存和生育。低剂量抑制排卵,适量杀虫。药物在体内要维持一定的浓度和时间,为了提高驱虫效果,常常连续给予2~3次驱虫药。对于一些体表寄生虫,例如疥螨,驱虫药只能杀死虫体,而不能杀死虫卵。用一次药后,虽杀死了皮上的成虫和幼虫,但留在皮内的虫卵并未死亡,以后它又孵出幼虫再发育为成虫,即又复发。因此正确的用药方法是间隔7~10天,连续用药2~3次,才能防止此病的复发。

(二)外界环境除虫

搞好环境卫生是减少寄生虫感染或预防感染的重要措施之一。而要做到扑灭外界环境寄生虫和虫卵,必须做到以下几个方面:

1.预防仔猪的寄生虫感染　仔猪的胃肠功能不健全,抵御寄生虫感染的能力很差,要做到预防仔猪寄生虫感染,在仔猪料中要添加适量的广谱驱虫药如丙硫苯咪唑,当仔猪从外界食入寄生虫时,可尽早将其消灭,以保障仔猪的正常生长发育。

2.粪便的清扫和处理　猪体内寄生虫的虫卵随时从粪便排出,有的虫卵在外界适宜条件下很快发育成为感染性幼虫,例如猪结节虫的虫卵在夏季经3～6日就发育为感染性幼虫,猪类圆线虫卵在外界有时经2～3日发育为感染性幼虫。因此猪舍内的粪便应及时清除。对于寄生虫严重感染的猪场,除了一般的清洁卫生外,还应对猪舍和运动场进行消毒,杀灭虫卵和幼虫,或铲除一层表土,换上新土,并用石灰消毒。

3.猪粪便和垫草的无害化处理　许多寄生虫的虫卵和幼虫对外界环境有一定的抵抗力,例如猪蛔虫卵,卵壳厚,由4层组成,内膜能保护胚胎不受外界各种化学物质的侵蚀,中间两层有隔水作用,使内部不干燥,外层可阻止紫外线透过,它对外界不良环境有很强的抵抗力。因此猪蛔虫病很普遍。其他寄生虫的虫卵和幼虫对外界环境也都有一定的抵抗力。所以,猪的粪便和垫草清除出圈后,要运到距猪舍较远的场所堆积发酵,或挖坑沤肥,用产生的生物热来杀灭虫卵。

4.猪用饮水和饲料要清洁　要求无寄生虫和虫卵污染。

五、消毒

饲养环境中自然存在的病原体是引起猪发病的主要因素,发病后应用大量的化学药物有时效果也不明显,既增加了养猪成本,还造成了肉品的药物残留,降低了肉品的质量。而在外界环境中,用化学药物对病原体进行杀灭,猪只接触不到病原体,也就减少了发病的因素,这一过程称为消毒。消毒是预防疾病的重要措施。

通过对猪的饲养环境消毒,可以控制许多严重的传染病,是消灭疫病的最经济的方法,能起到事半功倍的作用。但是,在实际工作中消毒也是我们恰恰最忽视的薄弱环节,必须引起高度重视。

1.喷雾消毒 用一定浓度的次氯酸盐、有机碘混合物、过氧乙酸、新洁尔灭等,用喷雾装置进行喷雾消毒,主要用于猪舍清洗完毕后的喷洒消毒、带猪消毒、猪场道路和周围、进入场区的车辆。

2.浸液消毒 用一定浓度的新洁尔灭、有机碘混合物或煤酚的水溶液,进行洗手、洗工作服或胶靴。

3.熏蒸消毒 每立方米用福尔马林(40%甲醛溶液)42毫升、高锰酸钾 21 克,21℃以上温度、70%以上相对湿度,封闭熏蒸24 小时。甲醛熏蒸猪舍应在进猪前进行。

4.紫外线消毒 在猪场入口、更衣室,用紫外线灯照射,可起到杀菌效果。

5.喷撒消毒 在猪舍周围、入口、产床和培育床下面撒生石灰或火碱可以杀死大量细菌或病毒。

6.火焰消毒 用酒精、汽油、柴油、液化气喷灯,在猪栏、猪床和猪只经常接触的地方,用火焰依次瞬间喷射,对产房、培育舍使用效果更好。

7.环境消毒 猪舍周围环境每 2～3 周用 2%火碱消毒或撒生石灰 1 次;场周围及场内污水池、排粪坑、下水道出口,每月用漂白粉消毒 1 次。在大门口、猪舍入口消毒池,注意定期更换消毒液。

8.人员消毒 工作人员进入生产区净道和猪舍要经过洗澡、更衣、紫外线消毒。严格控制外来人员,必须进生产区时,要洗澡、更换场内工作服和工作鞋,并遵守场内防疫制度,按指定路线行走。

9.猪舍消毒 每批猪只调出后,要彻底清扫干净,用高压水枪冲洗,然后进行喷雾消毒或熏蒸消毒。

10.用具消毒　定期对保温箱、补料槽、饲料车、料箱、针管等进行消毒,可用0.1%新洁尔灭或0.2%~0.5%过氧乙酸消毒。然后在密闭室内进行熏蒸。

11.带猪消毒　定期进行带猪消毒,有利于减少环境中的病原微生物。可用于带猪消毒的消毒药有:0.1%新洁尔灭,0.3%过氧乙酸,0.1%次氯酸钠。

第三节　生产无公害猪肉允许使用的兽药

一、使用准则

在生猪生产中,应供给适度的营养,饲养环境应符合《畜禽环境质量标准》,加强饲养管理,采取各种措施以减少应激,增强动物自身免疫力。使用的饲料应符合《无公害食品 生猪饲养饲料使用准则》的规定。生猪疾病以预防为主,应严格按《中华人民共和国动物防疫法》的规定防止生猪发病死亡。必要时进行预防、治疗和诊断疾病所用的兽药,必须符合《中华人民共和国兽药典》、《中华人民共和国兽药规范》、《兽药质量标准》、《进口兽药质量标准》、《兽用生物质量标准》和《饲料药物添加剂使用规范》的相关规定。所用兽药必须来自具有《兽药生产许可证》和产品批准文号的生产企业,或者具有《进口兽药许可证》的供应商。所用兽药的标签应符合《兽药管理条例》的规定。使用兽药应遵循以下原则:

(1)允许使用消毒防腐剂对饲养环境、猪舍和器具进行消毒,但要符合《无公害食品 生猪饲养管理准则》的规定。

(2)优先使用疫苗预防生猪疾病,但应使用符合"兽用生物制品质量标准"要求的疫苗进行免疫接种,同时应符合《无公害食品生猪饲养兽医防疫准则》的规定。

（3）允许使用《中华人民共和国兽药典》二部及《中华人民共和国兽药规范》二部收载的用于生猪的兽用中药材、中药成方制剂。

（4）允许在临床兽医的指导下使用钙、磷、硒、钾等补充药、微生态制剂、酸碱平衡药、体液补充药、电解质补充药、营养药、血容量补充药、抗贫血药、维生素类药、吸附药、泻药、润滑药剂、酸化剂、局部止血药、收敛药和助消化药。

（5）慎重使用经农业部批准的拟肾上腺素药、平喘药、抗（拟）胆碱药、肾上腺皮质激素类药和解热镇痛药。

（6）禁止使用麻醉药、镇疼药、镇静药、中枢兴奋药、化学保定药及骨骼肌松弛药。

（7）对允许使用的抗菌药和抗寄生虫药，还要注意以下几点：

①严格遵守规定的用法与用量。

②严格遵守使用规定的休药期。某种药物休药期限时间的长短，是根据药物动力学药物进入动物机体后的吸收、分布、转化、排泄与消除过程中的快慢而定的。规模猪场和农户饲养的商品育肥猪，尽量不使用有休药期的药物，必须使用时，必须达到休药期。

③建立并保存免疫程序记录；建立并保存全部用药的记录，治疗用药记录包括生猪耳标编号，发病时间及症状、治疗用药物名称（商品名及有效成分）、给药途径、给药剂量、疗程、治疗时间等；预防或促生长混饲给药记录包括药品名称（商品名及有效成分）、给药剂量、疗程等。

④禁止使用未经国家畜牧兽医行政管理部门批准的用基因工程方法生产的兽药。

⑤禁止使用未经农业部批准或已经淘汰的兽药。

二、允许使用抗菌药和抗寄生虫药的种类及使用规定

(一)抗菌药

见表 8-1 至表 8-3。

表 8-1　抗菌药(一)

名称	制剂	用法与用量	休药期
黄霉素	预混剂	混饲,每 1 000 千克,生长、育肥猪 5 克,仔猪 10～25 克	
氟苯尼考	注射液	肌内注射,一次量,20 毫克/千克体重,每隔 48 小时一次,连用 2 次	30 天
	粉剂	内服,20～30 毫克/千克体重,一日 2 次,连用 3～5 天	30 天
硫酸庆大霉素	注射液	肌内注射,一次量,2～4 毫克/千克体重	40 天
硫酸庆大—小诺霉素	注射液	肌内注射,一次量,1～2 毫克/千克体重,一日 2 次	
潮霉素 B	预混剂	混饲,每 1 000 千克饲料,10～13 克,连用 8 周	15 天
硫酸卡那霉素	注射用粉针	肌内注射,一次量,10～15 毫克,一日 2 次,连用 2～3 天	
北里霉素	片剂	内服,一次量,20～30 毫克/千克体重,一日 1～2 次	
	预混剂	混饲,每 1 000 千克饲料,防治 80～330 克,促生长 5～55 克	7 天
复方磺胺氯哒嗪钠粉	粉剂	内服,一次量,20 毫克/千克体重(以磺胺氯哒嗪钠计),连用 5～10 天	3 天
硫酸安普(阿普拉)霉素	预混剂	混饲,每 100 千克饲料,80～100 克,连用 7 天	21 天
	可溶性粉	混饮,每 1 升水,12.5 毫克/千克体重,连用 7 天	21 天

续表 8-1

名称	制剂	用法与用量	休药期
氨苄西林钠	注射用粉针	肌内、静脉注射,一次量 10～20 毫克/千克体重,一日 2～3 次,连用 2～3 天	
	注射液	皮下或肌内注射,一次量,5～7 毫克/千克体重	15 天
普鲁卡因青霉素	注射用粉针	肌内注射,一次量,2 万～3 万单位,一日一次,连用 2～3 天	6 天
	注射液	肌内注射,一次量,2 万～3 万单位,一日一次,连用 2～3 天	6 天
酒石酸北里霉素	可溶性粉剂	混饮,每 1 升水,100～200 毫克,连用 1～5 天	7 天
盐酸林可霉素	片剂	内服,一次量,10～15 毫克/千克体重,一日 1～2 次,连用 3～5 天	1 天
	注射液	肌内注射,一次量,10 毫克/千克体重,一日 2 次,连用 3～5 天	2 天
	预混剂	混饲,每 1 000 千克饲料,44～77 克,连用 7～21 天	5 天
硫酸新霉素、甲溴东莨菪碱	溶液剂	内服,一次量,体重 7 千克以下 1 毫升,体重 7～10 千克 2 毫升	3 天
硫酸新霉素	预混剂	混饲,每 1 000 千克饲料,77～154 克,连用 3～5 天	3 天
苯唑西林钠	注射用粉针	肌内注射,一次量,10～15 毫克/千克体重,一日 2 次,连用 2～3 天	

表 8-2 抗菌药(二)

名称	制剂	用法与用量	休药期
阿美拉霉素	预混剂	混饲,每1 000 千克饲料,0～4 月龄, 20～40 克,4～6 月龄,10～20 克	
氟甲喹	可溶性粉剂	内服,一次量,5～10 毫克/千克体重, 首次量加倍,一日 2 次,连用 3～4 天	
乙酰甲喹	片剂	内服,一次量,1～10 毫克/千克体重	
磺胺对甲氧嘧啶	片剂	内服,一次量,50～100 毫克,维持 25～50 毫克一日 1～2 次,连用 3～5 天	
复方磺胺甲恶唑片	片剂	内服,首次量,20～25 毫克/千克体重 (以磺胺甲恶唑计),一日 2 次,连用 3～5 天	
磺胺二甲嘧啶钠	注射液	静脉注射,一次量,50～100 毫克/千克体重,一日 1～2 次,连用 2～3 天	7 天
硫酸链霉素	注射用粉针	肌内注射,一次量,10～15 毫克/千克体重,一日 2 次,连用 2～3 天	
磺胺对甲氧嘧啶、二甲氧苄氨嘧啶片	片剂	内服,一次量,20～25 毫克/千克体重 (以磺胺对甲氧嘧啶计),每 12 小时一次	
磺胺嘧啶	片剂	内服,一次量,首次量 0.05～0.1 克/千克体重,维持量 0.07～0.1 克/千克体重,一日 2 次,连用 3～5 天	
	注射液	静脉注射,一次量,0.05～0.1 克/千克体重,一日 1～2 次,连用 2～3 天	
复方磺胺对甲氧嘧啶片	片剂	内服,一次量,20～25 毫克(以磺胺对甲氧嘧啶计),一日 1～2 次,连用 3～5 天	
磺胺咪	片剂	内服,一次量,0.1～0.2 克/千克体重,一日 2 次	

续表 8-2

名称	制剂	用法与用量	休药期
复方磺胺对甲氧嘧啶注射液	注射液	肌内注射，一次量，15～20 毫克/千克体重（以磺胺对甲氧嘧啶计），一日 2 次，连用 2～3 天	
甲砜霉素	片剂	内服，一次量 5～10 毫克/千克体重，一日 2 次，连用 2～3 天	
泰乐菌素	注射液	肌内注射，一次量 5～13 毫克/千克体重，一日 2 次，连用 7 天	5 天
维吉尼亚霉素	预混剂	混饲，每 1 000 千克饲料，10～25 克	1 天
盐酸二氟沙星	注射液	肌内注射，一次量，5 毫克/千克体重，一日 2 次，连用 3 天	45 天
杆菌肽锌	预混剂	混饲，每 1 000 千克饲料，4 月龄以下，4～40 克	
杆菌肽锌、硫酸粘杆菌素	预混剂	混饲，每 1 000 千克饲料，4 月龄以下，2～20 克，2 月龄以下，2～40 克	7 天
苄星青霉素	注射用粉针	肌内注射，一次量，每 1 千克体重，3 万～4 万单位	
青霉素钠（钾）	注射液	肌内注射，一次量，每 1 千克体重，2 万～3 万单位	
盐霉素钠	预混剂	混饲，每 1 000 千克饲料，25～75 克	5 天
博落回	注射液	肌内注射，一次量，体重 10 千克以下，10～25 毫克，体重 10～50 千克，25～50 毫克，一日 2～3 次	
磺胺噻唑	片剂	内服，首次量 0.05～0.1 克/千克体重，维持 0.07～0.1 克/千克体重，一日 2 次，连用 3～5 天	
土霉素	片剂	口服，一次量，10～25 毫克/千克体重，一日 2～3 次，连用 3～5 天	5 天
	注射液	肌内注射，一次量，10～20 毫克/千克体重	28 天

表 8-3 抗菌药(三)

名称	制剂	用法与用量	休药期
硫酸小檗碱	注射液	肌内注射,一次量,50～100 毫克	
头孢噻呋钠	注射用粉针	肌内注射,一次量 3～5 毫克/千克体重,每日一次,连用 3 天	
硫酸粘杆菌素	预混剂	混饲,每 1 000 千克饲料,仔猪 2～20 克	7 天
	可溶性粉剂	混饮,每 1 升水 40～200 毫克	7 天
甲磺酸达氟沙星	注射液	肌内注射,一次量,1.25～2.5 毫克/千克体重,一日一次,连用 3 天	25 天
越霉素 A	预混剂	混饲,每 1 000 千克饲料,5～10 克	15 天
盐酸土霉素	注射用粉针	静脉注射,一次量,5～10 毫克/千克体重,一日 2 次,连用 2～3 天	26 天
牛至油	溶液剂	内服,预防,2～3 日龄,每头 50 毫克,8 天后重复给药一次;治疗,10 千克以下每头 50 毫克,10 千克以上每头 100 毫克,用药后 7～8 天腹泻仍未停止时,重复给药一次	
	预混剂	混饲,每 1 000 千克饲料,预防,1.25～1.75 克,治疗,2.5～3.25 克	
喹乙醇	预混剂	混饲,每 1 000 千克饲料,1 000～2 000 克,体重超过 35 千克的禁止使用	35 天
呋喃妥因	片剂	内服,一日量,12～15 毫克/千克体重,分 2～3 次	
盐酸多西环素	片剂	内服,一次量,3～5 毫克,一日一次,连用 3～5 天	
恩诺沙星	注射液	肌内注射,一次量,2.5 毫克/千克体重,一日 1～2 次,连用 2～3 天	10 天
乳糖酸红霉素	注射用粉针	静脉注射,一次量,3～5 毫克,一日 2 次,连用 2～3 天	

续表 8-3

名称	制剂	用法与用量	休药期
盐酸沙拉沙星	注射液	肌内注射，一次量，2.5～5 毫克/千克体重，一日 2 次，连用 3～5 天	
盐酸林可霉素、硫酸壮观霉素	可溶性粉剂	混饮，每 1 升水，10 毫克/千克体重	5 天
	预混剂	混饲，每 1 000 千克饲料，44 克，连用 7～21 天	5 天
赛地卡梅素	预混剂	混饲，每 1 000 千克饲料，75 克，连用 15 天	1 天
磺胺间甲氧嘧啶钠	注射液	静脉注射，一次量，50 毫克/千克体重，一日 1～2 次，连用 2～3 天	
复方磺胺嘧啶钠注射液	注射液	肌内注射，一次量，0.05～0.1 克/千克体重（以磺胺嘧啶计），一日 1～2 次，连用 2～3 天	
复方磺胺嘧啶钠预混剂	预混剂	混饲，一次量，15～30 毫克/千克体重，连用 5 天	
磺胺噻唑钠	注射液	静脉注射，一次量，0.05～0.1 克/千克体重，一日 2 次，连用 2～3 天	
磷酸泰乐菌素、磺胺二甲嘧啶预混剂	预混剂	混饲，每 1 000 千克饲料，200 克（100 克泰乐菌素＋100 克磺胺二甲嘧啶），连用 5～7 天	15 天
延胡索酸泰妙菌素	可溶性粉剂	混饮，每 1 升水，45～60 毫升，连用 5 天	7 天
	预混剂	混饲，每 1 000 千克饲料，40～60 克，连用 5～10 天	5 天
磷酸泰乐菌素	预混剂	混饲，每 1 000 千克饲料，10～100 克，连用 5～7 天	
磷酸替米考星	预混剂	混饲，每 1 000 千克饲料，400 克，连用 15 天	14 天
恩拉霉素	预混剂	混饲，每 1 000 千克饲料，2.5～20 克	7 天

(二)抗寄生虫药

抗寄生虫药见表 8-4。

表 8-4　抗寄生虫药

名称	制剂	用法与用量	休药期
阿苯达唑	片剂	内服,一次量 5～10 毫克	
双甲脒	溶液	药浴、喷洒、涂擦,配成 0.025%～0.05% 的溶液	7 天
硫双二氯酚	片剂	内服,一次量,75～100 毫克/千克体重	
非班太尔	片剂	内服,一次量,5 毫克/千克体重	14 天
芬苯达唑	粉、片剂	内服,一次量,5～7.5 毫克/千克体重	
氰戊菊酯	预混剂	喷雾,加水以 1:(1 000～2 000)倍稀释	
氟苯咪唑	预混剂	混饲,每 1 000 千克饲料,30 克,连用 5～10 天	14 天
伊维菌素	注射液	皮下注射,一次量,0.3 毫克/千克体重	18 天
	预混剂	混饲,每 1 000 千克饲料,330 克,连用 7 天	5 天
盐酸左旋咪唑	片剂	内服,一次量,7.5 毫克/千克体重	3 天
	注射液	皮下、肌内注射,一次量,7.5 毫克/千克体重	28 天
奥芬达唑	片剂	内服,一次量,54 毫克/千克体重	
丙氧苯咪唑	片剂	内服,一次量,10 毫克/千克体重	14 天
枸橼酸哌嗪	片剂	内服,一次量,0.25～0.3 克/千克体重	21 天
磷酸哌嗪	片剂	内服,一次量,0.2～0.25 克/千克体重	21 天
吡喹酮	片剂	内服,一次量,10～35 毫克/千克体重	
盐酸噻咪唑	片剂	内服,一次量,10～15 毫克/千克体重	3 天

第四节　禁止在商品猪生产中使用的兽药

为保证动物源性食品安全,维护人民身体健康,农业部于二〇〇二年三月发文规定了动物源性食品生产中禁止使用的兽药。在生猪生产中,表8-5 中列出的兽药禁止使用。

表8-5 禁止动物源性食品生产中使用的兽药

序号	兽药及其化合物名称	禁止用途	禁用动物
1	β兴奋剂类:克仑特罗,沙丁胺醇,西马特罗及其盐、酯制剂	所有用途	所有食品动物
2	性激素类:己烯雌酚及其盐、酯制剂	所有用途	所有食品动物
3	具有雌激素样作用的物质:玉米赤霉醇、去甲雄三烯醇酮及制剂	所有用途	所有食品动物
4	氯霉素及其盐、酯制剂	所有用途	所有食品动物
5	氨苯砜及制剂	所有用途	所有食品动物
6	硝基呋喃类:呋喃唑酮、呋喃它酮、呋喃苯烯酸钠及制剂	所有用途	所有食品动物
7	硝基化合物:硝基酚钠、硝呋烯腙及制剂	所有用途	所有食品动物
8	催眠、镇静类:安眠酮及制剂	所有用途	所有食品动物
9	各种汞制剂,包括氯化亚汞、硝酸亚汞、醋酸汞、吡啶基醋酸	杀虫剂	动物
10	催眠、镇静类:氯丙嗪、地西泮(安定)及其盐、酯制剂	促生产	所有食品动物
11	硝基咪唑类:甲硝唑、地美硝唑及其盐、酯制剂	促生长	所有食品动物
12	性激素类:甲基睾丸酮、丙酸睾酮、苯丙酸诺龙、苯甲酸雌二醇及其盐、酯制剂	促生长	所有食品动物

第五节 猪的病毒性疾病

一、猪瘟

猪瘟是一种急性传染病,属国家规定的重大动物疫病,临床特征为持续高热,高度沉郁,拉干屎,有化脓性结膜炎,皮肤有许多小出血点,发病率和病死率极高。

【病原体】病原体是瘟病毒属的猪瘟病毒。猪瘟病毒有1个血清型,但有变异的低毒力的病株存在,前者可引起典型的猪瘟病变,后者只引起轻微的症状和病变,给临床诊断造成一定的困难。猪瘟病毒对外界环境的抵抗力较强。但是病毒对于干燥和腐败的抵抗力不强,2%火碱溶液、3%来苏儿等能迅速使病毒灭活。若病程较长,在病的后期常有猪沙门氏菌或猪巴氏杆菌等继发感染,使病症和病理变化复杂化。

【流行特点】不同年龄和品种的猪均可感染发病,其他动物均有抵抗力。病猪是主要传染源,病毒存在于各器官组织、粪、尿和其他分泌物中,可长时间带毒,易感猪采食了被病毒污染的饲料和饮水等,或吸入含病毒的飞沫和尘埃时,均可感染发病。所以,病猪尸体处理不当,肉品卫生检查不彻底,运输、管理用具消毒不严格,执行防疫措施不认真,都是传播本病的因素。怀孕母猪感染低毒力毒株后,可通过子宫传给胎儿,强毒引起急性感染,死亡率高;中等毒力和低毒力毒株引起慢性或隐性感染。另外,耐过猪和潜伏期的猪也带毒排毒,应注意隔离防范。本病的发生无季节性,有高度的传染性,一般是先有一至数头猪发病,经1周左右,大批猪跟着发病。在新疫区常呈流行性发生,发病率和病死率极高,各种抗菌药物治疗无效。

【临床症状】潜伏期5~7天。根据病程长短,可分为最急性、急性、亚急性和慢性型,最常见的是急性型,最急性型症状不典型,亚急性型症状与急性型基本相似。

1.急性型 病猪不吃食,精神高度沉郁,常挤卧一起,行动缓慢无力,眼结膜潮红,眼角有多量黏性或脓性分泌物,清晨可见两眼睑粘封,不能张开。耳、四肢、腹下、会阴等处的皮肤有许多小出血点。公猪包皮内积有尿液,用手挤压时,流出混浊、恶臭白色液体。粪便干硬,呈小球状,带有黏液或血液,先便秘后拉稀。体温持续升高至 41℃左右。幼猪可出现磨牙、运动障碍、痉挛等神经症状。病程 9～19 天。后期常并发肺炎或坏死性肠炎。

2.慢性型　主要表现消瘦，贫血，全身衰弱，轻度发热，便秘和腹泻交替出现，皮肤有紫斑或坏死，病程 1 个月以上。小猪发育不良，即为"僵猪"。患慢性猪瘟的病猪，通常能存活 100 多天。另外，温和型猪瘟近几年来常有报道，病猪症状较轻，病情缓和，病理变化不典型，皮肤很少有出血点，发病率和病死率均较低，对幼猪可致死，大猪可以耐过。

【病理变化】猪瘟病毒主要损伤小血管内皮组织，引起各器官组织出血。在皮肤、浆膜、黏膜、淋巴结、肾、膀胱、胆囊等处常有程度不同的出血变化。一般呈斑点状，有出血点少而散在，有的星罗密布，以肾和淋巴结出血最为常见。淋巴结的变化有一定特征，以头颈部严重，表现为全身淋巴结外表肿大，呈暗红色，切面呈弥漫性出血或周边性出血，红白颜色相间呈大理石样，多见于腹腔内淋巴结和颌下淋巴结。肾脏色彩变淡，表面有数量不等的小出血点。脾脏的边缘常可见到紫黑色突起（出血性梗死），这是猪瘟的特征性病变，慢性猪瘟在回肠末端及盲肠，特别是回盲口，可见到一个个的轮层状溃疡（扣状肿），若有沙门氏菌继发感染，则在轮层状溃疡的基础上，又有弥漫性坏死性肠炎的变化。膀胱黏膜出血，严重可形成血肿。

非典型猪瘟见不到各部位的出血，但淋巴结、肾、心、膀胱或多或少的表现出一定的示病特征。

【诊断】发生猪瘟病时，能造成很大的经济损失。要求迅速确诊，以减少经济损失。一般根据临床症状、病理变化和流行情况，可以确诊。但在新疫区或非典型猪瘟，必须进行实验室检查。也可结合临床变化，利用白细胞减少的特征，进行血液中白细胞检查，数量减少即可确诊。病猪死后，立即采取脾脏和淋巴结，分别装入青霉素瓶，放入装有冰块的保温瓶，迅速送实验室做猪瘟荧光抗体试验，或做酶标抗体试验。如果条件许可，可在隔离条件下就地进行家兔接种试验。

【防治措施】

(一)治疗

尚无有效的化学药物进行治疗。目前主要采取以预防接种为主的综合性防疫措施。

(二)预防

1. 平时的预防措施　着重提高猪群的免疫水平，防止引入病猪，切断传播途径，实行程序化防疫，搞好猪瘟疫苗的预防注射，是预防猪瘟发生的重要环节。常用的疫苗为猪瘟兔化弱毒冻干苗和猪瘟、猪丹毒二联疫苗。规模化猪场采取在仔猪 20 日龄和 60～65 日龄进行两次免疫注射；农村散养的商品猪只在 2 月龄时注射一次即可保证出栏。

2. 流行时的防治措施　出现疫情时应按《动物防疫法》的要求开展紧急防疫，接种猪瘟疫苗、封锁疫点、隔离、消毒等措施，对病死猪要按扑灭疫病的要求采取无害化处理。

二、猪高致病型蓝耳病

猪蓝耳病，又称猪繁殖与呼吸综合征(PRRS)是由猪繁殖与呼吸综合征病毒(PRRSV)引起猪的一种接触性传染病，属国家规定的重大动物疫病。其特征为母猪出现繁殖障碍，表现为流产、弱、死胎和木乃伊胎，仔猪的死淘率增加；仔猪出现呼吸道症状，主要表现为发热、呼吸困难等肺炎的症状。

【病原】猪蓝耳病病毒为动脉炎病毒科成员，有囊膜，病毒粒子呈球形，直径 50～65 纳米。病毒对乙醚和氯仿敏感，pH 小于 5 或大于 7 的条件下，感染力下降 90%；4℃ 1 个月内稳定，而在 37℃ 48 小时、56℃ 4 小时病毒可完全灭活。猪蓝耳病病毒对外界抵抗力不强，常规消毒剂对它都有很好的杀灭作用，含氯制剂、酚类制剂、表面活性剂类、氧化物类等都能在较短的时间内，使病毒失去存活性，常规的酸碱处理也能获得很好的消毒效果。病毒的不同蛋白，在猪体感染后的不同时间，可能诱导产生不同功能的抗体。病毒对猪肺泡巨噬细胞有很高的嗜性，可导致明显的细胞病变。病毒分为欧洲型和美洲型两个血清型，病毒基因容易发生变异，目前已出现很多基因亚型病毒株。我国流行的猪蓝耳病病毒属于美洲型。

【发病特点】2006 年夏秋季节，我国南方部分地区猪群出现了以高热，厌食或不食，眼结膜炎，咳嗽，喘等呼吸道症状，后躯无力，不能站立或摇摆等神经症状，以及高死亡率为主要临床特征的一种新的传染病，即猪的"高热病"。该病的发生，给我国养猪业造成了很大经济损失。经对猪"高热病"病因进行调查，病原的实验室分离鉴定，最终证实猪繁殖与呼吸综合征病毒变异株是本病的主要病因，随后将由猪繁殖与呼吸综合征病毒变异株引起的猪"高热病"命名为高致病性猪蓝耳病。

【流行病学】高致病性猪蓝耳病不是人畜共患病，猪蓝耳病病毒不感染人，猪是高致病性猪蓝耳病的唯一宿主，病猪和带毒猪是本病的主要传染源。本病传播迅速，主要经呼吸道感染，当健康猪与病猪接触，如同圈饲养，频繁调运，高密度集中等，更容易导致本病发生和流行。散养猪群，猪场卫生条件差，饲养管理不良，高温高湿，饲养密度过大，会加大生猪高致病性猪蓝耳病的发病率和死亡率。2007 年 5 月份，全国有 22 个省发生高致病性猪蓝耳病疫情，疫情县次 194 次（289 个疫点），发病猪 45 858 头，死亡 18 597 头，扑杀 5 778 头。

【临床症状】与经典猪蓝耳病比较，高致病性猪蓝耳病的主要特征是发病猪出现 41℃以上持续高热，发病猪不分年龄段均出现急性死亡，仔猪出现高发病率和高死亡率，发病率可达 100%，死亡可达 50%以上，母猪流产率可达 30%以上，临床主要表现为发烧,厌食或不食,耳部、口鼻部、后躯及股内侧皮肤发红,淤血,出血斑,丘疹,眼结膜炎,咳嗽,喘等呼吸道症状,后躯无力,不能站立或摇摆,圆圈运动,抽搐等神经症状。部分发病猪呈顽固性腹泻。

【病理变化】肉眼主要见肺出血,淤血,以及以心叶、尖叶为主的灶性暗红色实变;扁桃体出血、化脓;脑出血、淤血、软化灶及胶冻样物质渗出;可见心衰、心肌出血、坏死;脾、淋巴结新鲜或陈旧性出血、梗死;肾表面和切面部分可见出血点、斑等;部分猪肝可见黄白色坏死灶或出血灶;肾表面凹凸不平;肠出血等。由于本病毒可以引起免疫抑制,临床上容易出现其他病原体的继发感染或混合感染,使病理变化更加严重。

【诊断】根据流行病学,临床症状和病理变化可对高致病性猪蓝耳病作出初步诊断。但确诊需要实验室进行病毒分离鉴定或用高致病性猪蓝耳病病毒反转录聚合酶链式反应(RT-PCR)检测。

【防治措施】高致病性猪蓝耳病传染性强,流行期长,在一个地区内迁延数月无明显好转,常规抗生素治疗无明显疗效。进行疫苗免疫接种和采取综合防治措施是预防和控制最主要的手段。

1. 疫苗免疫　自从猪蓝耳病疫苗广泛应用以来,该病的传播和蔓延势头有所减缓。对于非疫区,受威胁地区用灭活疫苗进行免疫预防是高致病性猪蓝耳病防控工作的关键,也是最佳选择。对存在病毒侵袭可能的猪场,应立即采取全群疫苗免疫的策略。目前,我国用于预防经典猪蓝耳病的疫苗共有 3 种:德国勃林格殷格翰公司的"猪繁殖与呼吸综合征活疫苗";我国哈尔滨兽医研究所研制的"猪繁殖与呼吸综合征灭活疫苗"(CH-la 株)和"猪繁殖与呼吸综合征活疫苗"(CH-1R 株)。实行耳后部肌内注射。3 周龄及以上仔猪,每头 2 毫升,根据当地疫病流行状况,可在首免后 21 日加强免疫 1 次;母猪,配种前接种 4 毫升;种公猪,每隔 6 个月接种 1 次,每次 4 毫升。

2.综合防治措施

一是种源控制。应尽量自繁自养,严禁从疫区、发生疫情的饲养场引进种猪,种猪和精液在引进之前必须进行猪蓝耳病的检测。实行"全进全出"饲养模式,各阶段猪转出后,彻底消毒所在栏舍,空置 2 周以上,再进新猪。补圈要从健康地区引进。引进的种猪和补栏猪应当进行隔离观察,在隔离观察期间可用灭活疫苗进行基础免疫。

二是搞好环境消毒,加强饲养管理。猪蓝耳病具有高度传染性,可通过粪、尿及腺体分泌物散播病毒。因此,每周至少带猪消毒 1~2 次,场区至少每月消毒 1 次。当周边有疫病流行时,带猪消毒每周应增至 4~6 次,场区一般每 2 周消毒 2 次。高温高湿季节,做好通风、降温。不饲喂发霉变质的饲料,做到饮水洁净,无污染。猪的粪、尿应及时清除,并进行无害化处理。

三是加强生物安全措施。规模养殖场、养殖小区要实行封闭管理,尽量减少人员的流动,禁止闲杂人员进入。做好出入畜舍等饲养场、人员及车辆的消毒。

四是做好防疫管理与疫病监测。搞好免疫工作,防止猪圆环病毒 2 型、猪瘟、猪细小病毒、猪伪狂犬病等病毒性疾病以及猪支原体肺炎、猪喘气病、猪链球菌病等细菌性疾病与猪蓝耳病的混合感染。定期对保育猪和育肥猪进行血清学检测病毒抗体。

五是一旦发现疑似病例,应迅速报告,严格按照"高致病性猪蓝耳病防治技术规范"的要求进行处置。

六是严格对病死猪采取"四不准一处理"处置措施,即不准宰杀、不准食用、不准出售、不准转运,对死猪必须进行无害化处理。

七是加强蓝耳病防控知识宣传和培训,提高防治水平。加强养猪生产人员的技术培训,普及有关政策和疫病防治知识。消除恐慌心理,提高防疫意识。

八是提倡集约化养殖。改变落后的家庭散养方式,尽快实现规模化、现代化、标准化的生猪生产和管理。

三、猪口蹄疫

口蹄疫是一种猪的口腔黏膜、蹄部出现水泡为特征的传染病，属国家规定的重大动物疫病。在世界上的分布很广，欧、亚、非洲的许多国家都有流行。由于本病传播快，发病率高，不易控制和消灭而引起各国的重视，联合国粮农组织和国际兽疫局把本病列为成员国发生疫情必须报告和互相通报并采取措施共同防范的疾病，归属于A类中第一位烈性传染病。

口蹄疫给养猪业带来的损失不仅是其死亡率，而是由于本病的发生，使发病猪场的生猪贸易受到限制，病猪被迫扑杀深埋，场地要求不断反复消毒，给猪场造成的经济损失无法估量。

【病原体】是口蹄疫病毒，分为7个主型，即A型、O型、C型、南非1型、南非2型、南非3型和亚洲1型，其中以A型和O型分布最广，危害最大。以各型病毒接种动物，只对本型产生免疫力，没有交叉保护作用。

口蹄疫病毒对外界环境的抵抗力很强，不怕干燥，在自然条件下，含病毒的组织与污染的饲料、饲草、皮毛及土壤等保持传染性达数周至数月之久。粪便中的病毒，在温暖的季节可存活29～33天，在冻结条件下可以越冬。但对酸和碱十分敏感，易被碱性或酸性消毒药杀死。

【流行特点】口蹄疫是猪的一种急性接触性传染病，只感染偶蹄兽，人也可感染，是一种人畜共患病。猪对口蹄疫病毒特别具有易感性。传染源是病畜和带毒动物。病畜发热期，其粪尿、奶、眼泪、唾液和呼出气体均含病毒，以后病毒主要存在水疱皮和水疱液中。康复的猪可成为带毒携带者。近来发现口蹄疫还可能隐性感染和持续感染。通过直接和间接接触，病毒可进入易感畜的呼吸道、消化道和损伤的皮肤黏膜，均可感染发病。最危险的传播媒介是病猪肉及其制品的泔水，其次是被病毒污染的饲养管理用具和运输工具。

本病传播迅速，流行猛烈，常呈流行性发生。不同年龄的猪易感程度有差异，仔猪发病率和死亡率都很高。本病一年四季均可发生，多发生于冬、春季，夏季呈零星发生。

【临床症状】潜伏期1～2天，病猪以蹄部水疱为主要特征，病初体温升高至40～41℃，精神不振，食欲减退或不食，蹄冠、趾间、蹄踵出现发红、微热、触之敏感等症状，不久形成黄豆大、蚕豆大的水疱，水疱破裂后形成出血性烂斑，1周左右恢复。有时病猪的口腔黏膜和鼻盘也出现水疱和烂斑。若有细菌感染，则局部化脓坏死，可引起蹄壳脱落，在临床上多见，患肢不能着地，常卧地不起。部分病猪的口腔黏膜（包括舌、唇、齿、龈、咽、腭），鼻盘和哺乳母猪的乳头，也可见到水疱和烂斑。吃奶仔猪感染口蹄疫时，通常很少见到水疱和烂斑，呈急性胃肠炎和心肌炎突然死亡，病死率可达60％；继发感染者，仔猪多有脱壳现象。

【诊断】以本病的特征临床症状，结合流行情况，一般可以确诊。为了确定口蹄疫的病毒型，应进行实验室检查。

实验室检查：口蹄疫病毒具有多型性，而且流行特点和临床症状相同，其病毒属于哪一型，需经实验室检查才能确定。对病猪首先将蹄部用清水洗净，用干净剪子剪取水疱皮，装入青霉素（或链霉素）空瓶，最好采3～5头病猪的水疱皮，冷藏保管，一并迅速送到有关检验部门检查。传统的方法是补体结合试验和乳鼠血清保护试验。以后又采用反向间接血凝试验和琼脂扩散试验。近来常用酶联免疫吸附试验。据报道，酶联免疫吸附试验比反向间接血凝试验更灵敏可靠，阻断夹心酶联免疫吸附试验已用于进出口动物血清的检测。

【防治措施】

1.平时的预防措施

(1)加强检疫工作。搞好猪产地检疫、宰后检疫和运输检疫，以便及时采取相应措施,防止本病的发生。

(2)及时接种疫苗。由于口蹄疫是国际国内严格控制的疾病,必须采取预防为主、强制免疫的原则,对饲养的猪注射口蹄疫疫苗的方法进行预防。注射强毒灭活疫苗或猪用的 O 型弱毒疫苗,使用时其用量和用法按使用说明书进行。猪注射疫苗后 15 天产生免疫力,免疫持续期 6 个月。值得注意的是,所用疫苗的病毒型必须与该地区流行的口蹄疫病毒型相一致,否则不能预防和控制口蹄疫的发生和流行。在使用疫苗时做到:

①每瓶疫苗在使用前及每次吸取时,均应仔细振摇,瓶口开封后,最好当日用完。注苗用具和注射局部应严格消毒,每注射 1 头猪应更换 1 个针头。注射时,进针要达到适当深度(耳根后肌肉内)。

②注射前,对猪进行检查。如发现患病以及瘦弱和临产期母猪(防止引起机械性流产)、长途运输后的猪,则不予注射。因猪个体差异,个别猪注苗后可能会出现呼吸急促,呕吐,发抖,体温升高,精神沉郁,厌食等现象。因此,注苗后多观察,轻度反应一般可自行恢复。对个别有过敏反应者可采用肾上腺素抢救。

③注射疫苗人员,严格遵守操作程序。疫苗一定要注入肌肉内(剂量大时应考虑肌肉内多点注射法)。25 千克以下仔猪注苗时,应提倡肌肉内分点注射法。

④使用疫苗时注意登记所使用疫苗批号、日期。

(3)加强相应防疫措施。严禁从疫区(场)购猪及其肉制品,农户应改变饲养习惯,不用未经煮开的洗肉水喂猪。猪舍定期用消毒药如喷雾灵(2.5%聚维酮碘溶液)带猪喷雾消毒。

2. 发病时的防治措施　口蹄疫是国家规定控制消灭的传染病,不能治疗,只能采取强制性扑杀措施。因为治愈和痊愈的病猪将终身带毒,是最危险的传染源。要做好以下措施:

第一,一旦怀疑口蹄疫病发生,应立即上报当地动物防疫监督部门,迅速确诊,并对疫点采取封锁措施,防止疫情扩散蔓延。

第二,按照当地畜牧兽医行政管理部门的要求,配合搞好封锁、隔离、扑杀、销毁、消毒等扑灭疫病的措施。

第三,疫点周围及疫点内尚未感染的猪、牛、羊,应按照《动物防疫法》的要求采取紧急免疫接种口蹄疫疫苗。先注射疫区外围的牲畜,后注射疫区内的牲畜。

第四,对疫点(包括猪圈、运动场、用具、垫料等)用 2% 火碱溶液进行彻底消毒,每隔 2~3 天消毒 1 次。

第五,疫点内最后一头病猪处理后的 14 天,如再未发生口蹄疫,经过大消毒后,可申报解除封锁。

四、猪流行性感冒

猪流行性感冒是猪的一种急性呼吸器官传染病。临床特征为突然发病,并迅速蔓延全群,表现上呼吸道有炎症。

【病原体】为猪流行性感冒病毒。猪流感病毒是 A 型流感病毒,除感染猪外,也能使人发病。自 1918 年由美国首次报道以来,世界上许多国家和地区都证实存在此病毒。我国对猪的流感血清型检测结果表明,人流感发病率高的地区,猪血清中流感抗体的阳性率也高,说明流感可在人和猪之间相互传播。近年来,还从猪体内分离到 C 型流行性感冒病毒,但对猪不致病。流感病毒存在于病猪和带毒猪的呼吸道分泌物中,对干燥和低温的抵抗力强,在冻干条件下可保存数年;对热和日光抵抗力不强,60℃下 20 分钟可被灭活,一般消毒药能迅速将其杀死。

【流行特点】不同年龄、性别和品种的猪对猪流感病毒均有易感性。流感病毒主要存在于感染猪的鼻腔分泌物、气管和支气管渗出物、肺和肺区淋巴结中,因此,传染源是病猪和带毒猪(痊愈后带毒 6 周)的飞沫,经呼吸道而传染。流行具有季节性,多发生于晚秋和早春及寒冷的冬季,常呈地方性流行或大流行。一般发病率高,病死率却很低。如继发巴氏杆菌、肺炎链球菌等感染,则使病情加重。

【临床症状】潜伏期为 2~7 天。病猪突然发热,精神不振,食欲减退或不食,常挤卧一起,不愿活动,呼吸困难,咳嗽,从眼、鼻流出黏液性分泌物。病程很短,2~6 天可以完全恢复。如果在发病期管理不当,则可并发支气管肺炎、胸膜炎等,从而增加病死率。

普通感冒与流行性感冒的区别,在于前者体温稍高,散发性,病程短,发病不如流感急,其他症状无多大差别。

【病理变化】病变主要在呼吸器官、鼻、喉、气管和支气管黏膜充血,表面有多量泡沫状黏液,有时混有血液。肺部病变轻重不一,有的只在边缘部分有轻度炎症,严重时,病变部呈紫红色。

【诊断】依据流行情况和临床症状可作出初步诊断。

实验室检查。用灭菌的棉拭子采取鼻腔分泌物,放入适量生理盐水中洗涮,再加青霉素、链霉素处理,然后接种 10~12 日龄鸡胚的羊膜腔和尿囊腔内,在 35℃ 孵育 72~96 小时后,收集尿囊液和羊膜腔液,进行血凝试验和血凝抑制试验,若为阳性即可确诊。

【防治措施】

(一)治疗

目前尚无特殊治疗药物。一般不需要特殊治疗即能自行康复。但为了控制继发感染,可注射抗生素(青霉素、链霉素等);解热镇痛,可肌内注射 30% 的安乃近溶液 5 毫升,或复方氨基比林 10 毫升。

(二)预防

本病目前无有效的疫苗,主要是加强卫生防疫措施,防止易感猪与感染的动物接触。除康复猪带毒外,某些水禽和火鸡也可能带毒,应防止与这些动物接触。

五、猪传染性胃肠炎

猪传染性胃肠炎是由病毒引起的猪的一种高度接触传染性肠道疾病，是一种多发病、常见病。其临床特征为呕吐、腹泻和脱水。

【病原体】病原体为冠状病毒科的猪传染性胃肠炎病毒，主要存在于空肠、十二指肠及回肠的黏膜，在鼻腔、气管、肺的黏膜及扁桃体、颌下及肠系膜淋巴结等处，也能查出病毒。病毒对日光和热敏感，在阳光下暴晒 6 小时可灭活病毒，但对胰蛋白酶和猪胆汁有抵抗力，在寒冷的冬季和阴暗的环境中经 1 周后仍保持其感染力。常用的消毒药在一般浓度下很容易将其杀死。

【流行特点】各种年龄的猪均有易感性，5 周龄以上的病猪死亡率很低，10 日龄以内的仔猪的发病率和病死率均很高。断奶猪、育肥猪和成年猪的症状较轻，大多数能自然恢复。病猪和带毒猪是主要传染源，它们从粪便、乳汁、鼻汁中排出病毒，污染饲料、饮水、空气及用具等，由消化道和呼吸道侵入易感猪体内。本病多发生于深秋、冬季、早春寒冷季节。一旦发生本病便迅速传播，在 1 周内可散播到各年龄组的猪群。

【临床症状】潜伏期随感染猪的年龄而有差别，仔猪 12～24 小时，大猪 2～4 日。各类猪的主要症状是：

1. 哺乳仔猪　先突然发生呕吐（吐出物呈白色凝乳块，混有少量黄水），多发生在哺乳之后，接着发生剧烈水样腹泻。下痢为乳白色或黄绿色，带有小块未消化的凝固乳块，有恶臭。在发病末期，由于脱水，粪稍黏稠，体重迅速减轻，体温下降，常于发病后 2～7 天死亡，耐过的仔猪，严重消瘦，被毛粗乱，生长缓慢，体重下降。出生后 5 天以内仔猪的病死率常为 100%。

2. 育肥猪　发病率接近 100%。突然发生水样腹泻，食欲不振，下痢，粪便呈灰色或茶褐色，含有少量未消化的食物。在腹泻初期，偶有呕吐。病程约 1 周。在发病期间，增重明显减慢。

3.成年猪　感染后常不发病。部分猪表现轻度水样腹泻,或一时性的软便,对体重无明显影响。

4.母猪　母猪常与仔猪一起发病。有些哺乳中的母猪发病后,表现高度衰弱,体温升高,泌乳停止,呕吐,食欲不振,严重腹泻。妊娠母猪的症状往往不明显,或仅有轻微的症状。

【病理变化】主要病变在胃和小肠,哺乳仔猪的胃常膨满,滞留有未消化的凝固乳块。3日龄小猪中,约50％在胃横膈膜面的憩室部黏膜下有出血斑。小肠膨大,有泡沫状液体和未消化的凝固乳块,小肠绒毛萎缩,小肠壁变薄,在肠系膜淋巴管内见不到乳白色乳糜。

【诊断】依据流行特点和临床症状,可作出初步诊断。与猪流行性腹泻区别时,需进行实验室检查。

【防治措施】为防止本病传入,严格消毒卫生,避免各种应激因素。在寒冷季节注意仔猪的保温防湿,勤换垫草,使猪不受潮。一旦发病,限制人员往来,粪便须严格控制,进行发酵处理,地面可用生石灰消毒。

本病对哺乳仔猪危害较大,致死的主要原因是脱水、酸中毒和细菌性疾病的继发感染。对于病仔猪应加强饲养管理,防寒保暖和进行对症治疗,减少死亡,促进早日康复。

采取对症治疗,包括补液、收敛、止泻等。让仔猪自由饮服电解多维或口服补液盐。为防止继发感染,对2周龄以下的仔猪,可适当应用抗生素及其他抗菌药物。最重要的是补液和防止酸中毒,可静脉注射葡萄糖生理盐水或5％碳酸氢钠溶液。同时还可酌情使用黏膜保护药如淀粉(玉米粉等),吸附药如木炭末,收敛药如鞣酸蛋白等药物。

在免疫方面,按免疫计划定期进行接种。目前预防本病的疫苗有活疫苗和油剂灭活苗两种,活疫苗可在本病流行季节前对猪开展防疫注射,而油剂苗主要接种怀孕母猪,使其产生母源抗体,让仔猪从乳汁中获得被动免疫。由于该病多发于寒冷季节,可于每年10～11月对猪群进行免疫注射;对妊娠母猪可于产前45天及15天左右用猪传染性胃肠炎弱毒疫苗免疫两次,并保证哺乳仔猪吃足初乳;哺乳仔猪应于20日龄用传染性胃肠炎弱毒疫苗免疫。

六、猪流行性腹泻(冠状病毒病)

猪流行性腹泻是由病毒引起猪的一种肠道传染病。临床上以排水样粪便、呕吐、脱水和食欲下降为特征,是20世纪70年代新发现的猪传染病,猪流行性腹泻现已成为世界范围内的猪病之一。

【病原体】是冠状病毒科的猪流行性腹泻病毒,主要存在于小肠上皮细胞及粪便中,对外界因素的抵抗力不强,一般碱性消毒药都有良好的消毒作用。

【流行特点】各种年龄的猪都能感染。哺乳仔猪、架子猪或育肥猪发病率有时可达100%,尤以哺乳仔猪受害最严重,母猪发病率为15%～90%。口服人工感染的潜伏期为1～2天,自然发病的潜伏期较长,消化道感染是主要的传播方式,但也有经呼吸道传播的报道。病猪是主要传染源,通过被感染猪排出的粪便或病毒污染周围环境经消化道自然感染。有明显的季节性,主要在冬季发生,也能发生于夏季或秋冬季节,我国以12月份到翌年2月份发生较多。传播迅速,数日之内可波及全群。一般流行过程延续4～5周,可自然平息。

【临床症状】病猪表现为呕吐、腹泻和脱水。病猪开始体温稍升高或仍正常,精神沉郁,食欲减退,继而排水样粪便,呈灰黄色或灰色,吃食或吮乳后部分仔猪发生呕吐。感染猪只在腹泻初期或在腹泻出现前,会发生急性死亡,应激性高的猪死亡率更高。猪只年龄越小,症状越严重。1周以内仔猪,发生腹泻后2～4天脱水死亡,死亡率平均为50%;1周龄以上仔猪持续3～4天腹泻后可能会死于脱水,平均死亡率为 50%～90%,部分康复猪会发育受阻成僵猪,育肥猪的死亡率为 1%～3%。成年猪感染可表现为精神沉郁、厌食、呕吐,一般经 4～5 天即可康复。

【病理变化】主要病变在小肠。可见小肠扩张,内充满大量黄色液体,小肠黏膜、肠系膜充血,肠壁变薄,肠系膜淋巴结水肿。个别猪小肠黏膜有轻度点状出血。

【诊断】依据流行特点和临床症状可以作出初步诊断,但不能与猪传染性胃肠炎区别。

实验室检查。采取病猪小肠一段和小肠内容物的一部分,分别装入青霉素空瓶,冷冻保存。分别进行荧光抗体试验和酶联免疫吸附试验,以期最后确诊。如果流行期已过,康复猪或高度免疫猪血清中含有特异抗体,可用免疫电镜法、血清中和试验或间接荧光法检查确诊。用直接荧光法可检查病料中的本病毒抗原,目前认为是最特异和有实用价值的诊断方法。

【防治措施】目前并无特效治疗药物,只能采用预防措施对其进行控制,以减少猪流行性腹泻所造成的损失。猪只发病期间也可用抗生素,防止继发感染。

1.一般性防制措施 包括对症疗法和隔离消毒等防疫措施。对发病猪应提供充足的饮水、给予易消化的饲料并应在开始时节食(1/3 量),猪舍保持温暖干燥,可减轻病情和降低死亡率。应对进入猪场的猪、饲料、工作人员等应采取严格的检疫防范措施。已感染发病的猪场除采取上述措施外,还可暂时改变产仔计划,实行"全进全出"饲养,直至猪场为阴性。环境消毒时,除对粪便进行消毒无害处理外,呼吸道分泌物也是不容忽视的重要环节。

2.免疫 哈尔滨兽医研究所的王明用患猪肠内容物和小肠黏膜制成乳剂,加甲醛灭活用氢氧化铝为佐剂制出组织灭活苗免疫接种仔猪,保护率达 92%。

七、猪轮状病毒病

猪轮状病毒病是由猪轮状病毒引起的猪急性肠道传染病,仔猪的主要症状为厌食、呕吐、下痢。中猪和大猪为隐性感染,没有症状。

【病原体】除猪轮状病毒外,从犊牛、羔羊、马驹分离的轮状病毒也可感染仔猪,引起不同程度的症状。轮状病毒对外界环境的抵抗力较强,在 18～20℃粪便和乳汁中,能存活 7～9 个月。

【流行特点】病猪和隐性患猪是本病的主要传染源,病毒主要存在于病猪及带毒猪的消化道,随粪便排到外界环境后,污染饲料、饮水、垫草及土壤等,经消化道途径使易感猪感染。另外,人和其他动物也可散播传染。

本病多发生于晚秋、冬季和早春,寒冷、潮湿、不良的卫生条件等应激因素能促进本病的发生和发展。各种年龄的猪都可感染,感染率最高可达 90%～100%,在流行地区由于大多数成年猪都已感染而获得免疫。因此,发病猪多是 8 周龄以下仔猪,日龄越小的仔猪,发病率越高,发病率一般为 50%～80%,病死率一般为 10%以内。

【临床症状】潜伏期一般为 12～24 小时,常呈地方性流行。病初精神沉郁,食欲不振,不愿走动,有些仔猪吃奶后发生呕吐,继而腹泻,粪便呈黄色、灰色或黑色,为水样或糊状。症状的轻重决定于发病猪的日龄、免疫状态和环境条件,缺乏母源抗体保护生后几天的仔猪,症状最重,环境温度下降或继发大肠杆菌病时,常使症状加重,病死率增高。通常 10～21 日龄仔猪的症状较轻,腹泻数日即可康复,3～8 周龄仔猪症状更轻,成年猪为隐性感染。

【诊断】本病多发生在寒冷季节,病猪多为幼龄仔猪,主要症状为腹泻。根据这些特点,可作出初步诊断。但是引起腹泻的原因很多,在自然病例中,往往发现有轮状病毒与冠状病毒或大肠杆菌的混合感染,使诊断复杂化。因此,必须通过实验室检查才能确诊。病变主要限于消化道,仔猪的胃壁弛缓,胃内充满凝乳块和乳汁,小肠肠壁菲薄、透明,内容物呈液状,灰黄色或灰黑色。有时小肠广泛出血,肠系膜淋巴结肿大。

实验室检查。采取仔猪发病后 24 小时内的粪便,装入青霉素空瓶,送实验室检查。世界卫生组织推荐的方法是夹心法酶联免疫吸附试验。也可做电镜或免疫电镜检查,均可迅速得出结论。还可采取小肠前、中、后各一段,冷冻,供荧光抗体检查。

【防治措施】

(一)治疗

目前无特效的治疗药物。发现病猪立即停止喂乳(可减少母猪的饲料使其减少排乳),以葡萄糖盐水或复方葡萄糖溶液或口服补液盐给病猪自由饮用。同时,进行对症治疗,如投用收敛止泻剂,使用抗菌药物,以防止继发细菌性感染。必要时静脉注射葡萄糖盐水和碳酸氢钠溶液,以防止脱水和酸中毒等,一般都可获得良好的效果。

(二)预防

目前尚无有效的疫苗。主要依靠加强饲养管理,认真执行防疫消毒措施,增强母猪和仔猪的抵抗力。使新生仔猪早吃初乳,接受母源抗体的保护,以减少发病和减轻病症。

八、猪伪狂犬病

猪伪狂犬病广泛分布于世界各国,是养猪业危害最严重的急性传染病。在临床上以中枢神经系统障碍为主要特征,多数动物于局部皮肤呈现持续性的剧烈瘙痒。病猪的年龄不同,其临床症状也有差异。哺乳仔猪出现发热和神经症状,病死率高;成猪呈隐性感染;怀孕母猪发生流产。

【病原体】病原体是疱疹病毒科的伪狂犬病病毒,常存在于脑脊髓组织中,病猪发热期间,其鼻液、唾液、乳汁、阴道分泌物及血液、实质器官中含有病毒。病毒对低温、干燥的抵抗力较强,在污染的猪圈或干草上能活1个多月,在肉中能存活5周以上。一般消毒药都可将其杀灭,如2%火碱液和3%来苏儿能很快杀死病毒。

【流行特点】对伪狂犬病病毒有易感性的动物甚多,有猪、牛、羊、犬、猫及某些野生动物等,而发病最多的是哺乳仔猪,且病死率极高,成猪多为隐性感染。这些病猪和隐性感染猪可较长期地带毒排毒,是本病的主要传染源。鼠类粪尿中含大量病毒,也能传播本病。本病的传播途径较多,经消化道、呼吸道、损伤的皮肤以及生殖道均可感染。仔猪常因吃了感染母猪的奶汁而发病。怀孕母猪感染本病后,病毒可经胎盘而使胎儿感染,以致引起流产或死产。一般呈地方流行性发生,多发生于冬、春两季。

【临床症状】猪的临床症状随着年龄的不同有很大的差异。但是,都无明显的局部瘙痒现象。哺乳仔猪及断奶仔猪症状最严重。

(1)妊娠母猪发生流产、死胎、木乃伊胎,以死胎为主。

(2)伪狂犬病引起新生仔猪大量死亡,主要表现在刚生下第二天开始发病,3~5天内是死亡高峰,发病仔猪表现出明显的神经症状、昏睡、鸣叫、呕吐、拉稀,发病后1~2天死亡。

(3)引起断奶仔猪发病死亡,发病率在20%~40%,死亡率10%~20%,主要表现为神经症状、拉稀、呕吐等。

(4)母猪导致不育症。

(5)育成猪无明显症状,常见微热,精神不振,便秘,很少出现神经症状。

【病理变化】临床上呈现严重神经症状的病猪,死后常见明显的脑膜充血、出血,脑脊髓液增加;扁桃体肿胀、出血;喉头黏膜出血,肝和胆囊肿大,心包液增加,肺可见水肿和出血点。

【诊断】依据流行特点和临床症状，可以初步诊断。

【实验室检查】既简单易行又可靠的方法是动物接种试验。采取病猪脑组织，磨碎后，加生理盐水，制成1：10悬液，同时每毫升加青霉素1 000单位、链霉素1毫克，放入4℃冰箱过夜，离心沉淀，取上清液于后腿外侧部皮下注射，家兔1～2毫升，小鼠0.2～0.5毫升；家兔接种后2～3天，小鼠2～10天（大部分在3～5天）死亡。死亡前，注射部位的皮肤发生剧痒。家兔、小鼠抓咬患部，以致呈现出血性皮炎，局部脱毛，皮肤破损出血。

伪狂犬病实验室诊断方法，目前在我国最常用的是乳胶凝集试验和琼脂扩散试验。琼扩反应抗原是用PK-15细胞系生产的，应用不经处理的被检猪血清原液，置于25℃左右室温下，经16～18小时判定。

【防治措施】

(一)治疗

本病目前没有特效的治疗药物。对于仔猪，在病的初期可使用抗伪狂犬病高免血清，或以此制备的丙种免疫球蛋白治疗，有一定的效果。

(二)预防

(1)病猪和隐性感染病猪是危险的传染源，但凭临床症状是不能发现的，必须做血清学检查。目前主要是采取免疫接种与检疫相结合的措施。

(2)鼠是猪伪狂犬病的重要传播媒介，猪场平时应坚持做好灭鼠工作。

(3)发病猪舍用2％～3％氢氧化钠或20％石灰乳消毒。

(4)预防伪狂犬病的重要手段是用疫苗免疫接种，提高易感猪群的免疫力，产生母源抗体，保护初生小猪。现在使用的伪狂犬病疫苗有普通弱毒苗、灭活苗和基因缺失苗三大类，普通弱毒苗优点是成本低、免疫源性好，缺点是安全性能差；灭活苗的优点是安全，缺点是成本高、注射次数多；基因缺失弱毒苗的优点是免疫应答好、比较安全，缺点同样是成本高。免疫程序：生长猪 10 周龄首免，4 周后 2 免；后备公母猪配种前 3～4 周免疫 1 次；公猪每年免疫 2 次；母猪产前 4 周注苗 1 次，断奶仔猪 8 周、12 周龄各免疫一次。当猪群发生疫情时，通常的做法是对未发病猪只（尤其是母猪）进行紧急免疫接种。

九、猪日本乙型脑炎

日本乙型脑炎是一种人畜共患的传染病，马、牛、羊、猪、禽类及人等均感染。主要由蚊子等吸血昆虫传播，猪被感染后，怀孕母猪可引起流产，产死胎；育肥猪引起持续高热；仔猪常呈脑炎症状，公猪睾丸肿大，仅少数猪呈现神经症状。

【病原体】乙型脑炎病毒主要存在于中枢神经系统、脑脊髓液和血液及肿胀的睾丸中，对热和日光的抵抗力不强，常用的消毒药如 2％火碱，3％来苏儿可以很快杀死。

【流行特点】本病多发生在生后 6 月龄左右的猪，天气炎热的 7～9 月份蚊子滋生季节发生最多，以蚊为媒介而传播。本病呈散发，而隐性感染者甚多。感染初期有传染性。

【临床症状】人工感染的潜伏期为 3～4 天。猪突然发病，体温升高持续数日不退，精神委顿，食欲减退，饮水增加，结膜潮红，粪便干燥。少数后肢轻度麻痹，关节肿大，跛行。公猪睾丸一侧或两侧肿胀。

怀孕母猪感染仅发生不同程度的流产，流产前乳房膨大，流出乳汁。流产可产出死胎、木乃伊胎或弱仔，也有发育正常的胎儿。本病的特征之一是同胎的流产胎儿，其大小差别很大，小的如人的拇指，大的与正常胎儿一样。有的超过预产期也不分娩，胎儿长期滞留，特别是在初产母猪可见到此现象，但以后仍能正常配种和产仔。

育肥猪和仔猪感染本病后,体温升高至40℃以上,稽留热可持续1周左右。病猪的精神沉郁,食欲减少,饮欲增加,嗜眠喜卧,强迫赶之,病猪显得十分疲乏,随即又卧下。眼结膜潮红,粪便干燥,尿呈深黄色。

仔猪感染可发生神经症状,如磨牙,口流白沫,转圈运动,视力障碍,盲目冲撞,严重者倒地不起而死亡。

公猪感染后主要表现为睾丸炎,一侧或两侧睾丸肿胀,肿胀程度为正常的0.5～1.0倍,局部发热,有疼感。以后炎症消散而发生睾丸萎缩、硬变缩小,丧失配种能力,精子的数量、活力下降,同时在精液中含有本病病毒,能传染给母猪。

【病理变化】病变主要发生在脑、脊髓、睾丸和子宫。流产胎儿常见脑水肿,脑膜和脊髓充血,皮下水肿,胸腔和腹腔积液,淋巴结充血,肝和脾有坏死灶,部分胎儿可见到大脑或小脑发育不全的变化,组织学检查可见到非化脓性脑炎的变化。睾丸组织有坏死灶,子宫充血,易发子宫内膜炎。死胎皮下和脑水肿,肌肉如水煮样,以此可与布氏杆菌病相区别。

【诊断】流行特点和临床症状只有参考价值,经实验室检查才能确诊。对怀疑因本病而流产或早产的胎儿可采取死产仔猪或存活仔猪未吃乳前的血液,同时采取死产仔猪的脑组织,低温保存,一并送实验室检查。将脑组织制成悬浮液后,接种于鸡胚孵黄囊内或1～5日龄乳鼠脑内,分离病毒。查抗体常用血凝抑制试验或酶联免疫吸附试验。由于病猪在发病初和恢复期的抗体效价不同,要在不同时期采血清进行测定,如果恢复期血清效价高于发病初期4倍以上,则可判为阳性。

【防治】

(一)预防

1.免疫接种　　这是防制本病的首要措施。由于本病需经蚊子传播,有明显的季节性,故应在蚊子滋生以前1个月开展免疫接种。可注射乙型脑炎弱毒疫苗,第一年以两周的间隔注射两次,以后每年注射 1 次,可预防母猪发生流产。

2. 综合性防制措施　蚊子是本病的重要传染媒介,因此,开展猪场的驱蚊工作是控制本病的一项重要措施。要经常保持猪场周围的环境卫生,填平坑洼,疏通沟渠,排除积水,消灭蚊子的滋生场所。同时也可使用驱虫药在猪舍内外经常进行喷洒灭蚊,黄昏时在猪圈内喷洒灭蚊药。

(二)治疗

本病目前无特效的治疗药物,疑为本病时可采用下列治疗措施:

1. 抗菌药物　主要是防治继发感染并排除细菌性的疾病。如用抗生素、磺胺类药物等。如 20%磺胺嘧啶钠液 5~10 毫升,静脉注射。

2. 脱水疗法　治疗脑水肿、降低颅内压。常用的药物有 20%甘露醇、10%葡萄糖溶液,静脉注射 100~200 毫升。

3. 镇静疗法　对兴奋不安的病猪可用氯丙嗪 3 毫克/千克体重。

4. 退热镇痛疗法　若体温持续升高,可使用氨基比林 10 毫升或 30%安乃近 5 毫升,肌内注射。

十、猪繁殖与呼吸道综合征

猪繁殖与呼吸道综合征是最近发现的一种新的接触性传染病,又称猪蓝耳病。本病以妊娠母猪发热、厌食、少乳、无乳和流产、死产、产木乃伊胎和产出弱仔等繁殖障碍,以及仔猪呼吸困难和高死亡率为特征。

【病原体】本病的病原为莱利斯塔德病毒,分类上归属于动脉炎病毒群。目前本病病毒的血清型尚不了解,有的猪场并未发现大批母猪流产和仔猪死亡,而抗体检测却呈阳性。本病毒 1987 年最早发现于美国,现在北美、西欧的许多国家以及澳大利亚等都有本病流行。该病自发生以来已给世界养猪业造成了严重的经济损失,受感染的种猪场母猪流产、早产、死胎率可高达 20％ 以上,新生仔猪和断奶仔猪的发病率高,而死亡率低。目前本病正在世界范围内传播,国际兽医局将本病列为需要通报的 B 类传染病,我国亦将其列为二类传染病。

本病毒对酸碱均敏感,当 pH 值低于 5 或高于 7 时,其感染力可减弱 90％ 以上,在 4℃ 环境中可存活 30 天,在 37℃ 环境中经 48 小时可完全灭活,在 56℃ 环境中经 30～90 分钟后,完全丧失感染力。患病猪舍,病猪移走后 3 周之内该舍仍能保持传染性。

【流行特点】自然流行,感染谱很窄,仅见于猪,尚无其他动物发病的报道。各种年龄、品种、性别的猪均可感染,但以妊娠母猪和 1 月龄内的仔猪最易感。患病的仔猪临床症状典型。主要传染源是本病患猪和死猪。哺乳仔猪和断奶仔猪是本病毒的主要宿主,已被国外学者试验所证实。患猪的鼻腔、粪便和尿液中均可发现病毒,耐过猪大都长期带毒。该病的主要传染途径是呼吸道。除了直接接触传染外,空气传播是主要方式。主风向传染可达 20 千米,该病流行期间即使是严格的封闭式管理的猪群也同样感染。感染猪的转移也可传播。该病传播扩散尚与以下因素有关:

(1)猪场规模大,猪群密度高,卫生条件差。

(2)低温、光照不足、高湿。

(3)因配种由公猪传染。

(4)通过鼠、鸡、人或交通工具等媒体。

(5)由污染本病毒的饲料等因素可诱发或导致本病的传播。

病猪症状消失后一般仍持续排毒 8～10 周。急性暴发之后,临床症状减轻,病情趋向缓和,一般转为地方性流行。随着猪群的更新,敏感猪群的扩大,该病又有重新暴发的危险。

【临床症状】潜伏期表现不定。自然感染条件下,健康猪与感染猪接触后约两周表现临床症状。人工感染的潜伏期为1～7天。
本病初期表现与流行性感冒相似,发热、嗜睡、食欲不振、呼吸困
难、喷鼻、咳嗽、倦怠等。症状随感染的猪群不同个体有很大差异。

1. 母猪　精神沉郁、食欲减退,可持续7～10天,尤以怀孕后
期为重,如果群内大批发生厌食现象,是很有特异性的,一些母猪
有呼吸症状,体温稍升高(40℃以上),有1%～2%感染耳朵,猪耳
部变为蓝紫色,腹部、尾部、四肢发绀。母猪妊娠后期发生流产、死
亡、产木乃伊胎或弱仔,泌乳停止,断奶母猪不发情。

2. 仔猪　断奶前的高发病率和死亡率是本病的主要特征之
一。断奶前后仔猪感染后死亡率达60%～80%,部分新生仔猪表
现呼吸加快为主的呼吸变化,运动失调及轻瘫,多数是通过患病母
猪的胎盘感染。病仔猪虚弱,精神不振,少数感染猪口鼻奇痒,常
用鼻盘、口端摩擦圈栏墙壁。鼻流水样或面糊状分泌物。体温
39.6～40℃,呼吸快,腹式呼吸,张口呼吸,昏睡。食欲减退或废
绝,丧失吃奶能力。腹泻,排土黄、暗色稀粪。离群独处或扎堆。
病猪易引起二重感染,多发关节炎、脑膜炎、肺炎、慢性下痢久治不
愈,且易反复,导致脱水。生长缓慢,常常由于二次感染而症状
恶化。

3. 育肥猪　沉郁,体温40～41℃,嗜睡、厌食、咳嗽、呼吸加快
等轻度流感症状,病后继发呼吸和消化道病(肺炎、拉稀)、饲料利
用率降低,生长迟缓,出现死亡。少数病猪双耳、背面或边缘及尾
部,母猪外阴,后肢内侧出现一过性蓝紫色斑。

4. 公猪　发病率低(2%～10%),病猪食欲不振、厌食、发热,
体温39.6～40℃,一般不超过41℃。精神不振、沉郁、嗜睡、咳嗽、
呼吸加快。精液质量明显下降,精子数量减少,活力低。短期厌
食,有轻度的呼吸症状,随后病情加重,除了表现咳嗽、气喘外,还
出现高热、腹泻、肺炎、死亡率增高。

【诊断】目前主要根据流行病学、临床症状、病毒分离鉴定及

血清抗体检测,进行综合判断。

实验室检查。采取病猪的鼻黏膜、肺及脾组织或流产的胎儿,做病毒分离鉴定。耐过猪可采取血清检测本病毒的抗体。

【防治措施】由于目前尚无有效的疫苗和特殊的药物,只能依靠综合性防治措施。预防的方法只有按控制其他传染病的兽医卫生措施制定,治疗的方法多数文献报道采用应急的对症疗法,为了缓解症状,防止继发感染,用抗生素、维生素 E 等进行解热、消炎,给拉稀严重的仔猪灌服肠道抗菌药、口服补液盐溶液以补充电解质。

(1)仔猪。及时喂好初乳。对虚弱下痢的仔猪口服电解质,连续 3 天。

(2)母猪。

①母猪在分娩或流产后 21 天内不能配种,发病母猪泌乳期间隔离于产房内,所产仔猪不能与其他未发病猪混群。

②流行时期,给泌乳母猪以高价营养饲料。

③妊娠 70 天以后流产的母猪,21 天内不得配种,妊娠 70 日以前流产的母猪,可提早配种。

(3)分娩 6 周后应采用人工授精方式进行配种。

(4)有呼吸症状的猪,如果发现继发感染,应迅速采取对应控制措施。

(5)注意掌握猪场的整体繁殖状况,加强卫生管理和饲养管理,加强对存活仔猪的治疗与护理,发现病猪后迅速采取相应措施。

对猪繁殖和呼吸综合征进行免疫接种,目的是产生对抗该病毒的保护力。在美国和西班牙已开始使用疫苗预防该病,用活疫苗和灭活疫苗。活疫苗针对的是呼吸道疾患,灭活疫苗则针对的是繁殖系统疾患。目前哈尔滨兽医研究所以我国自行分离的流行毒株作为疫苗种毒,经悬浮细胞培养、增毒、灭活制成油乳剂灭活

苗,适于 3 周龄以上的猪使用:

(1)公猪。采精或配种前 2～3 个月首免,间隔 20 天二免,剂量 4 毫升/(头·次),用法:肌内或皮下注射,免疫期 6 个月。

(2)母猪。配种前 5～7 天首免,间隔 20 天二免,剂量 4 毫升/(头·次),用法:肌内或皮下注射,免疫期 6 个月。

(3)仔猪。出生 20 日龄,皮下或肌内注射 2 毫升/头。

十一、猪细小病毒病

猪细小病毒病可引起猪的繁殖障碍,故又称猪繁殖障碍病,是全世界猪群繁殖障碍最常见的病,其特征为受感染的母猪,特别是初产母猪产出死胎、畸形胎和木乃伊胎,母猪返情,假孕,窝产仔数减少,而母猪本身无明显症状。

【病原体】为细小病毒科的猪细小病毒。本病毒对热、消毒药和酸碱的抵抗力均很强。病毒能凝集豚鼠、鸡、大鼠和小鼠等动物的红细胞。

【流行特点】猪是唯一已知的易感动物。病猪和带毒猪是传染源。一般经口、鼻和交配感染,出生前经胎盘感染。该病毒能较长时间存活在污染的环境之中,并对大多数环境条件及多种消毒剂都具有抵抗力。发生本病的猪群,1 岁以上大猪的阳性率可高达 80%～100%,传播相当广泛。易感的猪群一旦传入,几乎在 2～3 个月内可导致母猪 100% 的流产。

【临床症状】怀孕母猪被感染时,主要临床表现为繁殖障碍,如多次发情而不受孕,或产出死胎,木乃伊胎或只产出少数仔猪。在怀孕早期感染时,则因胚胎死亡而被吸收,使母猪不孕和不规则地反复发情。怀孕中期感染时,则胎儿死亡后,逐渐木乃伊化,产出木乃伊化程度不同的胎儿和虚弱的活胎儿。在一窝仔猪中有木乃伊胎儿存在时,可使怀孕期或胎儿娩出间隔时间延长,这样就易造成外表正常的同窝仔猪的死产。怀孕后期(70 天后)感染时,则大多数胎儿能存活下来,并且外观正常,但可长期带毒排毒,若将这些猪作为繁殖用种猪,则可使本病在猪群中长期扎根,难以清除。

多数初产母猪受感染后可获得坚强的免疫力,甚至可持续终生。细小病毒感染对公猪的性欲和受精率没有明显影响。

【病理变化】怀孕母猪感染后未见病变。胚胎的病变是死后液体被吸收,组织软化。受感染而死亡的胎儿可见充血、水肿、出血、体腔积液、脱水(木乃伊化)等病变。

【诊断】母猪发生流产和产死胎、木乃伊胎,胎儿发育异常等情况,而母猪本身没有明显的症状,结合流行情况,应考虑到本病的可能性。若要确诊则还须进一步做实验室检查。

实验室检查:对于流产、死产或木乃伊胎儿的检验,可根据胎儿的不同胎龄采用不同的检验方法。大于70日龄的木乃伊胎儿、死产仔猪和初生仔猪,应采取心血或体腔积液,测定其中抗体的血凝抑制滴度。对70日龄以下的感染胎儿,则可采取体长小于16厘米的木乃伊胎数个或木乃伊胎的肺脏送检。方法是将组织磨碎、离心后,取其上清液与豚鼠的红细胞进行血细胞凝集反应,此法简便易行而且有效。此外,也可用荧光抗体技术检测猪细小病毒抗原。

【防治措施】

(一)治疗

目前对本病尚无有效的治疗方法。

(二)预防

为了防止本病传入猪场,应从无病猪场引进种猪。若从阳性猪场引进种猪时,应隔离观察14天,进行两次血凝抑制试验,当血凝抑制滴度在1∶256以下或呈阴性时,才可以混群。重点是母猪在配种前进行预防注射,产生对此病的免疫力。我国制成的猪细小病毒灭活疫苗,在母猪配种前2个月左右注射1次,可预防本病

发生。仔猪母源抗体的持续期为 14～24 周,在抗体滴度大于 1：80
时可抵抗猪细小病毒的感染。

第六节　猪的细菌性疾病

一、猪丹毒

猪丹毒是由猪丹毒杆菌引起的传染病。主要发生于架子猪。
临床特征是:急性时呈败血症;亚急性时在皮肤上发生特殊的疹
块,慢性时发生心内膜炎和关节炎。

本病广泛分布于世界各地,在我国曾列为猪的三大传染病之
一。近年来,由于采取了强制免疫接种、药物防治等综合防制措
施,发病率明显减少,在大部分规模化猪场,本病已基本得到控制。
但猪的带菌率很高,同时又是一种人和多种动物都能感染的共患
病,因此,本病依然是一种潜在危害性较大的传染病。

【病原体】为革兰氏染色阳性丹毒丝菌,呈小杆状或长丝状,
分许多血清型,各型的毒力差别很大。猪丹毒杆菌的对外界不良
环境有很强的抵抗力,在盐腌或熏制的肉内能存活 3～4 个月,在
掩埋的尸体内能活 7 个多月,在土壤内能存活 35 天,在腐败的尸
体中可存活 228 天。但对消毒药的抵抗力较低,以 2% 福尔马林、
3% 来苏儿、1% 火碱、1% 漂白粉都能很快将其杀死。

【流行特点】本病多为散发或地方性流行,一年四季均可发
生,5～9 月份是流行高峰。本病除猪易感外,牛、羊、马、犬、鼠也
可感染发病,3～12 月龄的青年猪多发,病猪、临床康复猪及健康
带菌猪都是传染源。病原体随粪、尿、唾液和鼻分泌物等排出体
外,污染土壤、饲料、饮水等,而后经消化道和损伤的皮肤而感染。
带菌猪在不良条件下抵抗力降低时,细菌也可侵入血液,引起自体
内源性传染而发病。

【临床症状】人工感染的潜伏期为 3~5 天,短的 1 天,长的可达 7 天。

1.急性败血型　表现为突然暴发,病程短死亡率高,体温升高稽留,达 42~43℃,厌食呕吐,结膜充血,眼睛发亮有神,耳、颈背部皮肤潮红,继而发紫。粪便干燥呈球状。病程 2~4 天。

2.亚急性疹块型　亚急性(疹块型)病猪出现典型猪丹毒的症状。体温升高 41℃以上,急性型症状出现后,在胸、背、四肢和颈部皮肤出现大小不一、形状不同的疹块,凸出于皮肤,呈红色或紫红色,中间苍白,用手指压后退色。当疹块出现后,体温恢复正常,病情好转,病程 1 周左右。少数严重病例,皮肤疹块发生炎性肿胀,表皮和皮下坏死,或形成干痂,呈盔甲状覆盖于体表。

3.慢性型　病猪主要表现四肢关节炎性肿胀和心内膜炎,跛行,消瘦,皮肤出现坏死,生长缓慢。

【病理变化】急性型皮肤上有大小不一和形状不同的红斑或弥漫性红色。脾肿大,呈樱桃红色。肾淤血肿大,呈暗红色,皮质部有出血点。淋巴结充血肿大,也有小出血点。肺淤血、水肿,胃及十二指肠发炎,有出血点。关节液增加。亚急性型的特征是皮肤上方形和菱形的红色疹块,内脏的变化比急性型轻。慢性型的特征是房室瓣常有疣状心内膜炎。瓣膜上有灰白色增生物,呈菜花状。其次关节肿大,有炎症,在关节腔内有纤维素性渗出物。

【诊断】根据临床症状和流行情况,结合疗效,一般可以确诊。但在流行初期,往往呈急性经过,无特征症状,需做实验室检查才能确诊。具体方法:急性型应采取肾、脾为病料,亚急性型在生前采取疹块部的渗出液,慢性型采取心内膜组织和患病关节液,制成涂片后,革兰氏染色,经镜检,如见有革兰氏阳性的细长小杆菌,在排除李氏杆菌的情况下,即可确诊。也可进行免疫荧光和血清培养凝集试验。

【防治】加强饲养管理和卫生防疫,定期预防接种猪丹毒弱毒菌苗和灭活菌苗。目前主要用猪瘟、猪丹毒二联疫苗进行防疫注射。发生疫情时，隔离病猪，对环境和粪便进行消毒。对于病猪的尸体在官方兽医指导下应做烧毁或其他无害化处理，杜绝病原的散播，同时要加强检疫，早期发现病猪，便于采取防治措施。

治疗首选药物为青霉素类药，实行加大剂量，按每千克体重4万单位，肌内或静脉注射，每日2次。直至体温食欲恢复以后24小时，不易停药过早。

人感染后称为类丹毒，是一种职业病，应注意做好人身防护工作。

二、猪链球菌病

猪链球菌病是由几个血清群链球菌所引起的多种疾病的总称，是猪的一种常见病。在猪常发生化脓性淋巴结炎、败血症、脑膜脑炎及关节炎。

【病原体】为多种溶血性链球菌。各种链球菌都呈链状排列，是革兰氏阳性球菌。在环境中的存活力较强。在 0℃、9℃和22～25℃ 中可分别存活 104 天、10 天和 8 天，但在灰尘中的存活时间不超过 24 小时。本菌抵抗力不强，对干燥、湿热均较敏感，常用消毒药都易将其杀死。本菌对多种抗生素及其他抗菌药虽然敏感，但极易产生耐药性。

【流行特点】链球菌广泛分布于自然界。人和多种动物都有易感性，猪的易感性较高。各种年龄的猪都可发病，但败血症型和脑膜脑炎型多见于仔猪，化脓性淋巴结炎型多见于中猪。病猪、临床康复猪和健康猪均可带菌，当它们互相接触时，可通过口、鼻、皮肤伤口而传染，新生仔猪常经脐带感染。一般呈地方流行性，本病传入之后，往往在猪群中陆续地出现。

【临床症状及病理变化】

潜伏期多为 1～3 天或稍长。

1.急性败血型　突然发病,体温升高,精神沉郁,食欲减退或拒食,便秘,粪干硬。常有浆液性鼻漏,眼结膜潮红,流泪。几小时或数天内一部分病猪出现多发性关节炎、跛行或不能站立。有的病猪出现运动共济失调、磨牙、空嚼或昏睡等神经症状。有的病猪的颈、背部皮肤呈广泛性充血、潮红。

病的后期出现呼吸困难。如果治疗不及时,常在1～3天内死亡或转为亚急性或慢性。

剖检可见败血症变化。鼻、气管和肺充血,全身淋巴结肿大、充血、出血;心包积液,呈淡黄色,心内膜有出血斑点。病程稍长的病例可见纤维素性胸膜炎和腹膜炎。脾显著肿大,呈暗红色。少数病例脾边缘有出血性梗死。肾肿大、充血和出血,胃和小肠黏膜充血、出血。肿大的关节囊内有胶样液体或纤维素脓性物质。

2.脑膜脑炎型　多见于哺乳仔猪和断奶小猪。病初猪体温升高,不食、便秘,有浆性或黏性鼻液。病猪很快出现神经症状,四肢运动共济失调、转圈、磨牙、空嚼、仰卧,继而出现后肢麻痹,前肢爬行,侧卧时,四肢划动似划水状,或昏迷部分猪出现多发性关节炎,关节肿大。部分病猪的头、颈和背部出现水肿。病程为1～2天,长的可达5天。剖检常见脑膜与脑脊髓出血、充血。心包胸腔、腹腔有纤维素性炎,淋巴结肿大、充血出血。部分猪的头、颈、背部皮下、胃壁、肠系膜及胆囊壁水肿。

3.关节炎型　由急性或脑膜炎型转来或从一开始就呈现关节炎症状。关节肿胀,热痛,跛行,甚至不能站立;精神时好时坏,逐渐消瘦,衰竭死亡。少数猪可能康复。

4.淋巴结脓肿型　多见于颌下淋巴结,咽部和颈都淋巴结。患病淋巴结肿胀,较硬,有热、疼,可影响采食、咀嚼、吞咽和呼吸。有的咳嗽、流鼻涕。淋巴结肿大、化脓、变软。中央皮肤坏死、破溃,流出脓液,随后全身症状好转,经治疗局部愈合。病程3～5周。

【诊断】猪链球菌病的病型较复杂，其流行情况无特征，需进行实验室检查才能确诊。根据不同的病型采取相应的病料，如脓肿、化脓灶、肝、脾、肾、血液、关节囊液、脑脊髓液及脑组织等，制成涂片，用碱性美蓝染色液和革兰氏染色液染色，显微镜检查，见到单个、成对、短链或呈长链的球菌。并且革兰氏染色呈紫色（阳性），可以确认为本病。也可进行细菌分离培养鉴定。

【防治措施】

（一）治疗

抗生素仍是治疗本病的主要药物。选择抗生素时必须考虑到链球菌对该药的敏感性不低于 $80\%\sim95\%$，以及感染类型、药物途径、最适剂量、给药时间、猪只体况等。抗生素最小抑菌浓度的测定表明：大多数分离菌株对青霉素敏感，对阿莫西林、氨苄西林敏感率在 90% 左右。发现链球菌性脑膜炎症状后，立即用敏感抗生素非肠道途径治疗，是目前提高仔猪成活率的最好方法。

（二）预防

应及时采取以下措施：

1. 搞好预防性消毒　消灭环境中的病原体，养猪场（户）应坚持每月用 $1:2\,000$ 抗毒威或百毒杀溶液喷雾消毒栏舍和用具，生猪出栏后进行终末消毒。

2. 消除感染的因素　如猪圈和饲槽上的尖锐物体。

3. 接种菌苗　预防接种是防治本病的最重要措施。疫区（场）在 60 日龄第一次免疫，以后每年春秋各免疫一次。不论大小猪一律肌内或皮下注射猪链球菌苗 1 毫升，免疫期约 6 个月。

4. 饲养条件不良　在圈舍内，通风不良，温度剧烈变化，两周龄以上的猪混合饲养，都是易感猪群感染猪链球菌的重要因素。全进全出，消除蚊蝇，清洁猪舍，减少微生物的繁殖和改进猪群健康状况，提高日粮营养水平和饲料转化率，是减少本病发生和流行的有效措施。

三、猪气喘病

猪气喘病又名猪地方流行性肺炎,是猪的一种慢性肺病。主要临床症状是患猪长期生长不良、咳嗽和气喘。据报道,发病猪生长率降低了 12.7%,饲料转化率受抑制 13.8%,体重减少 10～25 千克,给养猪生产造成很大的损失。

【病原体】猪肺炎支原体,曾经称为霉形体,是一群介于细菌和病毒之间的多形微生物。它与细菌的区别在于没有细胞壁,呈多形性,可通过滤器;它不同于病毒之处是能在无生命的人工培养基上生长繁殖,形成细小的集落,常见的形态为球状、杆状、丝状及环状,对姬姆萨或瑞氏染色液着色不良,菌体革兰氏染色阴性。它能在各种支原体培养基中生长。分离用的液体培养基为无细胞培养平衡盐类溶液,必须加入乳清蛋白水解物、酵母浸液和猪血清。支原体也能在鸡胚卵黄囊中生长,但胚体不死,也无特殊病变。本病原存在于病猪的呼吸道及肺内,随咳嗽和打喷嚏排出体外。本病原对外界环境的抵抗力不强,在室温条件下 36 小时即失去致病力,在低温或冻干条件下可保存较长时间。在温热、日光、腐败和常用的消毒剂作用下都能很快死亡。猪肺炎支原体对青霉素及磺胺类药物不敏感,但对卡那霉素、林可霉素敏感。

【流行特点】不同年龄、品种和性别的猪均可感染。其中哺乳仔猪及幼猪最易发病,其次是妊娠后期及哺乳母猪。成年猪多呈隐性感染。怀孕母猪和哺乳母猪症状最重,病死率较高。本病的传播途径为呼吸道。病猪及隐性感染猪为本病的传染源,病原体长期存在于病猪的呼吸道及其分泌物中,随咳嗽和喘气排出体外后,通过接触经呼吸道而使易感猪感染。本病的发生没有明显的季节,一年四季均可发病但以寒冷潮湿气候多变时多发,而且本病与饲养管理、卫生和防治措施有关。新发病地区常呈暴发性流行,症状重,发病率和病死率均较高,多取急性经过。老疫区多取慢性经过,症状不明显,病死率很低,当气候骤变、阴湿寒冷、饲养管理和卫生条件不良时,可使病情加重,病死率增高。如有巴氏杆菌、肺炎双球菌等继发感染,可造成较大的损失。

【临床症状】本病的潜伏期平均 7～14 天,长的一个月以上。主要症状为咳嗽和气喘。病初为短声连咳,在早晨出圈后受到冷空气的刺激,或运动和喂料的前后最容易听到,病重时流灰白色黏性或脓性鼻汁。在病的中期出现气喘症状,呼吸次数每分钟达 60～80 次,呈明显的腹式呼吸,此时咳嗽少而低沉。体温一般正常,食欲无明显变化。致病的后期,则气喘加重,甚至张口喘气,同时精神不振,猪体消瘦,不愿走动。这些症状可随饲养管理和生活条件的好坏而减轻或加重,病程可拖延数月,病死率一般不高。

隐性型病猪没有明显症状,有时发生轻咳,全身状况良好,生长发育几乎正常。如果加强饲养管理,病变可逐渐局灶化或消散,若饲养条件差则转变为急性或慢性出现症状,甚至死亡。

【病理变化】病变主要在肺部和肺门淋巴结及纵隔淋巴结。病变由肺的心叶开始,逐渐扩展到尖叶、中间叶及膈的前下部。病变部与健康组织的界限明显,两侧肺叶病变分布对称,呈灰红色或灰黄色、灰白色,硬度增加,外观似肉样或胰样,切面组织致密,可从小支气管挤出灰白色、混浊、黏稠的液体,支气管淋巴结和纵隔淋巴结肿大,切面黄白色,淋巴组织呈弥漫性增生。急性病例,有明显的肺气肿病变。

【诊断】一般可以根据病理变化的特征和临床症状来确诊,但对慢性和隐性病猪的诊断,需做血清学试验。

【防治措施】

(一)治疗

(1)应用恩诺沙星,肌内注射,一次量 5 毫克/千克体重,每日 1 次,连用 5～7 天。

(2)强力霉素,内服,一次量 10 毫克/千克体重,每日 1 次;混饲,200 毫克/千克饲料;饮水,100 毫克/升水。

(3)卡那霉素,咳嗽及呼吸困难的,每 20 千克体重肌内注射 50 万单位,每日 1 次,连用 5 天。

(4)泰乐菌素,每千克体重肌内注射 10 毫克,每日 1 次,连用 3～5 天。内服;每升水中加本品 0.2 克,连饮 3～5 天,有良好的防治作用。

(5)林可霉素(洁霉素),每千克体重肌内注射 50 毫克,每日 1 次,连用 5 天。

(6)支原净,每千克体重每天拌料 50 毫克,连服 2 周。

(二)预防

应采取综合性防疫措施,以控制本病的发生和流行。

1.坚持自繁自养　若必须从外地引进种猪时,应了解产地的疫情,证实无本病后方可引进;新引入的猪应隔离一个月后,确认健康方可混群。

2.做好饲养管理和防疫卫生工作　保持空气新鲜,减少饲养密度,注意观察猪群的健康状况,有无咳嗽、气喘情况,如发现可疑病猪,及时隔离或淘汰。

3.进行免疫接种　猪气喘病弱毒菌苗的保护率大约 70%。冷干菌苗 4～8℃不超过 15 天,−15℃可保存 6 个月。注意:在接种该苗 15 天和用后 60 天内禁止使用抗菌素等。免疫期 8 个月,具体使用方法见说明书。

四、猪肺疫

猪肺疫又称猪巴氏杆菌病,是由猪多杀性巴氏杆菌引起的人和多种动物共患的一种急性传染病。主要特征为败血症,咽喉及其周围组织急性炎性肿胀,或表现为肺、胸膜的纤维蛋白渗出性炎症。本病分布很广,发病率不高。常与一些呼吸道疾病并发或继发感染。

【病原体】是多杀性巴氏杆菌,呈革兰氏染色阴性,有两端浓染的特性,能形成荚膜。有许多血清型。多杀性巴氏杆菌的抵抗力不强,干燥后2～3天内死亡,在血液及粪便中能生存10天,在腐败的尸体中能生存1～3个月,在日光和高温下立即死亡,1%火碱及2%来苏儿等能迅速将其杀死。

【流行特点】大小猪均有易感性。病猪和健康带菌猪是传染源,病原体主要存在于病猪的肺脏病灶及各器官,存在于健康猪的呼吸道及肠管中,随分泌物及排泄物排出体外,经呼吸道、消化道及损伤的皮肤而传染。健康猪有时也能带本菌,据报道,占30.6%的健康猪从鼻腔、喉头、扁桃体内分离到巴氏杆菌。在各种应激因素的作用下,猪的抵抗力减弱时,便可引起内源性感染。

多杀性巴氏杆菌对外界环境和物理化学因素的抵抗力不强,在寒冷的冬季,在病死猪尸体内的病菌能生存2～4个月;在直射阳光下,暴露的细菌很快死亡;在常温下,猪粪中的细菌4天内死亡。常用的消毒药均能在短时间内杀死该菌。

本病呈散发流行,以青年猪易感。一般认为在发病前已经带菌,当猪在长途运输、气候剧变、拥挤、闷热、空气混浊通风不良、阴雨潮湿、患寄生虫病、饲料突变、营养缺乏等诱因的作用下,猪上部呼吸道黏膜受到刺激,猪的抵抗力下降,而病菌的致病力增强时,便可引起内源性感染。一旦存在传染源后,从病猪体内排出毒力较强的病原,就可能从消化道、呼吸道或经吸血昆虫刺螫传播本病。猪肺疫常为散发,一年四季均可发生,多继发于其他传染病之后。有时也可呈地方性流行。

【临床症状】潜伏期1～5天,根据临床表现分为最急性型、急性型和慢性型。

1.最急性型　呈现败血症症状,常突然死亡,病程稍长的,体温升高到41℃以上,呼吸高度困难,食欲废绝,黏膜蓝紫色,全身衰弱,卧地不起。颌下咽喉部肿胀,有热痛,重者可延至耳根及颈部,口鼻流出泡沫,呈犬坐姿势。后期耳根、颈部及下腹部处皮肤变成蓝紫色,有时见出血斑点。最后窒息死亡,病程1~2天。

2.急性型　急性型是典型的猪肺疫症状,病猪体温升至40~41℃或以上,全身症状明显,特别是呼吸急促,表现出极度困难,有的呈现犬坐姿势,痛苦地咳嗽,鼻流黏液或脓性分泌物,有时混有血液,严重可视黏膜呈蓝紫色,皮肤有红斑或小点出血。病初便秘,后腹泻,病程3~5天,可因窒息而死亡或转为慢性。

3.慢性型　多见于流行后期,主要表现为慢性肺炎或慢性胃肠炎症状。持续性的咳嗽,呼吸困难,体温时高时低,精神不振,食欲减退,逐渐消瘦,有时关节肿胀,皮肤发生湿疹。最后发生腹泻。多经两周以上因衰弱而死亡。

【病理变化】主要病变在肺脏。

1.最急性型　全身各浆膜、黏膜及皮下组织有大量的出血点。咽喉部及周围组织呈出血性浆液性炎症,皮下组织可见大量胶冻样淡黄色的水肿液。全身淋巴结肿大,切面呈一致红色,肺充血、水肿,可见红色肝变区(质硬如肝样),各实质器官变性。脾不肿大。

2.急性型　败血症变化较轻。肺有大小不等肝变区,切开肝变区,有的呈暗红色,有的呈灰红色,肝变区中央常有干酪样坏死灶。肺小叶间质增宽,充满胶冻样液体。胸腔积有含纤维蛋白凝块的混浊液体。胸膜附有黄白色纤维素,病程较长的,胸膜发生粘连。

3.慢性型　高度消瘦,肺组织大部分发生肝变,并有大块坏死灶或化脓灶,有的坏死灶周围有结缔组织包裹,胸膜粘连。

实验室检查:采取病变部的肺、肝、脾及胸腔液,制成涂片,用碱性美蓝液染色后镜检,均见有两端浓染的长椭圆形小杆菌时,即可确诊。

【防治措施】

1. 预防

(1)加强管理。本病的发生与应激因素有关,猪舍过冷、过热、拥挤、潮湿,长途运输,都能降低猪的抵抗力,应积极改善饲养管理。对新引进的猪必须隔离1个月以上,确认无病再合群。发现病猪立即隔离治疗,对污染的环境应进行彻底消毒。

(2)疫苗接种。目前有商品猪肺疫活疫苗(单苗)和三联苗(猪瘟、丹毒、肺疫)以及灭活疫苗,都可起到很好的预防作用,使用时按疫苗说明书。

2. 治疗

(1)多种抗菌药物均有效,对常用的青霉素、链霉素、庆大霉素、磺胺类药物及喹诺酮类药物均敏感。

(2)由于病猪的呼吸困难,不宜给病猪灌服药物或强制保定。治疗时动作要快,一般以皮下或肌内注射为宜。

(3)为避免巴氏杆菌产生耐药性,在使用抗菌药物时,应选几种抗菌药物交替使用,并要连续用药。

五、猪副伤寒

猪副伤寒又称猪沙门氏菌病,是由沙门氏杆菌属的细菌引起仔猪的一种传染病。它主要侵害1～4月龄仔猪,也称仔猪副伤寒。是一种较常见的传染病。特征是发生坏死性肠炎,出现严重下痢,有时可发生卡他性或干酪性肺炎。本病在世界各地均有发生,是猪的一种常见病和多发病。

【病原体】 主要是猪霍乱沙门氏菌和猪伤寒沙门氏菌等,常存在于病猪的各脏器及粪便中,对外界环境的抵抗力较强。在粪便中可存活1～2个月,在垫草上可存活8～20周,在冻土中可以过冬,在10%～19%食盐腌肉中能生存75天以上。但对消毒药的抵抗力不强,用3%来苏儿、福尔马林等能将其杀死。

【流行特点】本病主要发生于密集饲养断奶后的仔猪,成年猪及哺乳仔猪很少发生。传染方式主要是由于病猪及带菌猪排出的病原体污染了饲料、饮水及土壤等,健康猪吃了这些污染的食物而感染发病。另外是病原体平时存在于健康猪体内,当饲养管理不当,寒冷潮湿,气候突变,断奶过早,使猪的体质减弱,抵抗力降低时,病原体即乘机繁殖,毒力增强而致病。一年四季均可发生,但多发于多雨潮湿季节。

【临床症状】潜伏期 3～30 天。临床上分为急性型和慢性型。

1.急性型(败血型)　多见于断奶后不久的仔猪。病猪体温升高(41～42℃),食欲不振,精神沉郁,病初便秘,以后下痢,粪便恶臭,有时带血,常有腹部疼痛症状,弓背尖叫。耳、腹部及四肢皮肤呈深红色,后期呈青紫色。最后病猪呼吸困难,体温下降,偶尔咳嗽,痉挛,一般经 4～10 天死亡。

2.慢性型(结肠炎型)　此型最为常见,临床表现与肠型猪瘟相似。体温稍升高,精神不振,食欲减退,便秘和下痢反复交替发生,粪便呈灰白色,淡黄色或暗绿色,形同粥状,有恶臭,有时带血和坏死组织碎片,以后逐渐脱水消瘦,皮肤上出现痂样湿疹。有些病猪发生咳嗽。病程 2～3 周或更长,最后衰竭死亡。

【病理变化】急性型主要以败血症为主,淋巴器官肿大淤血出血,全身黏膜、浆膜有出血点,耳及腹下皮肤有紫斑。脾肿大呈暗紫色,肝肿大,有针头大小的灰白色坏死灶。慢性型特征病变是坏死性肠炎,肠壁肥厚,黏膜表面坏死和纤维蛋白渗出形成轮状。肝有灰黄色针尖样坏死点。肺有卡他性或干酪样肺炎病灶,往往是由巴氏杆菌继发感染所致。

【诊断】根据病理变化,结合临床症状和流行情况进行诊断,类症鉴别有困难时,可做实验室检查。采取肝、脾、肾及肠系膜淋巴结涂片,自然干燥,革兰氏染色镜检,发现有两端呈椭圆或卵圆形、不运动、不形成芽孢和荚膜的革兰氏阴性小杆菌,即可确诊。

【防治措施】

(一)治疗

要在改善饲养管理的基础上进行隔离治疗才能收到较好疗效。同时用药剂量要足、维持时间宜长。常用药有土霉素、新霉素、氟哌酸、环丙沙星、恩诺沙星、强力霉素、卡那霉素、磺胺类药物等。

(二)预防

加强饲养管理,初生仔猪应争取早吃初乳。断奶分群时,不要突然改变环境,猪群尽量分小一些。在断奶前后(1月龄以上),应口服仔猪副伤寒弱毒冻干菌苗等预防。

发病后,将病猪隔离治疗,被污染的猪舍应彻底消毒。未发病的猪可用药物预防,在每吨饲料中加入金霉素100克,或磺胺二甲基嘧啶100克,可起一定的预防作用。

六、仔猪黄痢

仔猪黄痢又称早发性大肠杆菌病,由致病性大肠杆菌所引起。是1周龄以内初生仔猪的一种急性、致死性传染病。以腹泻、排黄色黏液状稀粪为其特征。发病率和病死率均很高。是养猪场常见的传染病。若防治不及时,可造成严重的经济损失。

【病原体】病原为大肠杆菌,革兰氏阴性,无芽孢,有鞭毛,兼性厌氧,对碳水化合物发酵能力强。本菌对外界不利因素的抵抗力不强,$50℃$加热30分钟、$60℃$加热15分钟即死亡。一般常用消毒药均易将其杀死。

病原性大肠杆菌与动物肠道内正常寄居的非致病性大肠杆菌在形态、染色反应、培养特性和生化反应等方面没有差别,但抗原构造不同。从病猪体内分离到的菌株,其菌体抗原(O)因不同地域和时期而有变化,但在同一地点的同一流行猪群中,常限于$1 \sim 2$个型,一般以 O_8、O_{45}、O_{60}、O_{157} 等群较为多见,多数具有 K_{88}(L)

表面抗原,能产生肠毒素,60℃经10分钟即被破坏。

【流行特点】主要发生于3日龄左右的乳猪。7日龄以上乳猪发病极少。带菌母猪是黄痢的主要传染源,病原菌随粪便污染环境、母猪的皮肤、乳头而致仔猪发病。通常一头猪开始拉稀,接着全窝,往往一窝一窝地发生,不仅同窝乳猪都发病,继续分娩的乳猪也几乎都感染发病,形成恶性循环。环境卫生不好的,可能多发。环境卫生良好的也常有发生。

【临床症状】黄痢一般在出生几小时后,一窝仔猪相继发病。最早发病的见于生后8~12小时,发现有一两头仔猪精神沉郁,全身衰竭,迅速死亡,继之其他仔猪相继腹泻,排出水样粪便,黄色糊状或稀薄如水,含有凝乳小片,有气泡并带腥臭味,肛门松弛,排便失禁。病猪精神不振,不吃奶,很快消瘦、脱水,由于脱水,病猪双眼下陷,腹下皮肤成紫红色,最后衰竭而死。病程1~5天。

【病理变化】病猪尸体被毛粗乱,颈部、腹部皮下常有水肿,胃内充满黄色凝乳块,有酸臭味,胃黏膜水肿,胃底呈暗红色。肠内有多量黄色液状内容物和气体,肠黏膜有急性卡他性炎症,肠腔扩张,肠壁很薄,肠黏膜呈红色,病变以十二指肠最为严重,空肠和回肠次之,结肠较轻。肠系膜淋巴结有弥漫性小出血点。肝肾有小的坏死灶。

【诊断】根据其流行情况和症状,一般可作出诊断。也可采取小肠前段的内容物,送实验室进行细菌分离培养和鉴定。

【防治措施】预防本病必须严格采取综合卫生防疫措施。加强母猪的饲养管理,做好产房的消毒以及用具卫生和消毒,控制好猪舍环境的温度和湿度。分娩前要对母猪乳房进行消毒,先用清温水洗刷乳头,再用1‰高锰酸钾水按顺序将乳头、乳房、腹下及肛门周围擦洗干净。同时,让仔猪早吃初乳,增强自身免疫力。

在经常发生本病的猪场,对母猪进行免疫接种,以提高其初乳中母源抗体的水平,从而使仔猪获得被动免疫力。在产前15~

30 天注射大肠杆菌 K_{88}、K_{99} 双价基因工程苗等,对初生仔猪可进行预防性投药,也可给母猪注射抗菌药物,通过乳汁被仔猪利用,对发病的仔猪应及时治疗。治疗可选用庆大霉素、诺氟沙星、卡那霉素等药物。如肌内注射庆大霉素,每头 5 000 单位,每日二次肌内注射。或庆增安 0.2 毫升/千克体重,每日二次肌内注射。治疗时应用几种药物交替使用,效果较好。

七、仔猪白痢

仔猪白痢又称迟发性大肠杆菌病,由致病性大肠杆菌所引起,是 2～3 周龄仔猪的一种急性肠道传染病。临床特征为排灰白色、糨糊样稀粪,有腥臭味。发病率较高,病死率较低。发生很普遍,几乎所有猪场都有本病,是危害仔猪的重要传染病之一。

【病原体】本病的病原为埃希氏大肠杆菌,是一种革兰氏染色阴性,无芽孢,不形成荚膜的短杆菌,其中以 O_8、K_{88} 等几种血清型较为多见。本病的发生和流行还与多种因素有关,如气温突变或阴雨连绵,舍温过冷、过热、过湿,圈栏污秽,通风不良等易诱发本病。此外也与母猪和仔猪的健康状况有关。该菌对外界环境抵抗力不强,常规消毒药和消毒方法即可达到消毒目的。

【流行特点】本病主要发生 7～30 日龄的仔猪,30 日龄以上很少发生。本病无明显季节性,但一般以炎夏和冬季多发。开始发病是一窝中少数的猪只,不久就发生整窝或其他窝群。健康仔猪吃了病猪粪便污染物,就可引起发病。

【临床症状】仔猪出现白痢前,有一定的预兆,如不活泼,吮奶不积极,拉出粒状的兔子屎,经半天至 1 天后出现典型的症状,排出浆状、糊状的稀粪,呈乳白色、灰白色或黄白色,其中含有气泡,有特殊的腥臭味。随着病情的加重,腹泻次数增加,病猪弓背,被毛粗乱污秽、无光泽、行动缓慢,迅速消瘦,有的病猪排粪失禁,在尾、肛门及其附近常沾有粪便,眼窝凹陷,脱水,卧地不起。当细菌侵入血液时,病猪的体温升高,食欲减退,日渐消瘦,精神沉郁,被毛粗乱无光,眼结膜苍白,怕冷,恶寒战栗,喜卧于垫草中。有的并发肺炎,呼吸困难。病程 3～7 天,绝大部分可以康复。

【病理变化】病死仔猪无特殊病变。肠内有不等量的食糜和气体,肠黏膜轻度充血潮红,肠壁菲薄。肠系膜淋巴结水肿。实质脏器无明显变化。

【诊断】根据流行情况和临床症状,可作出诊断。

【防治】预防本病的主要措施是消除病原和各种诱因,增强仔猪消化道的抗菌能力,加强母猪饲养管理,搞好圈舍的卫生和消毒。其次是给仔猪提早开食,在 5～7 日龄时就可开始补料,大约经 10 天就主动吃料,能有效地减少白痢病的发病率。用土霉素等抗菌添加剂预防有一定疗效。

对发病仔猪,可选用土霉素、磺胺脒等药物。对母猪投服中草药瞿麦散,通过母猪的吸收进入到乳汁中,仔猪吸奶也能起到很好的治疗作用。对脱水严重的仔猪可补充口服补液盐或腹腔注射 5％葡萄糖生理盐水 200～300 毫升,每天一次,连用 2～3 天。

八、猪水肿病

猪水肿病是由溶血性大肠杆菌产生的毒素而引起的疾病。其临床特征是突然发病,头部水肿,胃肠水肿,运动失调,惊厥和麻痹,剖检可见胃壁和结肠系膜显著水肿。常发生于刚断奶的仔猪,发病率虽低,病死率却高。已成为养猪业危害较严重的疾病之一。

【病原体】本病的病原为溶血性大肠杆菌,常见的为 O_2、O_8、O_{138}、O_{139} 和 O_{141} 等群内的菌株,在鲜血琼脂培养基上呈 β 溶血。据报道,以上菌株在肠道内大量繁殖时,可产生肠毒素、水肿素、内毒素(脂多糖)等,经肠道吸收后,由网状内皮系统消除。在此过程中产生一种组织致敏抗体,由于某些诱因和应激因素的作用,使仔猪的肠道蠕动和分泌能力降低,当猪吸收这些毒素后,使致敏猪发生过敏反应,表现出神经症状和组织水肿。

【流行特点】本病无明显的季节性,一年四季均发生,以气候剧变和阴雨后多发,有时呈地方流行性发生,各种年龄、品种、性别的猪都能感染。发病者多为体格健壮,营养良好的仔猪。特别是刚断奶不久2～3月龄的仔猪,育肥猪或10日龄以下的仔猪少见。从本病的流行病学调查中发现,仔猪开料太晚,骤然断奶,仔猪的饲料质量不稳定,特别是日粮中含过高量的蛋白质,缺乏某种微量元素、维生素和粗饲料,仔猪的生活环境和温度变化较大,不合理地服用抗菌药物使肠道正常菌群紊乱等因素,是促使本病发生和流行的诱因。

【临床症状】突然发病,精神沉郁,食欲减退或废绝,体温升高,常便秘,但发病前几天有轻度腹泻。病初表现兴奋、共济失调、转圈、痉挛、口吐白沫等神经症状。后期卧地不起,肌肉震颤,骚动不安,四肢滑动作游泳状;眼睑肿胀,两眼之间成一条缝。结膜潮红,四肢下部及两耳发绀。头部、颈部水肿,严重的可引起全身水肿,身体水肿部位指压下陷。体表淋巴结肿大,最后嗜睡或昏迷,因衰竭而死亡。

【病理变化】主要病变为水肿。胃壁水肿,严重的厚达2～3厘米。偶尔见胃底部有弥漫性出血变化,切开水肿部位,常有大量透明或微带黄色液体流出,胃大弯部水肿最明显。肠系膜水肿、水肿液量多透明或微黄,切开呈胶冻状。淋巴结有水肿和充血出血变化。心包和胸腔有较多的积液。肺水肿也常见。水肿严重者大脑间有水肿变化。肾包膜增厚水肿,积有红色液体,皮质纵切面贫血;髓质充血或有充血变化。膀胱黏膜有轻度出血变化。

【诊断】根据临床症状和病理变化,结合流行情况可作出初步诊断,进一步诊断可做实验室检查。取病死猪淋巴结抹片,染色镜检,有少量散在、两端钝圆的革兰氏阴性杆菌。取病死猪肝、脾、淋巴结等病料,接种于普通琼脂平皿上,在37℃恒温培养24小时,见长出光滑、灰白、湿润、边缘整齐、圆形,稍有隆起的小菌落。选典型菌落接种于麦康凯培养基有红色菌落、鲜血琼脂培养基上有溶解环。

【防治】

(1)预防本病主要是加强对断乳前后仔猪的饲养管理,早期补料,以提高消化吸收能力,增强断奶后抗应激、抗过敏的能力等。注意饲料不要突然改变,饲料中的蛋白质不要太高。

(2)在仔猪日粮中添加亚硒酸钠维生素 E 粉和 0.2% 土霉素碱粉,以解决饲料中硒不足和限制仔猪肠道内致病性大肠杆菌的繁殖。同时,对断奶仔猪群饮用电解多维和口服补液盐,减少断奶时形成的应激。对发病仔猪采取以下方法治疗:

①庆增安注射液,每千克体重 0.2 毫升,肌内注射,每日 2 次。

②2% 氧氟沙星葡萄糖注射液 100 毫升,维生素 C 2 克,20% 甘露醇 50~100 毫升静脉注射,每日一次。

(3)母猪分娩后及时注射维生素 E 和 0.1% 亚硒酸钠针,剂量:每头肌内注射维生素 E 100 毫克,0.1% 亚硒酸钠针 2 毫升,连续 2 次,间隔 15 天。

(4)为抑制大肠杆菌的作用,在饲料中添加土霉素、链霉素等。

(5)免疫预防。用大肠杆菌致病株制成疫苗,接种妊娠母猪,也有一定的被动免疫效果。对仔猪于 14~18 日龄接种水肿病疫苗。

九、猪传染性萎缩性鼻炎

猪传染性萎缩性鼻炎是猪的一种慢性接触性呼吸道传染病。主要侵害幼龄猪。其特征是鼻梁变形和鼻甲骨尤其是鼻甲骨的下卷曲发生萎缩。临床主要表现为喷嚏、鼻塞等鼻炎症状和颜面部变形,鼻梁歪斜。病猪生长缓慢,饲料报酬低下。本病最早于1830 年发现于德国,现在几乎世界各养猪发达地区都有发生。

【病原】本病的主要病原体是支气管败血波特氏杆菌。巴氏杆菌、绿脓杆菌、放线菌、毛滴虫及猪巨细胞病毒等可能继发或混合感染，从而增加了病的严重性。支气管波特氏杆菌为革兰氏阴性的球状杆菌，有两极着色的特性，不产生芽孢，有的有荚膜，有周鞭毛，能运动，呈散在或成对，偶见短链。本菌的抵抗力不强，一般消毒药均可将其杀死。

【流行病学】不同年龄的猪都有易感性。出生几周龄内的仔猪感染后，常可引起鼻甲骨萎缩，且症状较重，再大些的猪感染后可能发生卡他性鼻炎、咽炎和轻度的鼻甲骨萎缩。更大些的猪感染后可不出现症状。病猪和带菌猪是本病的主要传染源，从鼻腔分泌物和呼出的气体中排出病原菌。主要通过飞沫，经呼吸道侵入。经污染的环境而感染的机会很少。

本病的发生和发展，可受饲养管理条件的影响。饲养管理和卫生不良、拥挤、潮湿、饲料中缺乏蛋白质、维生素（尤其是维生素A、维生素D）、矿物质（尤其是钙），可促使本病的发生，并加重病理过程。

【症状】患病猪首先表现为喷嚏、吸气困难和发鼾声。喷嚏呈连续性或断续性，特别多见于饲喂或运动时。喷嚏之后，鼻孔排出清液或黏液性、脓性分泌物。一些病猪在强力喷嚏时损伤了鼻黏膜浅表血管而出现不同程度的鼻衄。病猪鼻部不适而表现不安，甚至奔跑、摇头、拱地。用前肢搔抓鼻部，或在饲槽、墙角等处摩擦鼻部及钻垫草下边。这种鼻炎症状最早可见于1周龄仔猪，一般到6～8周龄时最显著，经过数周可能消失。大多数猪群常有鼻甲骨萎缩的变化。感染时的年龄越小，猪发生鼻甲骨萎缩就越多，病变也越严重。

在发现鼻炎症状的同时，由于病猪鼻泪管阻塞，眼分泌物从眼角流出后被灰尘黏结，在猪内眼角下的皮肤上，形成弯月形湿润区，呈现黑色或灰色，俗称泪斑。经过二三个月后，由于患病部的骨骼生长缓慢,鼻甲骨萎缩,而被覆其上的皮肤、皮下组织和健康的骨组织仍按正常速度生长,致使鼻和面部变形。若两侧鼻腔软骨的损伤程度大致相等,则鼻腔变得短小,鼻端向上翘起,鼻背部皮肤粗厚,有较深的皱褶,下颌伸长,上下门齿错开,不能正常咬合。若一侧鼻腔损害严重时,则两侧鼻孔大小不一,鼻梁弯向病损严重的一侧。若额窦受害,发育受阻,则两眼间的距离变短。若鼻炎蔓延到筛板,则可使大脑感染而发生脑炎症状。有时病原体侵害肺部而引起肺炎。

【病理变化】病变限于鼻腔及其邻近组织。最有特征的变化是鼻甲骨萎缩,特别是鼻甲骨的下卷曲最为常见。严重病例,鼻甲骨完全消失,鼻中隔弯曲。鼻黏膜常有黏脓性或干酪性渗出物。有时窦内,特别是额窦内充满黏液脓性分泌物。此外,还可引起轻度的细支气管周围炎和肺炎。

【诊断】根据临诊症状、病理变化和微生物检查结果,不难作出正确诊断。微生物学诊断,采取病料时先将猪鼻孔及其周围清洗,用70%酒精消毒后,用棉拭子探进鼻腔深约1/2处醮取黏液等,迅速放入盛有肉汤或生理盐水的试管中,尽快送实验室进行培养鉴定。

【防治】

(一)预防

加强产地检疫,杜绝本病的传染源。目前我国已制成油佐剂灭活苗。在母猪预产期前2个月及1个月各皮下注射1次。剂量分别为1毫升及2毫升,下一胎的预产期前1个月加强免疫1次,剂量为2.5毫升。对非免疫母猪生的仔猪于1周龄及3~4周龄分别接种1次。若能结合滴鼻免疫,可明显地提高鼻腔抗感染的能力。

(二)治疗

常用磺胺类药和抗生素。

1.母猪 产前1个月,断奶仔猪及育成猪用磺胺二甲嘧啶100～450克/吨饲料;或泰乐菌素100克/吨饲料、磺胺嘧啶100克/吨饲料联合用药;或土霉素碱粉400克/吨饲料。连续使用4～5周。

2.乳猪 从2日龄开始每隔1周肌内注射1次增效磺胺,用量为磺胺嘧啶12.5毫克/千克体重,加甲氧苄氨嘧啶2.5毫克/千克体重,连续3次。

此外,鼻腔内用25%硫酸卡那霉素喷雾,对预防和控制本病的发展,也可起到一定的作用。

十、仔猪红痢

仔猪红痢,又称猪梭菌性肠炎,猪传染性坏死性肠炎,是由C型魏氏梭菌的外毒素所引起。主要发生于1周龄以内的新生仔猪。其特征是排红色粪便,肠黏膜坏死,病程短,病死率高。在环境卫生条件不良的猪场,发病较多,危害较大。

【病原体】本病的病原为C型产气荚膜梭菌(或称C型魏氏梭菌),革兰氏染色阳性,为有荚膜、无鞭毛的厌氧大杆菌,菌体两端钝圆,芽孢呈卵圆形,位于菌体中央和近端。C型菌株主要产生α和β毒素,其毒素可引起仔猪肠毒血症和坏死性肠炎。本菌需在血琼脂厌气环境下培养,呈β溶血,溶血环外围有不明显的溶血晕。菌落呈圆形,边缘整齐,表面光滑、稍隆起。

本菌广泛存在于猪和其他动物的肠道、粪便、土壤等处,发病的猪群更为多见,病原随粪便污染猪圈、环境和母猪的乳头,当仔猪出生后(几分钟或几小时),吞下本菌芽孢而感染。在饲养管理不良时,容易发生本病。在同一猪群内各窝仔猪发病率相差很大,最低的为9%,最高的达100%,平均为26%,病死亡率为5%～59%。

【流行特点】本病发生于1周龄以下的仔猪,多发生于1～

3日龄的新生仔猪,4～7日龄的仔猪即使发病,症状也较轻微。1周龄以上的仔猪很少发病。本病一旦侵入猪场后,如果扑灭措施不力,可顽固地在猪场内扎根,不断流行,使一部分母猪所产的全部仔猪发病死亡。在同一猪群内,各窝仔猪的发病率高低不等。

【临床症状】本病的病程长短差别很大。最急性病例排血便,后躯沾满血样稀粪,往往于生后当天或第二天死亡;急性病例排出含有灰色坏死组织碎片的浅红褐色水样粪便,迅速消瘦和虚弱,多于生后第三天死亡;亚急病例,开始排黄色软粪,以后粪便呈淘米水样,含有灰色坏死组织碎片,有食欲,但逐渐消瘦,于5～7日龄死亡;慢性病例呈间歇性或持续性下痢,排灰黄色黏液便,病程十几天,生长很缓慢,最后死亡或被因无饲养价值而被淘汰。

【病理变化】病变常局限于小肠和肠系膜淋巴结,以回肠的病变最重。最急性病例,回肠呈暗红色,肠腔充满血染液体,腹腔内有较多的红色液体,肠系膜淋巴结呈鲜红色。急性病例的肠黏膜坏死变化最重,而出血较轻,肠黏膜呈黄色或灰色,肠腔内有血染的坏死组织碎片粘着于肠壁,肠绒毛脱落,遗留一层坏死性伪膜,有些病例的空肠有约40厘米长的气肿。亚急性病例的肠壁变厚,容易碎,坏死性伪膜更为广泛,慢性病例,在肠黏膜可见1处或多处的坏死带。

【诊断】依据临床症状和病理变化,结合流行特点,可作出诊断。

实验室检查:对最急性病例,可采取小肠内血染的液体或腹腔液,加等量生理盐水搅拌均匀后,以每分钟3 000转离心30～60分钟,取上清液给小鼠静脉注射,每只0.2～0.5毫升,如小鼠迅速死亡,可诊断为本病。对急性和亚急性病例,可采取坏死病变部的肠段,进行细菌分离培养和组织学检查。

【防治措施】由于本病发生急,死亡快,治疗效果不好,或来不及治疗,药物治疗意义不大,主要依靠平时预防。

(1)要加强猪舍与环境的清洁卫生和消毒工作,产房和分娩母猪的乳房应于临产时彻底消毒,产仔房和笼舍应彻底清洗消毒,母猪在分娩时,应用消毒药液(百毒杀等)擦洗母猪乳房,并挤出乳头内的头一把乳汁(以防污染)后才能让仔猪吃奶。

(2)在常发本病的猪场,给母猪接种 C 型魏氏梭菌类毒素,使母猪产生免疫力,并从初乳中排出母源抗体,这样仔猪在易感期内可获得被动免疫。其免疫程序是在母猪分娩前 30 天首免,于产前 15 天作二免,各肌内注射仔猪红痢菌苗 1 次,剂量 5～10 毫升,可使仔猪通过哺乳获得被动免疫。如连续产仔,前 1～2 胎在分娩前已经两次注射过菌苗的母猪,下次分娩前半个月注 1 次,剂量 3～5 毫升。

(3)药物预防。在本病常发地区,对新生仔猪于接产的同时,口服抗菌药物,仔猪生下后,在未吃初乳前及以后的 8 天内,投服青霉素,或与链霉素并用,有防治仔猪红痢的效果。用量:预防时用 8 万单位/千克体重,治疗时用 10 万单位/千克体重。每日 2 次。

十一、猪痢疾

猪痢疾是一种危害严重的猪肠道传染病。其特征为大肠黏膜发生卡他性出血性炎,进而发展为纤维素性坏死性炎。主要症状为黏液性或黏液出血性下痢。可使病猪发生死亡,生长发育受阻,饲料利用率降低,给养猪业带来巨大的经济损失。

【病原体】病原为猪痢疾密螺旋体,革兰氏染色阴性,猪痢疾密螺旋有 4～6 个疏螺弯曲,两端尖锐,呈螺旋线状。新鲜病料在暗视野显微镜下可见到活泼的蛇状运动。对苯胺染料或姬姆萨染液着色良好,但组织切片以镀银染色更好。猪痢疾密螺旋体对外界环境有较强的抵抗力,在 5℃粪内能存活 21 天,25℃存活 7 天。在 4℃土壤中能存活 18 天。对消毒药的抵抗力不强,一般的消毒药能迅速将其杀死。

【流行特点】本病一年四季均有发生,流行缓慢,持续时间长,可长期危害猪群。各种应激因素,如猪舍阴暗潮湿、气候多变、拥挤、营养不良等均可促进本病的发生和流行。本病一旦猪群被感染,很难除根,用药可暂时好转,停药后往往又会复发。各种年龄的猪都可感染发病,但以7~12周龄的仔猪多见。病猪和带菌猪是主要的传染源,主要通过粪便污染造成传染。

【临床症状】潜伏期一般为10~14天。本病的主要症状是轻重程度不等的腹泻。最急性病例,病程仅数小时,或无腹泻症状而突然死亡。大多数呈急性型,初期排出黄色至灰色的软便,病猪精神沉郁,食欲减退,体温升高(40~40.5℃),当持续下痢时,可见粪便中混有黏液、血液及纤维素碎片,使粪便呈油脂样或胶冻状,呈棕色、红色或黑红色。病猪弓背吊腹,脱水,消瘦,虚弱而死亡,或转为慢性型,病程1~2周。慢性病猪表现时轻时重,为黏液出血性下痢,粪呈黑色(称黑痢),病猪生长发育受阻,高度消瘦。部分康复猪经一定时间还可复发,病程在两周以上。

【病理变化】病变主要在大肠(结肠、盲肠),而小肠没有病变。急性期病猪的大肠壁和大肠黏膜充血、水肿,当病情进一步发展时,大肠壁水肿减轻,而黏膜炎症逐渐加重,由黏液性出血性炎症发展至出血性纤维素性炎症;表层黏膜坏死,形成黏液纤维蛋白伪膜。回盲肠连接处也呈现渗出性,黏液性,出血性,坏死性变化。肠内容物软和稀,混有血和黏液。

【诊断】根据流行特点、临床症状和病变特征可作出初步诊断。必要时可进行实验室检查。常用镜检法,取新鲜粪便(最好为带血丝的黏液)少许,或取大肠黏膜直接抹片,在空气中自然干燥后经火焰固定,以草酸铵结晶紫液、姬姆萨氏染色液或复红染色液染色3~5分钟,水洗阴干后,在显微镜下观察,可看到猪痢疾密螺旋体。但是直接镜检法对急性后期、慢性、隐性及用药后的病例检出率较低。最可靠的方法是采取大肠病变部一段,两端结扎,送实验室进行病原体的分离培养和鉴定。

对猪群检疫,常用凝集试验,也可用酶联免疫吸附试验或间接血凝试验。猪感染后 2~3 周出现凝集抗体,4~7 周达高峰,可维持 12~13 周。

【防治】

(一)治疗

在用药同时,对发病栏舍进行彻底的清洁消毒。先清扫出猪粪,并集中堆积发酵处理,后用水冲净地面及猪体,再用 1:(2 000~3 000)百毒杀溶液进行带猪喷雾消毒,以后每 5~7 天消毒一次。发病期间加强人员车辆进出猪场(猪舍)的消毒,饲养人员不准串栏,用具不串用。

1. 痢菌净 治疗量,口服 5 毫克/千克体重,1 日 2 次,连用 3~5 天。预防量,50 克/吨饲料,可连续使用。

2. 泰乐菌素 治疗量为每升水 570 毫克,连饮 3~10 天。预防量为每吨饲料 100 克。

3. 洁霉素 治疗量为每吨饲料 100 克、连用 3 周。预防量为每吨饲料 40 克。

4. 硫酸新霉素 治疗量为每吨饲料 300 克,连用 3~5 天。

(二)预防

本病尚无疫苗。在饲料中添加药物,虽可控制本病发生,减少死亡,起到短期的预防作用,但不能彻底消灭。彻底消灭主要是采取综合性防疫措施。禁止从疫区引进种猪,必须引进种猪时,要严格隔离检疫 1 个月;在无本病的地区或猪场,一旦发现本病,最好全群淘汰,对猪场彻底清扫和消毒,并空圈 2~3 个月,经严格检疫后再引进新猪。对感染猪群实行药物治疗,无病猪群实行药物预防,经常彻底消毒,及时清除粪便,改进饲养管理,以控制本病的发展。

十二、猪李氏杆菌病

李氏杆菌病是家畜、家禽、鼠类及人共患的传染病。猪发病后的主要表现为脑膜脑炎、败血症,妊娠母猪流产。一般为散发,发病率很低,但病死率很高。

【病原体】是单核细胞增多症李氏杆菌,该菌为革兰氏阳性的小球杆菌,无荚膜,无芽孢,在抹片中多为单个菌或两个菌排成"V"形。本菌对周围环境的抵抗力很强,在土壤、粪便、干草上能生存很长时间,能耐食盐和碱,但常用的消毒药能将其杀死。对链霉素、卡那霉素和磺胺类药物敏感。

【流行特点】本病的易感动物很广泛,几乎各种家畜、家禽和野生动物都可自然感染,人也有感染。因此,本病的传染源也较多,病原体随病畜、带菌动物的分泌物和排泄物排出后,污染土壤、饲料及饮水,经消化道、呼吸道及损伤的皮肤而感染,猪吃了带菌的鼠类尸体,也是感染发病的原因。本病的发生有一定季节性,主要发生于冬季和早春。通常呈散发,发病率很低,病死率很高。

【临床症状】根据临床表现可分为败血型、脑膜脑炎型、混合型及肠炎型4种。

1. 败血型　多发生于育成猪。表现体温升高达 40.5～41.5℃,食欲减少或废绝,口渴;耳及胸腹部皮肤发绀,四肢内侧可见出血斑点;拉黄绿色稀粪;病程 1～3 天,最后衰竭死亡。妊娠母猪常在中后期流产。

2. 脑膜脑炎型　多发生于哺乳仔猪。表现初期兴奋,共济失调,步态不稳,肌肉震颤;也有的无目的乱跑,在圈舍内转圈走动;或不自主的后退,或以头抵圈墙、栏门不动,或啃咬护栏栏杆;有的头颈后仰,两前肢张开呈典型的观星姿势;或后肢麻痹不能站立。严重的侧卧,抽搐,口吐白沫,四肢乱划,病猪反应性增强。给予轻微刺激就会发出惊叫。病程可达 2～4 天。

3.混合型　多发生于几日龄的哺乳仔猪,其他日龄仔猪也有发生。表现突然发病,出现神经症状,四肢乱划,尖叫,很快死亡。病程最短的可达 1.5 小时左右。

4.肠炎型　多发生于断奶前后的仔猪。主要表现为腹泻、脱水,很快死亡。病猪可见耳及鼻端青紫,胸腹部皮肤潮红,眼球明显下陷。

【病理变化】死于神经症状的病猪,脑及脑膜充血、水肿,脑脊髓液增加,稍浑浊,含有较多的细胞,脑干变软,有小脓灶。死于败血症状的病猪,肺充血、水肿、气管及支气管有出血性炎症,心内外膜出血,胃及小肠黏膜充血,肠系膜淋巴结肿大,肝有灰白色坏死灶。

【诊断】本病常呈散发,症状和病变不典型,需要实验室检查才能确诊。采取肝、脾、脊髓液及脑桥等病料,涂片,用革兰氏染色法染色,显微镜检查,如发现紫色(阳性)的小球杆菌,在排除猪丹毒的情况下可以确诊。仍有可疑时,可将上述病料做细菌分离培养和病理组织学检查。

【防治措施】

(一)治疗

早期大剂量应用磺胺类药物,或与青霉素等并用,有良好的治疗效果。与氨苄青霉素和庆大霉素混合使用,效果更好。具体方法:20％磺胺嘧啶钠液 5～10 毫升,肌内注射,庆大霉素每千克体重 1～2 毫克,每日两次肌内注射;氨苄青霉素每千克体重 4～11 毫克,肌内注射。

(二)预防

本病应着重加强饲养管理,避免各种应激因素。同时,搞好环境卫生,搞好粪便的无害化处理,消灭猪舍附近的鼠类,被污染的水源可用漂白粉等消毒,防止其他疾病感染,及时驱除寄生虫,增强猪的抵抗力。病猪尸体一律进行无害化处理,防止人感染本病。

十三、猪炭疽

炭疽是人兽共患的急性传染病。猪炭疽多为咽喉型，在咽喉部显著肿胀。

【病原体】炭疽杆菌为革兰氏阳性的大杆菌，在体内的细菌，能形成很厚的荚膜；在体外，能在菌体中央形成芽孢，它是唯一有致病性的需氧芽孢杆菌。芽孢具有很强的抵抗力，在土壤中能存活数十年，在皮毛和水中能存活4～5年。煮沸需15～25分钟才能杀死芽孢。消毒药物中以碘溶液、过氧乙酸、高锰酸钾及漂白粉对芽孢的杀死力较强，所以临床上常用20％漂白粉、0.1％碘溶液、0.5％过氧乙酸作为消毒剂。

【流行特点】各种家畜及人均有不同程度的易感性，猪的易感性较低。病畜的排泄物及尸体污染的土壤中，长期存在着炭疽芽孢，当猪吃入大量炭疽芽孢的食物（如被炭疽污染的骨粉等）或吃了感染炭疽的动物尸体时，即可感染发病。本病多发生于夏季，呈散发或地方性流行。

【临床症状及病理变化】潜伏期一般为2～6天。根据侵害部位分以下几型：

1. 咽喉型　主要侵害咽喉及胸部淋巴结，开始咽喉部显著肿胀，渐次蔓延至头、颈，甚至胸下与前肢内侧。体温升高，呼吸困难，精神沉郁，不吃食，咳嗽，呕吐。一般在胸部水肿出现后24小时内死亡。主要病变为颌下、咽后、颈前淋巴结呈出血性淋巴结炎，病变部呈粉红色至深红色，病健部分界限明显，淋巴结周围有浆液性或浆液出血性浸润。转为慢性时，呈出血性坏死性淋巴结炎变化，病灶切面致密，发硬发脆，呈一致的砖红色，并有散在坏死灶。

2. 肠型　主要侵害肠黏膜及其附近的淋巴结。临床表现为不食，呕吐，血痢，体温升高，最后死亡。主要病变为肠管呈暗红色，肿胀,有时有坏死或溃疡,肠系膜淋巴结潮红肿胀。

3.败血型　病猪体温升高,不吃食,喜卧,可视黏膜蓝紫,1～
2天内死亡。病理剖检时,血液凝固不良,天然孔出血,血液呈黑
红色的煤焦油样,脾脏肿大。

炭疽病畜一般不做病理解剖检查,以防止尸体内的炭疽杆菌
暴露在空气中形成炭疽芽孢,变成永久的疫源地。

【诊断】猪炭疽的症状和病变只有参考意义,需要实验室检查
才能确诊。先从耳尖采血涂片染色镜检。有必要时,在严格控制
的条件下,切开腹壁,采取小块脾脏涂片染色镜检,然后用浸透碘
酊的棉花纱布把切口填满。对咽喉部肿胀的病例,可用煮沸消毒
的注射器穿刺病变部,抽取病料,涂片染色镜检,采完病料后,用具
应立即煮沸消毒。染色方法可用姬姆萨染色法或瑞氏染色法,也
可用碱性美蓝染色液染色,镜检时应多看一些视野,若发现具有荚
膜的、单个、成双或成短链的粗大杆菌,即可确诊。也可进行环状
沉淀试验和免疫荧光试验。

【防治措施】炭疽是一种烈性传染病,不仅危害家畜,也威胁
人类健康。同时,该病又是国家规定控制的疫病,根据《动物防疫
法》的要求,应配合做好隔离、扑杀、销毁、消毒、紧急免疫接种、限
制易感动物、动物产品及有关物品出入等控制、扑灭措施。平时应
加强对猪炭疽的屠宰检验。只有在发生本病的情况下,可对未发
病猪和疫点周围的猪用炭疽芽孢苗注射。无毒炭疽芽孢苗,每只
猪皮下注射0.5毫升;具体使用见说明书。等到最后1只病猪死
亡或治愈后15天,再未发现新病猪时,经彻底消毒后可以解除
封锁。

十四、猪传染性胸膜肺炎

猪传染性胸膜肺炎是由胸膜肺炎放线杆菌(过去曾命名为胸
膜肺炎嗜血杆菌或副溶血嗜血杆菌)引起的一种高度传染性、致死

性呼吸道病,以急性出血和慢性的纤维素性坏死性胸膜炎病变为主要特征。本病对各种猪均易感,在新引进猪群多呈急性暴发,其发病率和死亡率常在20％以上,最急性型的死亡率可高达80％～100％。常多呈慢性经过,患猪表现慢性消瘦,或继发其他疾病造成急性死亡。无症状的猪或康复猪在体内可长期带菌,成为稳定的传染源。

【病原体】本病病原为胸膜肺炎放线杆菌。革兰氏阴性,具有典型的球杆菌形态,两极染色,无运动性,兼性厌氧,在血琼脂上的溶血能力是鉴别的特征。本菌为严格的黏膜寄生菌,在适当的条件下,致病菌可在不同器官中引起病变。本菌现已鉴定分为12个血清型,各地流行的血清型不尽相同。

引入带菌猪或慢性感染猪是本病的传染源。病菌主要存在于病猪的呼吸道内,通过猪群接触和空气飞沫传播。因此,本病常见于寒冷的冬季,在工厂化、集约化大群饲养的条件下,门窗紧闭,空气不流通,湿度大,氨气浓,是激发本病暴发的诱因。

各种年龄、不同品种和性别的猪都有易感性,但其发病率和病死率的差异很大,其中以外来品种猪、繁殖母猪和仔猪的急性病例较高。本病的另一特点是呈"跳跃式"的传播,有小规模的暴发和零星散发的流行方式。

【症状】急性型呈败血症,体温升高至41～42℃,呼吸困难,常站立或呈犬坐姿势而不愿卧下,表情漠然,食欲减退,有短期的下痢和呕吐。发病3～4天后,心脏和循环发生障碍,鼻、耳、腿、内侧皮肤发绀,病猪卧于地上,后期张嘴呼吸,临死前从鼻中流出带血的泡沫液体。

亚急性和慢性感染的病例,仅出现亚临床症状,也有的是从急性病例转归而来,不发热,有不同程度的间歇性咳嗽,食欲不振。若环境良好,无其他并发症,则能耐过。影响日增重。

【病理变化】肺表面有一层黄色纤维素性渗出物与胸膜粘连,

胸腔内有纤维素性渗出液，肺组织充满豆大的黄色结节和小脓肿，外裹结缔组织，肺炎部肝变或呈鸡蛋大小坏死病灶，支气管淋巴结充血、肿大。心包炎、气管和支气管内有大量的血色体和纤维素凝块。

【诊断】从气管或鼻腔采取分泌物，或采取肺病变部，涂片，做革兰氏染色，显微镜检查可看到红色（革兰阴性）的小球杆菌。或将病料送实验室进行细菌分离培养和鉴定。也可采取血清进行补体结合试验、凝集试验或酶联免疫吸附试验，以酶联免疫吸附试验更为适用，多用来进行血清学查，以清除猪场的隐性感染猪。

【治疗】

1. 预防

（1）药物预防。是目前主要的方法，在本病流行的猪场使用土霉素制剂混入饲料中喂给，可暂时停止出现新病例。其他如金霉素、红霉素、磺胺类药物亦有效。若产生耐药性时，可使用新一代的抗菌药物，如恩诺沙星、氧氟沙星等。

（2）疫苗预防。疫苗是预防本病的主要措施。虽已研制出胸膜肺炎菌苗，但各血清学之间交叉保护性不强、同型菌制备的菌苗只能对同型菌株感染有保护作用。通过使用来看，现有疫苗效果不理想，只能减少发病率和死亡率，对减轻肺部病变程度、提高饲料报酬作用不大。目前有菌苗和灭活油佐剂苗，用于对母猪和仔猪注射，仔猪于6～8周龄第一次肌内注射，到8～10周龄再注射一次，可获得有效免疫效果。也有人用从当地分离到的菌株，制备自家菌苗对母猪进行免疫，使仔猪得到母源抗体保护有很好的效果。

2. 治疗　首选药物有恩诺沙星，阿莫西林。

（1）恩诺沙星。肌内注射，一次量5毫克/千克，每日1次，连续应用5～7天。

（2）阿莫西林。肌内注射，一次量5～10毫克/千克，每日

2 次;内服:一次量 10 毫克/千克,每日 2 次。混饲 300 毫克/千克
饲料;饮水,150 毫克/升水,连续应用 5 天。

第七节　常见的寄生虫病

一、猪肺丝虫病

本病是由长刺后圆线虫寄生在猪肺内而引起的以支气管炎和
肺炎为特征。本病主要发生于幼猪,往往呈地方性流行,严重时可
引起大批死亡。

【病原寄生虫及生活史】长刺猪肺虫(长刺后圆线虫)寄生于
猪的支气管和细支气管内。虫体呈细丝状,乳白色,雄虫长 12～
26 毫米,交合刺 2 根,丝状,长达 3～5 毫米,雌虫长达 20～51 毫
米。猪肺虫需要蚯蚓作为中间宿主。雌虫在支气管内产卵,卵随
痰转移至口腔被咽下(咳出的极少),随猪粪排到外界。虫卵被蚯
蚓吞食后,在其体内孵化出第一期幼虫(有时虫卵在外界孵出幼
虫,而被蚯蚓吞食);在蚯蚓体内,经 10～20 天蜕皮,两次后发育成
感染性幼虫。猪吞食了此种蚯蚓而被感染,也有的蚯蚓损伤或死
亡后,在其体内的幼虫逸出,进入土壤,猪吞食了这种污染了幼虫
的泥土也可被感染。感染性幼虫进入猪体后,侵入肠壁,钻到肠系
膜淋巴结中发育,又经两次蜕皮后,循淋巴系统进入心脏、肺脏。
在肺实质,小支气管及支气管内成熟。自感染后约经 24 天发育为
成虫,排卵。成虫寄生寿命约为 1 年。

【诊断要点】

(一)轻度感染的猪症状不明显

瘦弱的幼猪(2～4 月龄)感染虫体较多时,症状严重,具有较
高死亡率。病猪消瘦,发育不良,被毛干燥无光,阵发性咳嗽,在早
晚、运动后或遇冷空气刺激时尤为剧烈,鼻孔流出脓性黏稠分泌

物。严重病例呈现呼吸困难。病程长者,常成僵猪,有的在胸下、四肢和眼险部出现浮肿。

(二)实验室检查

可用沉淀法或饱和硫酸镁溶液浮集法检查粪便中的虫卵。猪肺虫卵呈椭圆形,长 40～60 微米,宽 30～40 微米。卵壳厚,表面粗糙不平,卵内含一卷曲的幼虫。

(三)病理变化

剖检变化是确诊本病的主要依据。肺脏表面可见灰白色,隆起呈肌肉样硬变的病灶,切开后从支气管流出黏稠分泌物及白色丝状虫体,有的肺小叶因支气管腔堵塞而发生局限性肺气肿及部分支气管扩张。

(四)防治措施

(1)应用左旋咪唑、丙硫苯咪唑或伊维菌素等药驱虫,均有良好的疗效。流行区的猪群,春秋各进行 1 次预防性驱虫,可用左旋咪唑,剂量为每千克体重 8 毫克,混入饲料或饮水中给药。

(2)猪场应建在高燥干爽处,猪舍、运动场应铺水泥地面,防止蚯蚓进入,墙边、墙角疏泥土要砸紧夯实,或换上沙土,构成不适于蚯蚓滋生的环境。

(3)按时清除粪便,堆肥后进行生物发酵处理。

二、猪囊虫病

猪囊虫病是一种危害严重的人畜共患寄生虫病,它不仅影响养猪业的发展,造成重大的经济损失,而且给人体健康带来严重的威胁,是肉品卫生检验的重点项目之一。主要寄生于猪的横纹肌内,脑、眼及其他脏器也常有寄生。在我国流行较为广泛,患病猪是人绦虫的中间宿主,人是有钩绦虫唯一的终末宿主。

【生活史】成虫(有钩绦虫)寄生于人的小肠,为扁平分节长带状,长 2～8 米。随粪便排出的虫卵或孕卵节片,污染食物、饲料和饮水,经口感染进入猪、人体内,六钩蚴破卵壳而出,钻入肠壁,随血液循环到全身各处肌肉及心、脑等处,经 2 个月发育为具感染力的猪囊尾蚴。猪囊尾蚴呈椭圆形,黄豆大小,乳白色半透明囊状,囊内充满无色透明液体,囊壁有 1 个乳白头节,囊虫包埋在肌纤维间,如散在豆粒或米粒在猪体寄生部位以股内侧肌为最多。其次是腰肌、咬肌、舌肌、肩胛肌和心肌等部位。严重可寄生于眼球和脑内。人若食用未充分煮熟的病猪肉或误食黏附在冷食品及食具上的猪囊尾蚴而感染,2 个月左右在小肠内发育为成熟的猪带绦虫。

【诊断要点】

(一)临床症状

猪感染囊虫一般无明显症状。极严重感染的猪可能有营养不良、生长迟缓、贫血和水肿等症状。某些器官严重感染时可能出现相应的症状。如侵害与呼吸有关的肌群、肺和喉头时,出现呼吸困难,声音嘶哑和吞咽困难等症状,寄生于眼的,有视力障碍甚至失明症状,寄生于脑的,有癫痫和急性脑炎症状甚至死亡。在检疫时看猪体外形,两肩显著外张,臀部不正常的肥胖宽阔而呈哑铃状或狮体状体形。

(二)病理变化

宰后检验一般靠肉眼发现囊虫,主要检验部位为咬肌、深腰肌和膈肌,其他可检部位为心肌、肩胛外侧肌和股内侧肌。

(三)防治措施

对本病要实行综合性防治措施。不要吃生肉和未煮熟的猪肉,禁止吃米猪肉。未实行规模化饲养的,采取将厕所与猪圈分隔开,以免猪直接吃人的粪便,控制人绦虫、猪囊虫的相互感染。育肥猪入舍后,统一应用丙硫苯咪唑 20 毫克/千克体重一次内服驱虫;种猪在每年的 4~5 月份和 10~11 月份各用丙硫苯咪唑 20 毫克/千克体重驱虫一次。

治疗可用吡喹酮 50 毫克/千克体重量,口服每日一次,连用两天。丙硫咪唑 30 毫克/千克体重,口服每日一次,连用两天。

三、弓形虫病

弓形虫病是一种世界分布的人兽共患原虫病,在人、畜及野生动物中广泛传播,人群和动物中的感染率有时很高,猪暴发弓形虫病时,常可引起整个猪场发病,病死率可高达 60% 以上。因此,本病给人类健康和畜牧业发展带来很大的威胁和危害。本病常见于 3~4 月龄仔猪,表现高热和稽留症状。

【病原】病原体是龚地弓形虫,又称弓形虫。猫是本病的终末宿主。而中间宿主较多,包括哺乳类、鸟类、鱼类、爬行类和人,猫也可成中间宿主。

【简单发育史】猫因吞食了含有弓形虫之包囊型虫体的动物组织或发育成熟的卵囊而感染。猫感染后,弓形虫的包囊在猫体内经一定阶段的发育和繁殖,转化为配子体,生成大小配子,最后生成卵囊。随猫粪排出体外。猪和人等中间宿主摄食被卵囊污染的食物、饲草、水而感染,以芽孢方式进行繁殖。如果虫的毒力很强,可造成疾病的急性发作。反之,虫的毒力弱,疾病发作缓慢,成为无症状感染,存留的虫体就会在宿主的一些脏器组织中形成包囊型虫体。这种包囊可在体内寄生数月、数年,甚至终生。

【诊断要点】本病的感染方式有先天性感染和后天获得性感染,前者通过孕期虫血症经胎盘感染,后者通过肉、乳、蛋和被污染的饲料、饮水等经消化道感染。先天性感染的仔猪,其病状要比生后感染的仔猪严重得多,而母猪则呈隐性感染。

本病呈地方流行性或散发性,在新疫区则可表现暴发性,有较高的发病率和致死率。本病一年四季都可发生,但以 6~9 月间的炎热季节较为多见。保育猪最易感,症状亦较典型。本病血清学阳性的检出率是随猪的日龄增长而增加的。

（一）临床症状

病猪的症状是体温升高,高达 40～42℃,稽留 7～10 天。全身症状明显,精神委顿,减食或不食,后肢无力,行走摇晃,喜卧、呼吸困难,口流白沫,耳尖、四肢及胸腹部出现紫色郁血斑,病初便秘,后期腹泻。腹股沟淋巴结肿大。最后呼吸极度困难,后躯摇晃或卧地不起,体温急剧下降而死亡。成年猪常呈亚临床感染,怀孕母猪可发生流产或死胎。有的病猪耐过后,症状逐渐减轻遗留咳嗽、呼吸困难及后躯麻痹、运动障碍、斜颈、癫痫样痉挛等神经症状。

（二）病理变化

病死猪的主要剖检病变是肺水肿和充血,胸腔内积有含血的液体。肝略肿,有坏死点和出血点,肾皮质小点出血,膀胱有少数出血点,肠回盲部有淋巴滤泡肿胀。全身淋巴结肿大,灰白色,切面湿润,有粟粒大的灰白色或黄色坏死灶和大小不一的出血点。

（三）实验室检查

对于抗菌素治疗无效的高热、低热病猪和死胎仔猪,检查方法如下:

1. 涂片检查　取肺、肝、淋巴结或脑组织涂片,姬姆萨染色,油镜下检查可见被染成紫红色的弯杆状或豆点状的虫体。其中以肺脏涂片的背景较清楚,检出率较高。

2. 动物接种　取肺、肝、淋巴结等病料,研碎后加 10 倍生理盐水(每毫升加青霉素 100 单位、庆大霉素 0.1 万单位)室温下静置 1 小时,取上清液 2 毫升接种于家兔腹腔,0.5 毫升接种于小白鼠腹腔。20 天后可见家兔四肢无力,逐渐消瘦而死;小白鼠被毛粗乱喘息并逐渐死亡。此时解剖家兔和小白鼠,取腹水或脏器涂片,姬姆萨染色,同样可查到虫体。

3. 血清学诊断　还可使用间接血凝试验等血清学方法检查血清中的抗体。国内应用较广的为间接血凝试验,猪血清间接血凝

凝集价达 1∶64 时可判为阳性,1∶256 表示最近感染,1∶1 024
表示活动性感染。通过试验发现,猪感染弓形虫 7～15 天后,间接
血凝抗体滴度明显上升,20～30 天后达高峰,最高可达 1∶2 048,
以后逐渐下降,但间接血凝阳性反应可持续半年以上。

(四)防治措施

1. 预防　猫是本病唯一的终末宿主,猪舍及其周围应禁止猫
出入,猪场的饲养管理人员也应避免与猫接触。猪舍及运动场要
保持清洁卫生,定期消毒,扑灭老鼠。目前尚未研制出有效的疫
苗,其他一般性的防疫措施都适用于本病。

2. 治疗　磺胺类药物对本病有较好的疗效,常用的如磺胺嘧啶
加甲氧苄氨嘧啶(TMP)或二甲氧苄氨嘧啶等,用量为 0.1 克/千克
体重,口服每天 2 次,连用 3～5 天。增效磺胺-5-甲氧嘧啶注射
液,用量为 0.07 克/千克体重。每日 1 次,连用 3～5 天。症状较
重的病猪,用磺胺-6-甲氧嘧啶,按每千克体重 0.07 克,磺胺嘧啶
按每千克体重 0.07 克,10%葡萄糖 100～500 毫升,混合后可静脉
注射。

四、猪附红细胞体病

猪附红细胞体病是由猪附红细胞体寄生于红细胞和血浆中而
引起的一种原虫病。猪附红细胞体的临床表现为主要引起仔猪高
热、贫血、黄疸和全身皮肤发红。猪只感染后可引起大批死亡。

病原体是猪附红细胞体,属于立克次体目。猪附红细胞体呈
环形、球形、月牙形等多种形状,虫体大小直径为 1 微米左右,呈淡
蓝色,中间的核为紫红色。虫体多数依附在红细胞表面,少数游离
在血浆中,在显微镜下可见到虫体运动,一旦附着在红细胞上,则
看不到运动。血涂片经瑞氏染色,在 640 倍显微镜下观察,可看到
附红细胞上的虫体,像一轮淡紫色的圆宝石,镶着一颗颗闪闪发亮
的珍珠一样。猪附红细胞体对干燥和化学药品的抵抗力很低,在

0.5%的石炭酸溶液中37℃3小时即可被杀灭,但耐低温,在5℃能保存15天,在加15%甘油的血液中,于-79℃条件下可保存80天。

【流行特点】不同年龄和品种的猪均有易感性,多发生于夏初,气温20℃以上,湿度70%左右,仔猪的发病率和病死率较高。吸血昆虫可传播本病,污染的针头、器械、交配等也可传播,发病的母猪也可垂直传给仔猪。应激因素如饲养管理不良、气候恶劣、存在免疫抑制因素或有其他疾病等,可使隐性感染猪发病,甚至大批发生,症状加重。

【临床症状】潜伏期6~10天,病程长短不一,几天至数年。一般拒食2~3天后体温上升,高热42℃。急性期间皮肤苍白,有时黄疸,四肢、耳廓边缘发绀。仔猪表现为高热,可视黏膜苍白,黄疸,精神沉郁,食欲不振,发病后1日至数日死亡,或者自然恢复变成僵猪,生长缓慢,皮肤无光苍白;由于附红细胞体主要破坏红血球,使病猪出现营养不良,抗病力下降,所以它经常诱发多种其他疾病,如腹泻、咳嗽等。单纯感染附红细胞体病,一般不会出现大量死亡,继发感染,将会大量死亡,有时高达30%以上。

成年猪表现:急性感染的首先出现肺炎,表现发热、消瘦,生长缓慢、衰竭,贫血苍白,耳廓坏死,腹泻,肠炎。育肥猪日增重下降,易发生溶血性贫血,引起严重的酸中毒和低血糖症,感染晚期,很难检测到虫体,慢性病例常导致猪只消瘦、苍白。

母猪:常呈急性感染,食欲不振,持续高热40~42℃,贫血、呼吸急促,皮肤苍白,少乳或无乳、生产性能下降,高热期间血液中可见虫体,并以产后可见。

隐性感染的母猪:虚弱、苍白、受孕率降低,发情推迟或屡配不孕。贫血、组织出血、消瘦、流产。母猪携带附红细胞体可穿过胎盘传给胎儿。

公猪表现:性欲下降,精液质量下降,配种率不高。精液颜色呈灰白色,密度下降。

【病理变化】表现贫血和黄疸,主要病变为肌肉色泽变淡,脂肪黄染,淋巴结肿大,血液稀薄如水,凝固不良,肝、脾肿大,质脆。

【实验室检查】对于贫血和黄疸的可疑病猪(主要是架子猪和母猪),具体实验室诊断方法如下:

1.直接检查法　取病猪耳静脉血与等量生理盐水混合后,用6号针头滴一小滴于载玻片上,覆以盖玻片,油镜下检查。可见虫体呈球形、颗粒状、豆点形或杆状。虫体附着在细胞表面或游离于血浆中,血浆中虫体有的可以做伸缩、转体运动。由于虫体的运动,红细胞在视野内上下震颤或左右摆动,患病红细胞的形态也有异常变化,呈菠萝状,边缘呈锯齿状等不规则形状。

2.涂片检查　取耳静脉血涂片,姬姆萨染色,进行显微镜检查,可以见到红细胞表面有粉红或紫红色的虫体。无症状或已痊愈的带菌猪,一般检不出附红细胞体,只能采血清做间接血凝试验。

【防治】

(一)预防

(1)加强饲养管理、搞好环境卫生,定期进行消毒。减少应激因素(如闷热,拥挤等)的刺激,定期驱除体内外寄生虫,一般可减少本病的发生。

(2)用土霉素原粉,每吨饲料按 600~800 克加入,连用一周,以后改为半量,连用 1 个月。

(二)治疗

1.用磺胺类药物　磺胺六甲氧嘧啶 0.1 克/千克体重,口服,每天 1 次,连用 4 天。盐霉素、氨丙啉等药物,也有疗效。

2.土霉素　每日每千克体重 15 毫克,分 2 次肌内注射,连续应用数天。

3.贝尼尔和黄色素交替注射　贝尼尔按体重 4 毫克/千克,用生理盐水 10 毫升稀释,加入 10％葡萄糖 500 毫升中,摇匀,1 次耳静脉注射。一般 1 次即可见效,体温下降,可视黏膜黄疸消失,食欲好转,间隔 1～2 天,改用黄色素,按体重 3 毫克/千克耳静脉注射,可愈。

4.对症治疗

(1)对大便秘结者,灌服石蜡油 200～500 毫升。

(2)对体温高烧不退者,选用复方氨基比林 10～20 毫升肌内注射或 30％安乃近 10～20 毫升肌内注射。

五、猪疥螨

猪疥螨对养猪业危害极大,是世界上公认最严重的猪外寄生虫,猪感染疥螨的达 70％～90％,但 25％～95％的猪表现临床症状。猪疥螨感染常造成猪的慢性皮肤病变或皮肤过敏性病变,导致猪瘙痒及不适,进而严重影响饲料效率和生长。猪疥螨在猪表皮内挖洞生活,破坏了皮肤保护屏障,环境中的致病菌(如表面葡萄球菌)趁猪只摩擦时侵入皮内,容易继发猪只皮肤疾病(如渗出性皮炎)。猪疥螨感染后会影响猪只屠宰时的胴体皮肤外观,降低出售品质,也影响皮革质量。

【猪疥螨生活史】猪疥螨是最主要的外寄生虫,其长度约为0.5 毫米,它潜藏于猪只皮肤表皮层,并于此完成生活史。猪疥螨成虫在皮肤内挖掘隧道,以猪皮肤组织和渗出淋巴液为营养,雌雄交配后,雄虫不久就死亡,雌虫继续在表皮层挖掘隧道,并在隧道中产卵,一条雌虫一生可产生 40～50 个虫卵。虫卵经过 3～10 天孵化成幼虫,幼虫继续在表皮层挖掘新隧道,经 3～4 天发育脱皮成若虫,若虫继续在表皮层挖掘新隧道,经过 3～5 天才能发育蜕皮成成虫。猪疥螨的生活史属于不完全变态,整个周期平均为12 天,在 3～25 天变动。

【临床症状】临床上,猪疥螨通常引起皮肤产生红斑及丘疹而伴随剧痒(急性过敏症),这多见于幼年猪;而经历急性期后,会转为慢性状态(过度角质化症状)，形成干厚的过度角质化皮肤，多发于两耳间、踝关节处、四肢末梢及尾尖等部位。在成年猪，通常最常见的症状为外耳内侧表面的中间区域呈现几乎不明显的感染。现代集约化猪场，因时常采用一些药物治疗或用水冲洗猪只，猪感染疥螨后并不表现典型的临床症状，特别是种猪，往往只表现皮肤微发红、少毛，痂皮也不十分明显，但栏舍墙壁因猪瘙痒摩擦而变光滑。

【诊断】据临床症状诊断，往往只表现皮肤微发红、少毛，痂皮也不十分明显，多于外耳内则表面及尾尖等部位形成干厚的过度角质化皮肤，栏舍墙壁也因猪瘙痒而变光滑。而幼年猪通常产生红斑及生疹而伴随剧痒摩擦。

皮碎屑活疥螨虫体检测法。病料从耳廓内部采集，选择患部皮肤与健康皮肤交界处的皮碎屑，用10%的氢氧化钾消化，再用糖水漂浮后观察，在低倍镜下都可见到不同发育阶段的疥螨。

【防治】如何控制猪疥螨的再感染是控制猪疥螨的关键措施。要完全控制猪疥螨的感染，只杀死成虫、幼虫和若虫是不够的，因猪疥螨的虫卵在表皮内发育，几乎所有杀疥螨的药物对其无效，药效过后虫卵孵化出的虫体又会造成再次感染，选用的药物药效持续时间短于疥螨的发育时间(12天)，很容易造成再次感染。因此，使用药物应长于疥螨的发育时间，来杀死疥螨的成虫、幼虫和若虫才能彻底治愈。通灭、伊维菌素、阿维菌以及其他大环内酯类药物都很有效。

第八节　常见的普通病

一、胃肠炎

胃肠炎是指胃肠黏膜表层和深层组织的炎症。以体温升高、剧烈腹泻及全身症状为特征。

【病因】多因饲养不当引起。常见饲养方法和饲料突然改变，或饲喂变质的饲料或冰冻的饲料及饮水不洁等寒冷感冒，长途运输致使消化功能紊乱，胃肠黏膜发炎而得本病。猪瘟、猪丹毒、猪副伤寒、猪出血性败血症等病也可继发本病。

【症状】突然出现剧烈而持续性的腹泻。排泄物水样，有时伴有假膜、血液或脓性物，味恶臭。食欲减少或消失，在饮水时伴发呕吐或有腹痛表现。精神沉郁，喜卧，病初体温升高 40～41℃，皮温不匀，鼻端发热，耳尖和四肢下端发凉，结膜发红，呼吸增数。随着病情发展和腹泻加重呈现脱水症状。后期站立困难，肌肉震颤，体温下降，全身衰竭而死。重者 1～3 天死亡，较轻者可延长至 1 周左右。

由中毒引起，体温多正常或稍低，有腹痛而一定发生腹泻。

【诊断】依据病因和临床症状不难诊断，但应与胃肠卡他进行区别。胃肠卡他全身症状较轻，体温一般不高。

【防治】

(一)治疗

首先消除病因，发病初期的先停止进食，清理肠道，抑菌消炎，适时止泻和强心补液措施。可内服痢菌净、土霉素等。单纯性胃肠炎用磺胺脒 5～10 克、小苏打 2～3 克，混合，1 次内服，1 日 2 次。下痢不止时，用鞣酸蛋白、次硝酸铋各 5～6 克，日服 2 次。对发病后期和严重的胃肠炎，采取输液、强心和抗菌药物进行治疗。

中草药白头翁根 35 克，黄柏 70 克，加适量水煎后灌服，也能收到较好的效果。

胃肠炎缓解后可适当应用健胃剂，仔猪可用多酶片，酵母片等内服。大猪则用健胃散 20 克，人工盐 20 克，1 日分 3 次内服。

(二)预防

加强饲养管理，不喂变质和有刺激性的饲料，定时定量喂食。猪圈保持清洁干燥。发现消化不良，及早治疗，以防加重转为胃肠炎。从外地引进仔猪时,可同时购买产地仔猪的饲料,利用 3～5 天的时间由少到多逐步换成本场的饲料,在饲料中添加药物如痢菌净等,采取预防措施,可预防本病的发生。

二、感冒

感冒是由于寒冷作用所引起的,以上呼吸道黏膜炎症为主症的急性全身性疾病。以体温突然升高、咳嗽、羞明流泪和流鼻液为临床特征。本病无传染性,多发于气候多变的早春和晚秋,仔猪更易发生。

【病因】主要发病原因是突然遭受寒冷袭击,如冬季猪舍防寒不良,突然寒流侵袭,大汗后遭受雨淋等,可使抵抗力降低,特别是上呼吸道黏膜的防御机能减退,致使呼吸道内的常在菌得以大量繁殖而引起本病。

【临床症状】病猪精神沉郁,食欲减退,皮温不整,鼻盘干燥。体温升高达 40℃以上,畏寒怕冷,弓腰战栗,喜钻草堆,眼红多眵,羞明眼泪,流鼻涕,频发咳嗽,呼吸加快。

【诊断】依据有遭受寒冷病史和羞明流鼻液,体温升高,皮温不均为特征,不难诊断。但应与流感加以区别。

【防治】

(一)治疗

治疗本病主要是解热、镇痛,防止继发感染。

1. 解热镇痛　肌内注射 30％安乃近液,或安痛定液 5～10 毫升,每日 1～2 次。

2. 防止继发感染　应用解热剂之后,体温仍未下降、症状未见减轻时,可适当配合应用抗生素,以防止继发感染,如应用喹诺酮类药物都有很好的效果。

(二)预防

主要是加强管理,防止猪只突然受寒,避免将其放置于潮湿阴冷。气温骤变时，及时采取防寒措施。

三、硒和维生素E缺乏症

饲料中硒的含量低于0.1毫克/千克和维生素E含量不足时，可引起猪的硒和维生素E缺乏症。其病型主要有仔猪白肌病、仔猪肝坏死和桑葚心等。硒和维生素E有协同效应，所以一并加以叙述。

【病因】主要原因是饲料中硒和维生素E的含量不足。因土壤内硒含量低，直接影响农作物的含硒量，另外酸性土壤也可阻碍硒的利用，而使农作物含硒量减少。维生素E多含于植物的籽实和胚芽中，青饲料中含量也较多。但是曝晒、烘烤、霉败、酸化、氧化都能使其破坏，促使维生素E缺乏症的发生。

【诊断要点】

（一）仔猪白肌病

一般多发生于生后20天左右的仔猪，成年猪少发。患病仔猪一般营养良好，身体健壮而突然发病。体温一般无变化，食欲减退，精神不振，呼吸促迫，常突然死亡。病程稍长者，可见后肢强硬，弓背。行走摇晃，肌肉发抖，步幅短而呈痛苦状，有时两前肢跪地移动，后躯麻痹。部分仔猪出现转圈运动或头向侧转。最后呼吸困难，心脏衰弱而死亡。死后剖检变化，骨骼肌和心肌有特征性变化，骨骼肌特别是后躯臀部和股部肌肉色淡，呈灰白色条纹，膈肌呈放射状条纹。切面粗糙不平，有坏死灶，心包积水，心肌色淡，尤以左心肌变性最为明显。

（二）仔猪肝坏死

急性病例多见于营养良好、生长迅速的仔猪，常突然发病死亡。慢性病例的病程3～7天或更长，出现水肿、不食、呕吐、腹泻与便秘交替、运动障碍、抽搐、尖叫、呼吸困难。有的病猪呈现黄疸，个别病猪在耳、头、背部出现坏疽，体温一般不高。死后剖检，皮下组织和内脏黄染,急性病例的肝脏呈紫黑色,肿大 1～2 倍,质脆易碎,呈豆腐渣样。慢性病例的肝脏表面凹凸不平,正常肝小叶和坏死肝小叶混合存在,体积缩小,质地变硬,形成"花肝"。

(三)猪桑葚心

病猪常无先兆病状而突然死亡。有的病猪精神沉郁,黏膜紫绀,躺卧,强迫运动常立即死亡。体温无变化,粪便一般正常。有的病猪,两腿间的皮肤可出现形态和大小不一的紫红色斑点,甚至全身出现斑点。死后剖检变化:尸体营养良好,各体腔均充满大量液体,并含纤维蛋白块。肝脏增大呈斑驳状,切面呈槟榔样红黄相间,心外膜及心内膜常呈线状出血,沿肌纤维方向扩散。肺水肿,肺间质增宽,呈胶冻状。

【防治】

(一)治疗

对已病仔猪,肌内注射亚硒酸钠维生素 E 注射液 1～3 毫升(每毫升含硒 1 毫克,维生素 E 50 单位),也可用 0.1%亚硒酸钠溶液皮下或肌内注射,每次 2～4 毫升,隔 20 日再注射 1 次;配合应用维生素 E 50～100 毫克肌内注射,效果更佳。

(二)预防

猪对硒的需要量不能低于日粮的 0.1 毫克/千克,允许量为0.25 毫克/千克,不得超过 5～8 毫克/千克。维生素 E 的需要量:4.5～14 千克的仔猪以及怀孕母猪和泌乳猪为每千克饲料 22 国际单位;14～54 千克体重为每千克饲料 11 国际单位。平时应注意饲料搭配和有关添加剂的应用,满足猪对硒和维生素 E 的需要。麸皮、豆类、苜蓿和青绿饲料含较多的硒和维生素 E,要适当选择饲喂。

缺硒地区的妊娠母猪,产前 15～25 天内及仔猪生后第二天起,每 30 天肌内注射 0.1%亚硒酸钠液 1 次,母猪 3～5 毫升,仔猪 1 毫升;也可在母猪产前 10～15 天喂给适量的硒和维生素 E 制剂,均有一定的预防效果。

四、仔猪贫血

仔猪贫血是指半月至 1 月龄哺乳仔猪所发生的一种营养性贫血。主要原因是缺铁,多发生于寒冷的冬末、春初季节的舍饲仔猪,特别是猪舍为木板或水泥地面而又不采取补铁措施的猪场内,常大批发生,造成严重的损失。

【病因】本病主要是由于铁的需要量大而供应不足所致。半个月至 1 个月的哺乳仔猪生长发育很快,随着体重的增加,全血量也相应增加,如果铁供应不足,就要影响血红蛋白的合成而发生贫血,因此本病又称为缺铁性贫血。正常情况下,仔猪也有一个生理性贫血期。若铁的供应及时而充足,则仔猪易于渡过此期。

【诊断要点】

(一)临床症状

病猪精神沉郁,离群伏卧,食欲减退,营养不良,被毛逆立,体温不高,可视黏膜呈淡蔷薇色,轻度黄染。严重病例,黏膜苍白如白瓷;光照耳壳呈灰白色,几乎见不到明显的血管,针刺也很少出血。有的仔猪,外观很肥胖,生长发育也较快,可在奔跑中突然死亡。

(二)病理变化

皮肤及黏膜显著苍白,有时轻度黄染,病程长的多消瘦,胸腹腔积有浆液性及纤维蛋白性液体。实质脏器脂肪变性,血液稀薄,肌肉色淡,心脏扩张,胃肠和肺常有炎性病变。

【防治】

(一)治疗

主要是补铁,注射铁制剂,效果显著而迅速。供肌内注射的铁制剂,国产的有右旋糖酐铁、铁钴注射液(葡聚糖铁钴注射液)等。实践证明,铁钴注射或右旋糖酐铁 2 毫升肌肉深部注射,通常 1 次即愈。必要时隔 7 日半量注射 1 次。

(二)预防

主要加强哺乳母猪的饲养管理,多喂富含蛋白质、无机盐和维生素的饲料。在水泥地面的猪舍内长期舍饲仔猪时,必须从仔猪生后 3～5 天即开始补加铁剂。补铁方法是将上述铁铜合剂洒在粒料或土盘内,或涂于母猪乳头上,或逐头按量灌服。

五、维生素 A 缺乏症

维生素 A 缺乏症是由于维生素 A 缺乏所引起的疾病,临床上表现生长发育不良,视觉障碍和器官黏膜损伤为特征,以仔猪多发,常于冬末、春初青绿饲料缺乏时发生。

【病因】日粮中缺乏青绿饲料,粗饲料的调制、贮存不当,如曝晒、酸败、氧化等,使饲料的维生素 A 原(胡萝卜素)遭破坏;猪舍阴暗潮湿、通风不良、猪缺乏运动及有慢性胃肠病等,常促进本病发生。20 日龄内的仔猪发病,多因母乳中缺乏维生素 A 所引起。

【诊断要点】主要依据饲养管理情况及临床症状进行综合判断。仔猪发病后比较典型的症状是皮肤粗糙、皮屑增多、呼吸器官及消化器官黏膜常有不同程度的炎症,出现咳嗽、下痢等,生长发育缓慢。严重病例神经机能紊乱,听觉迟钝,视力减弱,干眼,甚至角膜软化。走路摇晃,肌肉痉挛,圆圈运动,甚至全窝仔猪同时呈现痉挛性发作。全身震颤,四肢抖动,甚至瘫痪。妊娠母猪,常出现流产和死胎,或产出的仔猪瞎眼、畸形、小眼球等,体质衰弱,易于患病和死亡。

【防治】预防和治疗本病的有效方法是:加喂富含维生素 A 的饲料,如青饲料和胡萝卜等。对病猪使用精制鱼肝油 5～10 毫升,分数点肌内注射,或肌内注射维生素 A 2.5 万～5 万单位,对眼部、呼吸道和消化道的炎症对症治疗。平时饲料内添喂复合维生素。

六、猪应激综合征

猪应激综合征是猪遭受不良因素的刺激、而产生一系列非特异性的应答反应。死亡或屠宰后的猪肉，表现苍白、柔软及水分渗出等特征性变化。此种猪肉特称为白猪肉或水猪肉，其肉质低劣，营养性及适口性均很差。猪应激综合征，世界各地均广泛发生，其发病情况，在品种和地区之间有很大差异，以瘦肉型猪多发。

【病因】

1. 超常刺激　如注射疫苗、鞭打、斗殴、电击、狂风暴雨、兴奋恐惧、精神紧张、使用某些全身麻醉剂，公猪配种、母猪分娩等。

2. 环境突然改变　如肥猪出栏、运输，或长期处于不适环境，如环境温度过高或过低，都可发生应激反应。

3. 饲料营养成分不全　日粮中维生素和微量元素缺乏，可造成营养应激。

4. 遗传因素　猪应激综合征与体型和血型有关，应激敏感猪几乎都是体矮、腿短、肌肉丰满和卵圆形猪。杂交猪和含某些血缘的瘦肉型纯种猪，如兰德瑞斯猪、皮特兰猪等发生较多。

【诊断要点】

(一)临床症状

应激反应初期，肌肉和尾巴震颤，以后呼吸困难，皮肤红一阵白一阵，体温迅速升高，黏膜发绀。后期，肌肉显著僵硬，站立困难，眼球突出，高热，呈休克状态。约有80%以上的反应猪在20～90分钟内死亡。应激反应最严重的，见不到任何症状而突然死亡，即所谓"突毙型综合征"。

(二)病理变化

本病死亡或急宰的猪中，有60%～70%在死亡半小时内肌肉呈现苍白、柔软、渗出水分较多，即白猪肉。

【防治】

(一)治疗

应依据应激原的性质和应激综合征的程度,选用合适的抗应激药物。

猪群中如发现某些猪出现应激综合征的早期征候,如肌肉和尾巴震颤、呼吸困难而无节律、皮肤时红时白等,应立即挑出来单养,给予充分安静休息,用凉水浇洒皮肤,症状不严重者多自愈。对皮肤已污秽紫绀,肌肉已僵硬的重症病猪,则必须应用镇静剂、抗应激药以及解除酸中毒的药物。氯丙嗪每千克体重用 $1\sim2$ 毫克,肌内注射,有较好的抗应激作用,同时可预防应激反应;对引起变态反应性炎症或过敏性休克,可用皮质激素,一次肌内注射地塞米松 $5\sim15$ 毫克/只作肌内注射或静脉注射。其他抗过敏药如水杨酸钠、巴比妥钠、盐酸苯海拉明以及维生素C、抗生素等也可选用。为解除酸中毒,可用5%碳酸氢钠溶液静脉注射。

(二)预防

主要从两方面着手:一是依据应激敏感的遗传特性,注意选种选育;二是改善饲养管理,减少或避免各种激原的刺激。

改善饲养管理,猪舍避免高温、潮湿和拥挤。饲料要妥善加工调制,饮水要充足,日粮营养要全价,特别是要保证足够的微量元素硒和维生素 A、维生素 D、维生素 E。在收购、运输猪的过程中,要尽量减少各种不良刺激,避免惊恐。肥猪运到屠宰场,应让其充分休息,散发体温后屠宰。屠宰过程要快,胴体冷却也要快,以防止产生劣质的白猪肉。

七、食盐中毒

适量的食盐可增进食欲,帮助消化。但猪对食盐特别敏感,饲喂过多,极易引起中毒,甚至死亡。猪中毒后,可引起消化道炎和脑组织水肿、变性和坏死。临床上以神经症状和一定的消化紊乱为特点。

【病因】日粮内添加食盐过多,可引起食盐中毒,特别是仔猪更为敏感。食盐中毒的实质是钠离子中毒,因此,投予过量的乳酸钠、碳酸钠、硫酸钠等都可发生中毒现象。食盐对猪的致死量为100克,平均每千克体重2.2克。但由于饲养管理条件不同,对食盐的耐受量也不一样。

【诊断要点】

(一)发病情况的调查

饲料中食盐含量过高,饮水不足等情况,通常在暴饮之后突然起病。

(二)临床症状

口渴、皮肤瘙痒;结膜充血,眼球外凸;被毛粗乱,干枯无光;四肢末端、鼻盘暗紫;嘴空嚼,嘴边附有少量泡沫;阵发性肌肉痉挛;有时呈犬坐姿势、后退;盲目行走,倒地四肢划动;抽搐,甚至角弓反张,捕捉时症状加重。后期饮食欲废绝,高度沉郁,四肢瘫痪、卧地不起,结膜发绀,最后衰竭死亡。

(三)病理变化

尸体皮肤淤血,血液呈酱油色;脾、肝、肺都有不同程度的淤血;胃内充满液体,胃肠黏膜充血、出血、炎症,以胃底部最严重,甚至溃疡;肾充血稍肿大。肝肿大、质脆。肠系膜淋巴结充血、出血,心内膜有小出血点。

【防治】

(一)治疗

食盐中毒无特效解毒药,主要是促进食盐排除及对症治疗。

发现中毒后应立即停喂含食盐的饲料及咸水,改喂稀糊状饲料。口渴时多次少量给予饮水,切忌猛然大量给水或任意自由饮水,以免胃肠内水分吸收过速,使血钠水平迅速下降,加重脑水肿,而使病情突然恶化。同群的猪亦不应突然随意供水,否则会促使处于前驱期钠贮留的猪大批暴发中毒。

急性中毒的猪,用1％硫酸铜50～100毫升内服催吐后,内服黏浆剂及油类泻剂50～100毫升,使胃肠内未吸引的食盐泻下和保护胃肠黏膜。也可在催吐后内服白糖150～200克。

为恢复体内离子平衡,可静脉注射10％葡萄糖酸钙50～100毫升。为缓解脑水肿,降低脑内压,可静脉注射25％山梨醇液或50％高渗葡萄糖液50～100毫升;为缓解兴奋和痉挛发作,可静脉注射25％硫酸镁注射液20～40毫升,心脏衰弱时,可皮下注射安钠咖等。

(二)预防

日粮含盐量不应超过0.5％,以免过量。平时应供足够的饮水,有利于体内多余氯和钠离子及时随尿排出,维持体液离子的动态平衡。

八、霉饲料中毒

霉饲料中毒就是动物采食了发霉的饲料而引起的中毒性疾病。临床上以神经症状为特征。各种猪都可发生,仔猪及妊娠母猪较敏感。

【病因】自然环境中,含有许多霉菌,常寄生于含淀粉的饲料及饲料原料中,如果温度(28℃左右)和湿度(80％～100％)适宜,就会大量生长繁殖。有些霉菌在生长繁殖过程中,能产生有毒物质。目前已知的霉菌毒素有百种以上,最常见的有黄曲霉毒素、镰刀菌毒素和赤霉菌毒素,此外棕曲霉毒素、黄绿青霉素、红色青霉素酸以及黑穗病、麦角病、锈病等。这些霉菌毒素都可引起猪中毒。

发霉饲料中毒的病例,临床上常难以肯定为何种霉菌毒素中毒,往往是几种霉菌毒素协同作用的结果。

【诊断要点】

(一)病史调查

了解饲喂发霉饲料的情况。

(二)临床症状

仔猪和妊娠母猪较为敏感。中毒仔猪常呈急性发作,出现中枢神经症状,头弯向一侧,头顶墙壁,数天内死亡。大猪病程较长,一般体温正常,初期食欲减退。白猪的嘴、耳、四肢内侧和腹部皮肤出现红斑。后期停食,腹痛,下痢,被毛粗乱,迅速消瘦,生长迟缓等。妊娠母猪常引起流产及死胎。

(三)病理变化

主要为肝实质变性。肝颜色变淡黄,显著肿大,质地变脆。淋巴结水肿。病程较长的病例,皮下组织黄染,胸腹膜、肾、胃肠道常出血。急性病例最突出的变化是胆囊黏膜下层严重水肿。

【防治】

(一)治疗

霉饲料中毒无特效疗法。发病后应立即停喂发霉饲料,换喂优质饲料,同时进行对症治疗。

急性中毒,用0.1%高锰酸钾溶液,温生理盐水或2%碳酸氢钠液进行灌肠、洗胃后,内服盐类泻剂,如硫酸钠30～50克;静脉注射5%葡萄糖生理盐水300～500毫升,40%乌洛托品20毫升;同时皮下注射20%安钠咖5～10毫升,以增强猪体抗病力,促进毒素排出。

(二)预防

根本措施是防止饲料发霉变质。对发霉的饲料,绝对禁止喂猪。防霉方法,防止饲料发霉变质的关键是控制水分和温度,使谷物尽快进行干燥处理,并置于干燥、低温及通风良好处贮存。

九、中暑

中暑是日射病和热射病的统称。夏季猪只受到强烈日光照射，引起中枢神经发生急性病变，脑及脑膜充血，致使神经机能发生严重障碍的叫日射病；因气候炎热、环境潮湿，体热产生得多而散发少，全身过热，而引起中枢神经机能紊乱的叫热射病。肥猪皮下脂肪较厚，散热困难，发生本病较多。

【病因】炎热季节，猪圈无防暑设备，运输中受到强烈的日光直射，引起脑及脑膜充血，中枢神经系统遭到破坏，往往发生日射病。猪圈内过度拥挤、闷热、通风不良，或用密闭货车运输，使猪的体温放散受阻而引起热射病。

【诊断要点】

(一)病史

夏季日光直射头部，或潮湿闷热、通风不良环境中突然发病，外界温度超过35℃多发。

(二)临床症状

发病突然，病情严重，病猪张口喘气，流涎，常发呕吐，口吐白沫，步态不稳，兴奋不安，呼吸促迫，有时呈间歇性呼吸。体温升高，眼结膜充血或紫绀，瞳孔初散大后缩小。倒地不起，昏睡，四肢呈游泳状划动，常在几小时内或1~2天内死亡。

(三)病理变化

鼻内流出血样泡沫，肺水肿，脑高度充血或水肿。

【治疗】降低舍内温度，加强通风，降低饲养密度。对发病者立即将病猪移至阴凉处，使用5%葡萄糖盐水300~500毫升静脉注射，并添加维生素C、5%的碳酸氢钠注射液，注射强心剂安钠咖等，同时加入电解多维饮水。在饲料中添加小苏打、维生素C等药物，严重者可使用抗菌素、退热药，就能缓解发病症状。

【预防】天热时供给充足的饮水，猪舍要通风良好，圈内不要拥挤,常用冷水喷洒猪体。中午应在阴凉处休息,严禁在炎热的中午喷洒地面以形成高湿。在天气比较炎热时,改变饲喂时间,避开中午,饲料中添加 0.5% 的碳酸氢钠,或在饮水中添加 0.1‰~0.2‰维生素 C 原粉,都能预防该病的发生。车船运输时不要过于拥挤,注意通风,途中定时休息并用冷水喷洒猪体,有条件时供给瓜菜或清凉饮水,以解暑降温。

十、仔猪早期断奶综合征

仔猪早期断奶后,往往引起仔猪惊恐不安、休息不好、食欲差、消化不良、生长发育慢、饲料利用率低、抗病力下降等,统称为早期断奶综合征。

(一)发病原因

1. 仔猪消化功能不健全,早期断奶引起应激　仔猪消化道在 8 周龄以前发育都不健全,因为在 8 周龄后胃酸才基本上正常化。仔猪胃分泌盐酸的能力差,使胃中的 pH 值较高,约为 4,而成年猪的正常 pH 值为 2~3.5,pH 值过高抑制了胃蛋白酶的活性。胃蛋白酶活性降低后,就引起由仔猪消化不良而诱发的腹泻,在断奶前,仔猪从母乳中获得乳糖,乳糖在胃内乳酸杆菌的发酵作用下,转为乳酸,从而调节胃酸分泌不足,保持 pH 值在 4 左右。当断奶后,仔猪要采食饲料,由于胃酸不足,pH 增高,使胃蛋白酶的活性降低而固体饲料中蛋白质的吸收又需要胃蛋白酶的活性提高,造成供需之间的矛盾,所以,很多仔猪采食饲料后,会出现腹泻。

2. 日粮抗原反应,引起仔猪腹泻与生长发育不良　仔猪在哺乳期间,既从母体中获得了免疫抗体,又获得高质量的营养物质,保证了胃肠道内的 pH 值与有益微生物的滋生。一旦断奶后,仔猪采食量就上升,日粮中植物饲料所含的抗原蛋白,会提高腺窝细胞生长速度,促使肠道绒毛萎缩,从而易导致吸收不好与消化不良,轻者仔猪生长缓慢,重者就会导致腹泻与死亡。

3.微量元素对仔猪的影响　微量元素中的铁直接影响着仔猪的成活率,仔猪出生后的 30 天中,对铁的需要量为 400 毫克左右,而从母乳中获得的铁仅占需要量的十分之,若不及时补铁,轻者会导致仔猪皮肤苍白,被毛蓬乱无光,重者会导致仔猪生长停滞,消瘦,乃至死亡。铜与锌对仔猪有特效的促生长作用,它们通过影响肠道内微生物群落,从而提高消化道对饲料营养物质吸收。高铜还可显著提高小肠脂肪酶和磷脂酶的活性,从而使仔猪提高对饲料脂肪的消化。而当硒缺乏时,易诱发仔猪肝营养不良,易形成桑葚心与白肌病。

4.环境条件差,给各种有害微生物提供了场所　当温度、湿度、卫生条件、饲养管理不合理时,也会导致仔猪感染得病,而产生早期断奶综合征。

(二)防制措施

1.降低胃内 pH 值,刺激胃蛋白酶的活性　在仔猪日粮中添加 2%～3%的酸化剂,如在日粮中添加柠檬酸、延胡索酸等,可提高胃蛋白酶的活性,从而减少胃肠中有害微生物,促进仔猪生长,减少仔猪早期断奶综合征的发生。

2.减少日粮中的抗原蛋白　在日粮中使用 6%～10%的乳清粉、乳糖粉、脱脂奶粉,降低豆粕的使用量,以改善肠道过敏反应,促进肠黏膜绒毛发育。

3.及时补充微量元素　在仔猪出生 3 天内肌内注射或口服铁制剂,在 21 天左右再补注一次,既可防止缺铁性下痢的发生,又能促进生长和提高仔猪成活率。在仔猪采食时,可在仔猪日粮中添加铜 250 毫克/千克与锌 300 毫克/千克饲料,既可使仔猪生长加快,还可使仔猪粪便中细菌总数极大降低,降低细菌诱发的疾病。在日粮中加硒,能有效防止仔猪肝营养不良及桑葚心与白肌病的发生,添加量为每千克日粮 0.2 毫克。

4.若病情严重,可根据发病时的临床症状,用药物给予治疗对已经腹泻的仔猪要及时补液,用口服补液盐,让仔猪自由饮服,直至腹泻消失为止。抗菌消炎可用环丙沙星、恩诺沙星、氧氟沙星、庆大霉素等药物治疗。

5.在饲料中添加大蒜素　大蒜素不仅具有诱食性助消化和广谱而强烈的杀菌作用,控制水肿病、细菌性腹泻,而且具有增强免疫的作用,添加量为 0.1‰~0.2‰。

第九节　猪病索引

一、通过临床特有症状判断可能发生的疾病

通过在临床上一些特有的症状,可怀疑是发生了哪一类的疾病,然后进行分析和诊断,对疾病作出确诊。

(一)猪颈部和腹下皮肤紫红

常见疾病:猪瘟、猪链球菌病、猪肺疫、猪流感、仔猪副伤寒、猪弓形体病、猪霉菌毒素中毒等。

(二)猪大便带血

常见疾病:猪瘟、仔猪红痢、猪痢疾、猪棉籽饼中毒、猪菜籽饼中毒、猪霉菌毒素中毒等。

(三)猪出现神经症状

常见疾病:猪瘟、猪伪狂犬病、猪狂犬病、猪乙型脑炎、猪传染性脑脊髓炎、猪血凝脑脊髓炎、猪先天性震颤、猪丹毒(仔猪)、仔猪水肿病、猪李氏杆菌病、猪钩端螺旋体病、猪弓形体病、猪中暑、猪维生素 A 缺乏症、猪食盐中毒、猪霉菌毒素中毒、猪棉籽饼中毒等。

(四)猪咳嗽、呼吸困难

常见疾病:猪流感、猪繁殖及呼吸道综合征、猪气喘病、猪肺

疫、猪传染性胸膜肺炎、衣原体病(仔猪)、猪弓形体病等。

(五)猪皮肤起泡疹

常见疾病:猪口蹄疫病、猪水泡病、猪水泡性口炎、猪瘟、亚急性猪丹毒等。

(六)猪四肢跛行、麻痹

常见疾病:猪乙型脑炎、猪丹毒、猪链球菌病、猪布氏杆菌病、猪流感、仔猪白肌病(维生素 E 硒缺乏症)、猪狂犬病、猪伪狂犬病。

(七)猪睾丸肿大

常见疾病:猪布氏杆菌病、猪乙型脑炎、猪衣原体病等。

(八)猪呕吐、腹泻消化道症状

常见疾病:猪传染性胃肠炎、猪流行性腹泻、猪轮状病毒病、猪伪狂犬病(仔猪)、猪血凝性脑脊髓炎、仔猪黄痢、仔猪白痢、仔猪红痢、猪痢疾、猪弓形体病、猪胃肠炎、仔猪肝坏死(维生素 E 硒缺乏症)、猪食盐中毒、猪有机磷中毒等。

(九)猪鼻口流血样和泡沫样液体

常见疾病有:猪巴氏杆菌病、猪链球病、脏器损伤、猪炭疽等。

(十)猪耳尖、尾尖皮肤坏死

常见疾病:慢性猪瘟、慢性猪丹毒、猪坏死性杆菌病、猪烟酸(维生素 PP)缺乏症、猪锌缺乏症等。

(十一)猪流产死胎

常见疾病:猪伪狂犬病、猪细小病毒病、猪布氏杆菌病、猪繁殖及呼吸道综合征、猪钩端螺旋体病、猪衣原体病、猪弓形体病、猪霉菌毒素中毒、猪维生素 E 缺乏症、猪乙型脑炎等。

(十二)血尿

常见疾病:钩端螺旋体病、肾或膀胱肿瘤、尿路结石等。

(十三)高烧不退

主要有猪瘟、猪流感、猪肺疫、猪链球菌病、猪弓形虫病、猪传染性胸膜肺炎、伪狂犬病。

二、通过器官的病理变化判断可能发生的疾病

见表 8-6 和表 8-7。

表 8-6　各器官病理变化及可能发生的疾病(一)

器官	病理变化	可能发生的疾病
肌肉	臀肌、肩甲肌、咬肌等外有米粒大囊泡	猪囊尾蚴病
	肌肉组织出血、坏死,含气泡	恶性水肿
	腹斜肌、大腿肌、肋间肌等处见有与肌纤维平行的毛根状小体	住肉孢子虫病
肺	出血斑点	猪瘟
	纤维素性肺炎	猪肺疫、传染性胸膜肺炎
	心叶、尖叶、中间叶肝样变	气喘病
	水肿,小点状坏死	弓形体病
	粟粒性、干酪样结节	结核病
睾丸	1 个或 2 个睾丸肿大、发炎、坏死或萎缩	乙型脑炎、布氏杆菌病
血液	血液凝固不良	链球菌病、中毒性疾病
肾	苍白,小点状出血	猪瘟
	高度淤血,小点状出血	急性出血
膀胱	黏膜层有出血斑点	猪瘟
心脏	心外膜斑点状出血	猪瘟、猪肺疫、链球菌病
	心肌条纹状坏死带	口蹄疫
	纤维素性心外膜炎	猪肺疫
	心瓣膜菜花样增生物	慢性猪丹毒
	心肌内有米粒大灰白色包囊泡	猪囊尾蚴病
肝	坏死小灶	沙门氏菌病、弓形体病、李氏杆菌病、伪狂犬病
	胆囊出血	猪瘟、胆囊炎

续表 8-6

器官	病 理 变 化	可能发生的疾病
脾	脾边缘有出血性梗死灶	猪瘟、链球菌病
	稍肿大,呈樱桃红色	猪丹毒
	淤血肿大,灶状坏死	弓形体病
	脾边缘有小点状出血	仔猪红痢
浆膜及	浆膜出血	猪瘟、链球菌病
浆膜腔	纤维素性胸膜炎及粘连	猪肺疫、气喘病
	积液	传染性胸膜炎、弓形体病
胃	胃黏膜斑点状出血,溃疡	猪瘟、胃溃疡
	胃黏膜充血、卡他性炎症,呈大红布样	猪丹毒、食物中毒
	胃黏膜下水肿	水肿病

表 8-7　各器官病理变化及可能发生的疾病(二)

器官	病 理 变 化	可能发生的疾病
淋巴结	颌下淋巴结肿大,出血性坏死	猪炭疽、链球菌病
	全身淋巴结有大理石样出血变化	猪瘟
	咽、颈及肠系膜淋巴结黄白色干酪样坏死灶	猪结核
	淋巴结充血、水肿、小点状出血	急性猪肺疫、猪丹毒、链球菌病
	支气管淋巴结、肠系膜淋巴结髓样肿胀	猪气喘病、猪肺疫、传染性胸膜肺炎、副伤寒
小肠	黏膜小点状出血	猪瘟
	节段状出血性坏死,浆膜下有小气泡	仔猪红痢
	以十二指肠为主的出血性、卡他性炎症	仔猪黄痢、猪丹毒、食物中毒
大肠	盲肠、结肠黏膜灶状或弥漫性坏死	慢性副伤寒
	盲肠、结肠黏膜扣状溃疡	猪瘟

续表 8-7

器官	病 理 变 化	可能发生的疾病
	卡他性、出血性炎症	猪痢疾、胃肠炎、食物中毒
	黏膜下高度水肿	水肿病

思考题

1. 规模化猪场一般应采取哪些预防措施？

2. 猪的防御屏障包括哪几部分？

3. 免疫接种应注意哪些问题？

4. 猪场为什么实施消毒？

5. 哪三种疫病是国家规定的重大动物疫病？

6. 当前疫苗使用中有哪些误区？

第九章 商品猪场的建设与标准化生产

本章的重点是标准化生产知识,掌握规模化猪场的选址、布局、建设以及环保要求的知识。

第一节 场址选择

要使养猪生产实现商品化生产,就必须改变传统的散养方式,走规模化生产的模式,而规模化生产的育肥猪要想适应市场准入制度和国际市场的要求,就必须从场址环境选择、建设、饲料、饮水及整个饲养过程等实行标准化运作,因为标准化是质量的保证。通过实施规模化、标准化生产才能提高养猪生产的经济效益,适应新形势的需要。因此新建规模化猪场时,必须按照标准化的要求来选址和建设。

(1)场址环境应符合国家质量监督检验检疫总局发布的《农产品安全质量无公害畜禽肉产地环境要求》的要求。选择在生态环境良好、无或不直接接受工业"三废"及农业、城镇生活、医疗废弃物污染的生产区域。同时,也要避开水源防护区和风景名胜区。

(2)场址选择在当地畜牧主管部门制定的规划布局内,符合当地土地利用发展规划和村镇发展规划要求。

(3)场址应建在地势高燥、平坦的地方,位于居民区的下风处,交通便利。

(4)养猪场应远离交通要道、公共场所、居民区、学校,养猪场周围500米内,水源上游没有对猪场构成威胁的污染源,包括工业"三废"、农业废弃物、医院污水及废弃物、城市垃圾和生活污水等污物。

(5)水源、电力可靠,建立猪场后要保证水的卫生、满足水的供应和用电需要。

(6)养猪场应选在无疫区内。

(7)利用和扩建。选址的面积能够满足建设猪舍的需要,有足够贮存饲料和粪便的地方,还要考虑到将来扩建的可能性。

第二节　猪场布局

猪场内部各建筑物之间的配置。通常猪场内部划分为饲养生产区、生活管理区和隔离区。在北方平原建筑物以坐北向南为宜,在南方或山区要因地势而异,布局应整齐紧凑,各建筑物的安排应力求节约土地,缩短运输距离,便于防疫,利于生产为原则。

一、饲养生产区

饲养生产区是猪场的主体部分。包括各类猪群的猪舍、饲料加工间与饲料库等。猪舍的布局要根据生产考虑。育肥猪舍应建在距门口或道路较近处,以便于运输。饲料加工间和饲料库宜安排在猪场的中间位置,既要考虑缩短场内运输距离,又要考虑饲料进库的方便。饲料运输道不能与粪道交叉。兽医室应在猪场避风区的一角。在猪大门口、生产区入口设置宽同大门,长为机动车车轮一周半的消毒池,进入饲养区设立消毒室(包括更衣室、洗澡间、紫外线消毒通道)。同时还要考虑建立粪尿处理系统、称猪台、装猪台等。

二、隔离区

位于最下风向,包括病猪隔离室、尸体处理间(坑)以及新购猪的观察舍等。

三、生活管理区

包括办公室、宿舍、车库及其他用房,应布局在猪场的上风向一侧,独立成一区。

第三节 猪舍建筑

一、猪舍的建筑形式

按猪舍与外界连通的程度而分为开放式猪舍、半开放式猪舍和封闭式猪舍。每栋猪舍面积不少于 225 平方米,舍间距离不少于 6 米。

(一)开放式猪舍

根据屋顶的形式分为单坡式、双坡式和拱式三种。开放式猪舍的前面与外界相通,全敞开由两个山墙、后墙、支柱和屋顶组成,结构简单,投资少,通风透光,排水好,但猪舍温湿度受自然环境影响较大,冬季保暖效果不好。较适于春秋两季饲养,不适于冬夏两季饲养。

(二)半开放式猪舍

根据屋顶的形式分为单坡式和双坡式两种。半开放单坡式和双坡式猪舍与开放式的基本相同,所不同的是半开放式猪舍的前面与外界部分相通,半敞开。猪舍的墙体东西两侧山墙及北墙均为完整至屋顶的墙体,南侧墙体多为 1 米左右高的半截墙,半截墙墙上方有通风口,北方寒冷地区有的装上玻璃,便于保温,南方可挂上防风帘,有一定的防寒作用。

(三)封闭式猪舍

是目前推广较多的饲养模式。猪舍处于封闭状态,与外界隔离。封闭式猪舍分为有窗式封闭猪舍和全封闭式猪舍,此外,北方冬季改造的塑料大棚猪舍也属于封闭式猪舍。封闭式多为双列式猪舍,适于规模化猪场的管理,能有效地控制环境条件与提高劳动效率和商品猪生产水平,解决了开放式猪舍不能解决的冬暖夏凉问题,能大大降低疫病的发生率,是商品猪生产发展方向。

1.有窗封闭式猪舍　在猪舍前后墙体上设有可以随时开关的窗户和用人工控制的供暖、降温、通风换气等机械设备,这种猪舍保温性能好,管理方便,圈舍利用率高,投资大,粪尿处理较困难。

2.全封闭式猪舍　没有窗户,只是在墙体两侧装置数个百叶通风孔,门平时关闭,猪舍内装有一套自动控制的供暖、降温、通风、排污等机械设备。全封闭式猪舍机械化和自动化程度高,能够对猪舍小气候进行全方位控制,但结构复杂。建筑材料要求高,投资大,能耗多。

3.塑料大棚猪舍　是用开放或半开放式猪舍改造而成的,目的是为了防寒保暖,寒冷季节过后塑料大棚可拆除,反复使用。安装时要有一定数量的换气孔,以保持猪舍内空气新鲜。塑料大棚猪舍建造简单,投资少,简便易行。

二、主要结构的要求

(一)墙壁

猪舍的墙壁既要求坚固耐用,又要求保温性能良好。我国多采用草泥、土坯、石料、砖等建造猪舍墙壁草泥或土坯墙造价低,保温性能好,但易被冲塌和拱坏,使用年限短。石料墙坚固耐用,但保温性能差。砖墙坚固耐用,保温防潮,但造价高。南方气候温和,用竹木建造栏墙,冬季增加临时防寒设施。

(二)屋顶

猪舍的屋顶要求结构简单、耐用、保温性能好。我国多采用草料、瓦、泥灰建造屋顶。草料屋顶造价低,保温性能好,但不耐久。泥灰屋顶造价低,可防暑防寒,也不耐久。瓦屋顶坚固耐用,保温性能不如草料屋顶造价高。

(三)地面

猪舍的地面要求坚实、平整、保暖、不透水、易于清扫消毒。我国多采用土质、石料水泥、三合土和砖砌地面。土质地面保温、柔软、造价低,但易于渗透尿水,不能保持平整,不便于清扫消毒。石料水泥地面坚固、平整易于清扫消毒,但质地硬,导热性大,造价高,不利于猪的保健。三合土和砖砌地面较为理想。

(四)设立饮水器

在建设时,首先要考虑饮水自动化,能够保证饮水方便、干净、卫生,减少传染病,节约用水,满足猪对水的需要。常用的是乳头饮水器。

(五)粪尿沟

规模化养猪,漏缝地板粪尿沟是猪舍中的重要建筑,它是最大限度节约劳动力的设施。漏缝地板粪尿沟宽 0.4~0.5 米,深度随沟的坡度变化,猪舍 30 米左右,沟的坡度为 2%;猪舍 60 米以上则坡度为 1%。最浅的地方深度不宜少于 5 厘米。

(六)装猪台

为出售猪装车方便而设置装猪台,台高要求与运输车基部等高,宽度略宽于车厢,长度不少于 2.5 米,以便在猪进入车箱前有转弯余地。台侧设有的坡道倾斜度不超过 10%。平台和坡道应设有围栏,围栏高度 1.2 米,而且平台、坡道、围栏均要求结实。

(七)粪便储存场

为搞好粪便的处理,必须设置固定的储存设施和场所,储存场所应防止粪液渗漏、溢流。

第四节　猪场的环保要求

工业废水、废气、废渣和农业化肥、农药以及畜牧业生产中产生的粪尿等,都会对空气、水、土壤、饲料等造成污染,危害养猪环境。因此,猪场的环境保护既要防止猪场本身对周围环境的污染,又要避免周围环境对猪场的危害。

一、合理规划猪场

合理规划猪场是搞好环境保护的先决条件,要处理好猪场与外界的关系,猪所产的粪便尽可能施用于农田,既利于生产经营,又利于防止污染。

二、妥善处理粪尿和污水

随着人们生活水平的提高,对环境也提出了更高的要求。养殖业对环境的污染是通过畜禽排出气体和粪便实现的,特别是畜牧业由传统分散饲养转向集约化规模生产中产生大量的粪便与污水,所造成的污染已不容忽视,国家也开始重视这个问题,采取措施搞好处理。饲养一头生猪,日排鲜粪3千克,一年仅鲜粪产量即达1 080千克;一个年产万头的规模化猪场,则每天排放出的猪粪污水达100~150吨,如处理不当,将会造成空气、土壤与水源的严重污染,严重时可引起疫病流行。粪便中的部分有机物如尿素、含硫氨基酸、色氨酸在细菌作用下降解为硫化氢、粪臭素等异味物质,特别是在冬天封闭式养殖场中,不良气味对畜禽造成的应激是非常严重的,易引起呼吸道疾病。当前对粪尿的无害化化解处理主要是用作肥料,产生沼气,这是处理粪尿的基本措施,另外畜禽粪便生物处理技术的也开始应用,都对环境保护起到了积极的作用。

(一)粪便肥田

即粪便的肥料化,猪的粪便是一种很好的有机肥,可直接用于农田,但必须经无害化处理后再用,如发酵干燥,利用发酵所产热量使水分蒸发一部分,同时可杀死许多病原微生物。既能使土壤直接得到腐殖质类的肥料,又具有杀菌、杀寄生虫的作用,形成对粪便的无害化处理。

(二)粪便产沼气

即粪便的燃料化。通过微生物对粪便的厌氧发酵可获得沼气,它是一种很好的清洁能源,对缓解我国农村能源紧张有一定作用;而且能杀死病原微生物,其残渣可当作肥料使用。粪便和其他有机废弃物与水混合,在一定条件下产生沼气,可供照明和作燃料。使粪便产生沼气的条件,第一,保持无氧环境,要建造四壁不透气的沼气池上面加盖密封;第二,要保证沼气菌和各种微生物的大量繁殖和正常生长,需有充足的有机物;第三,有机物中的碳氮比要适当,一般以 25∶1 产气系数较高;第四,要有适宜的温度,以 35℃沼气菌的活动最为活跃,产气多且快;第五,沼气池保持中性,pH 6.5~7.5 时产气量最高,如发酵液酸度过大,可用石灰水或草木灰中和。大约有 60%的碳素转为沼气,从水中冒出,积累到一定容积后产生压力,通过管道即可使用。这种产生沼气的粪便处理方法造价不是很高,既解决了粪便的处理问题,又使处理的粪便继续施用于农田,还解决了农村中农户的燃气和部分照明问题。

(三)畜禽粪便生物处理技术

粪便生物处理技术就是利用某些细菌和酵母菌通过科学的方法配伍,加入到粪便中,起到粪便的除臭、提高发酵速度和脱水的功能。这一方法升温快,发酵温度高,处理成本低,可使粪便中的含水量降低 20%以下,有效提高粪便产品中的肥分。

三、绿化环境

猪场的绿化不仅可以改变自然面貌,改善环境,还可以减少污染,在一定程度上能起到保护环境的作用。

四、防止昆虫滋生

猪场易滋生蚊蝇，对人畜骚扰，因此，要定时清除粪便和污水，保持环境的清洁、干燥，填平沟渠洼地，使用化学杀虫剂杀灭蚊蝇。

五、注意水源防护

避免水源被污染，一定要重视排水的控制，加强水源的管理与搞好卫生监测。

第五节　规模化猪场的标准化生产

当前，我国农业正处在由传统农业向现代农业的转型时期，伴随着经济全球化、市场一体化趋势的日益增强，国际间农产品、技术及信息的相互交流也愈加频繁，一些发达国家为保护本国利益，不断设置新的技术贸易壁垒，使农产品的国际贸易竞争更加剧烈。因此，如何提高农产品质量，保障农产品质量安全，提高农产品国际市场竞争力，已经成为目前我国发展现代农业，促进农民增收、农业增效、农村发展的重要手段和迫切需求。农业标准化是农业生产发展到一定阶段的必然过程。具体地说，就是制定、发布、实施农产品标准的全过程。它是发展农业产业化、促进形成农业产业链的一种基础的、必要的、有效的技术手段。在养猪生产上，散养方式将以规模化、标准化方式来替代，只有规模化才能保证标准化生产的实施，生产出无公害猪肉以至优质猪肉。标准化生产包括以下几方面的内容。

（一）建立标准体系

建立一套完整的标准体系，贯穿于饲料生产、养猪加工、流通的所有过程，从饲料厂、养猪场、肉类加工厂、销售商一直到普通百姓的餐桌。

(二)实施质量标准

每个环节都要有食品安全和质量保证的标准,包括包装与运输,对饲料、用药、添加剂等必须有严格的检测,保证在猪肉中的残留符合安全标准。

(三)建立保障体系

有一套完备的推行产品标准化的保障体系,由政府颁布一系列的法规和政策,保证产品的生产和加工在有序安全的环境中进行,有一定的奖罚措施。

(四)建立监督体系

建立一个强大的监督体系,包括政府、法律、媒体以及中介组织定期在媒体上发布科学监测报告,对不合格产品进行曝光。

(五)实行"档案农业"

对原料、饲料、预混料、添加剂、用药、猪种、饲养过程、屠宰、加工、运输等全过程有准确的记录,建立一套完整的档案。一旦发现不安全的因素,以最快的速度发现和解决问题。

因此,提高猪肉产品的质量只有通过标准化生产来实现,按照国际国内市场需求的标准,在生猪饲养、产品加工的全过程,全面推行标准化生产,加大监管检测力度,生产高标准优质猪肉产品。

实行标准化生产,标准化猪场是基础,但必须按照一定的标准组织建设、生产,按照标准化饲养技术规程饲养才能实现。目前我国已陆续发布了生猪标准化饲养场建设标准和饲养技术规程,对规模化猪场的标准化生产起了积极的指导和规范作用,促进了养猪生产的健康发展。

思考题

1. 猪场选址有哪些要求?
2. 标准化生产有哪些内容?

附　　录

附录一　规模化猪场生产技术规程
(DB37/T 304—2002)

1　范围

本标准规定了规模化猪场良种繁育、饲养管理、卫生防疫、饲料及药物使用等项要求。

本标准适用于基础母猪200头以上的种猪场和年出栏商品肉猪2 000头以上的商品猪场。

2　规范性引用文件

下列文件中的条款通过本标准的引用而成为本标准的条款。凡是注日期的引用文件,其随后所有的修改单(不包括勘误的内容)或修订版均不适用于本标准,然而,鼓励根据本标准达成协议的各方研究是否可使用这些文件的最新版本。凡是不注日期的引用文件,其最新版本适用于本标准。

GB 8466—87 瘦肉型猪选育技术规程

GB 7959 粪便无害化卫生标准

GB 8979 污水综合排放标准

GB 14554 恶臭污染物排放标准

GB 16548—1996 畜禽病害肉尸及其产品无害化处理规程

GB 16549 畜禽产地检疫规范

GB 13078—91 饲料卫生标准

GB/T 12823—1999 中小型养猪场兽医防疫工作规程

GB/T 17824—1999 中小型集约化养猪场商品肉猪技术规程

《中华人民共和国动物防疫法》

《饲料及饲料添加剂管理条例》

3　定义

本标准采用下列定义。

3.1 种公猪　已参加配种并有生产成绩的公猪。

3.2 种母猪　已配种产仔的母猪。

3.2 后备猪　断奶至初配前留作种用的猪。

3.3 猪群结构　各类猪在猪群中所占的比例。

3.4 杂优猪　由杂种品系间杂交而产生的商品猪。

4　良种繁育

4.1 种猪选择

4.1.1 选择出体质外貌、生长发育、生产性能等优良,并符合本品种特征,健康无病,无明显缺陷的作为种猪繁殖群。

4.1.2 严格执行选种标准和选配计划,及时淘汰劣种,不断提高其生产性能,使产品的数量和质量逐步得到改进提高。

4.2 猪群结构

4.2.1 繁殖母猪　根据猪场的生产规模,约占全年生猪出栏计划总头数的 6%～7%,种母猪利用到 5～6 胎,繁殖性能优良的个体可利用到 7～8 胎。母猪群的合理胎龄结构为 1～2 胎占生产母猪的 30%～35%,3～6 胎占 60%,7 胎以上占 5%～10%。

4.2.2 种公猪一般利用 2～3 年。

4.3 核心母猪群的建立应建立核心种猪群,从繁殖母猪群中严格精选出体质外貌优秀,繁殖和哺育性能好,后代生长发育较好者,年龄在 2～3.5 岁的作核心种猪群。核心群母猪头数应占繁殖母猪总头数的 25%～30%。

4.4 后备猪的选留　　后备母猪的选育,可在核心群母猪第2~4胎的仔猪中挑选。选留的数量约占种母猪群体的30%~40%。

4.4.1 断奶时的选择,采取窝选与个体选并重,选择体质外貌好,断奶体重大,同窝仔猪数多且生长发育均匀,同窝仔猪中无遗传疾患。后备公猪要求两侧睾丸明显,大小对称,无包皮积尿,母猪乳头7对(杜洛克6对)以上,排列整齐均匀。

4.4.2 6月龄时的选择,可根据生产性状构成综合选择指数进行选留或淘汰。此外,凡体质衰弱,肢蹄存在明显疾患,体型有损征,以及出现了遗传缺陷者淘汰。

4.4.3 对发情正常的母猪优先选留,配种时留优去劣,保证有足够的优良后备母猪补充,以确保基础母猪群的规模,留种用的后备猪,建立起系谱档案。

4.5 合理利用

4.5.1 瘦肉型后备母猪配种年龄为8~9月龄,体重在110~120千克。

4.5.2 瘦肉型后备公猪配种年龄为9~10月龄,体重120千克以上,初次配种时进行配种调教,后备公猪开始配种或采精次数,每周2~3次为宜。成年公猪,每天一次,连续使用5~6天,休息一天。

4.5.3 自然交配公母比例为1:(25~30),人工授精的公母比例为1:(100~200)。

4.6 适配时间

4.6.1 母猪经试情鉴别确定发情后,按压其背部表现安定(或接受公猪爬跨)时配第一次,间隔8~12小时配第二次,母猪在一个发情期中配种2~3次,其情期受胎率达86%以上。

4.6.2 对9月龄以后经改善饲养管理及药物等措施处理,仍未出现发情征状及连续3个发情周期配种不孕的后备猪及时予以淘汰。

4.7 指标要求

4.7.1 后备母猪初胎产合格仔猪 8 头以上,初生合格仔猪窝重 10 千克以上,经产母猪年产 2.2 胎以上,每胎产合格仔猪 10～12 头,初生窝重 13～15 千克。

4.7.2 5 周龄断奶均重达 8.5 千克以上,70 日龄的体重达 25 千克以上。

4.7.3 产房仔猪死亡率低于 6%,保育舍仔猪死亡率低于 3%,生长育肥猪死亡率低于 2%。母猪连产两胎仔猪数均少于 6 头的应淘汰处理。

4.8 杂交模式　商品猪要充分利用杂交优势,以提高育肥效果。可采用三元杂交等方式进行择优选配,或者采用配套系间进行杂交,生产商品杂优猪。不得乱交乱配,要建立起良种杂交繁育体系。

4.9 引种与档案的建立

4.9.1 对引进的瘦肉型纯种猪要进行选育,根据生产情况,制订出选种和配种繁殖计划,对现有种猪群品种做好提纯复壮的选育工作。

4.9.2 对于小规模猪场为了减少制种费用,可直接引进二元杂种母本和终端父本公猪,生产三元杂交商品猪。

4.9.3 所有种猪都要编号登记,定期鉴定种猪的体质外貌、繁殖性状、后代生长发育和育肥性能等,建立种猪系谱档案和配种繁殖卡等资料,由专人保管。

4.9.4 商品生产场应有计划地到国家定点的原种场引进种猪,以更新血统。

5　饲养管理

5.1 生产工艺　集约化猪场养猪,应采用分群分段流水式的全进全出的生产工艺进行生产。根据全年生产出栏计划总头数,母猪分周或分旬分批配种分娩,对猪群不同生长阶段分批饲养,做到全进全出。

5.2 营养需要

见附表 1-1。

附表 1-1　各类猪营养需要参考标准

猪种	体重/ 千克	消化能/ （兆焦/千克）	粗蛋白/ %	赖氨酸/ %	钙/%	磷/%
公猪	—	13～13.5	13～15	0.6	0.75	0.6
母猪	—	13～13.5	14～16	0.7～0.8	0.85	0.7
哺乳仔猪	1～10	14～14.5	20～22	1.4	0.8	0.65
断奶仔猪	10～20	13.5～14	18～20	1～1.2	0.7	0.6
育肥猪	20～60	13～13.5	15～17	0.8	0.6	0.5
	60～110	13～13.5	13～15	0.65	0.6	0.5

5.3 种猪饲养　配种公母猪的膘情要达到中上营养水平，不能过肥或过瘦。

5.3.1 公猪日喂量视体重、体况和配种能力适当掌握。一般体重 90～150 千克、2～2.5 千克，体重 150 千克以上日喂 3～3.5 千克。

5.3.2 后备母猪 80 千克以上，进行适当饲养，保持适度膘情，严禁过胖或过瘦，基本日喂料量 2～2.5 千克，但在配种前 14 天，实行短期优饲，以提高其初产数。

5.3.3 妊娠母猪前期日喂料量 2.5～3 千克，妊娠后期日喂 3～3.5 千克。母猪体质过瘦或过肥要适当增减饲喂量。

5.3.4 哺乳母猪哺乳仔猪多者，日粮增加，日喂 5～7 千克。

5.3.5 种猪的日粮中应加入足够的微量元素和多维素。

5.3.6 种猪应喂一定量的青绿饲料。

5.3.7 饲料要保持清洁、新鲜，不喂发霉变质、冰冻、带有毒性的饲料。饲料不宜频繁变换。

5.4 种猪的管理

5.4.1 种公猪单圈饲养,圈栏面积 7.5～9 平方米,圈栏应加高(1.3 米),经常拭刷猪体,使其保持清洁,夏季做好防暑降温。

5.4.2 为保持种用体况和种用机能,可经常运动。

5.4.3 要定期检查精液,以保证具有良好的品质。

5.4.4 母猪可采用个体限位栏或小群饲养,群饲的后备猪每圈可 4～6 头,空怀和妊娠每圈可 4～5 头。每头占栏面积 2.5 平方米。可按体况分群管理。

5.4.5 采用自动饮水器饮水,以保持饮水清洁卫生。

5.4.6 妊娠母猪应防挤、防跌、防打架、防止机械性流产。圈舍应保持干燥卫生,适宜温度为 16～22℃。夏季注意防暑降温,防止热应激造成中暑、死胎和流产。冬季注意保温。

5.5 仔猪的接生与护理

5.5.1 仔猪产下迅速将口鼻内和全身黏液擦干。离腹部 4 厘米断脐,断头用碘酒消毒,去牙、断尾、编号、称重登记。

5.5.2 早补喂初乳,固定奶头。加强保温防冻防压,采用保温箱红外线灯或电热板等局部措施保温,出生时温度达到 30～32℃,至 28 日龄逐渐降至 25℃;应设护仔栏、保育补饲间或母猪限位分娩栏防压,产房要保持干净、清洁。

5.5.3 仔猪的饲养管理。

5.5.4 生后 2～3 日龄补铁剂。

5.5.5 生后 5～7 日龄开始诱教补喂乳猪料,其方法采用自由拱食和强制诱食。

5.5.6 乳猪料原料组成,可选用部分乳制品、血浆蛋白粉及有机酸等。

5.5.7 仔猪采用 3～5 周龄早期断奶。

5.5.8 仔猪断奶后逐渐转喂断奶仔猪料。采取自由采食,自动饮水。

5.5.9 断奶仔猪条件允许可在原栏饲养 5～7 天后,转入保育舍并饲养至 70 日龄。圈舍保持干燥卫生,适宜温度为 22～25℃,相对湿度为 50％～70％。

5.6 生长育肥猪饲养管理

5.6.1 生长育肥猪可采取自由采食的方式,以提高增重速度。若为了获得较好的胴体瘦肉率,可在育肥后期体重达 80 千克左右时,控制日粮喂量(85％～90％)2～3 周,减少皮下脂肪沉积。

5.6.2 料型采用颗粒料,干喂或湿拌料饲喂,自动饮水器饮水。

5.6.3 育肥猪按体重大小、强弱、公母分栏饲养,每栏 10～16 头,每头占栏面积 1～1.2 平方米,分群后进行定位调教,使之建立起有益的条件反射。

5.6.4 夏天注意防暑降温,冬天注意防寒保暖,适宜温度为 18～23℃,相对湿度 50％～70％。夏天可采取种树和爬蔓植物及遮阳网等遮阳,喷雾降温;冬天舍内可铺设垫草,敞开猪舍可采用大棚暖圈等技术。密闭式猪舍应设通风换气设施。

5.6.5 仔猪从出生到出栏饲养期 170～180 天,体重达 90～110 千克出栏。

5.6.6 猪的出售和转运必须符合 GB 16549 的规定。

6 卫生防疫

6.1 卫生防疫制度

6.1.1 猪场大门口、生产区入口设置宽同大门,长为机动车车轮一周半的消毒池。生产区门口设更衣室和消毒室。猪舍入口处设置消毒池。消毒液可用 3％的火碱水,每周更换 2 次。

6.1.2 非场人员未经允许不得进入生产区,同意入场必须经严格消毒,更换隔离衣、胶鞋方可入内。

6.1.3 场外车辆、用具不准进入生产区,猪只出场在生产区外装猪台接运。已出场的活猪不准回流。

6.1.4 生产区内净道和污道分开,转猪车和饲料车走净道,出粪车和病死猪运输车走污道。

6.1.5 坚持自繁自养,建立自己的健康种猪群。必须引种时,到非疫区健康种猪场引进。购回的种猪要到隔离舍隔离观察一个月以上,经过防疫、检疫确认无疫病后,方可进入健康猪舍。

6.1.6 早晚两次清扫猪舍,保持猪舍干净卫生。粪尿、污水、恶臭污物排放符合 GB 7959、GB 8978、GB 14554 的规定。

6.1.7 猪场道路和环境要保持清洁卫生。无杂草、无垃圾,植树绿化周围环境。每月进行两次定期消毒。做好灭鼠灭蝇工作。

6.1.8 猪舍内及用具、饲槽、产床、网床等要每天清扫、洗刷,每周进行一次消毒。

6.1.9 实行全进全出制,每次猪舍内猪群全出后,必须彻底清洗,反复消毒,经检查合格后,空圈 5～7 天,方可进猪(有密闭条件的猪舍最好采用福尔马林熏蒸消毒法)。

6.1.10 饲养人员不准乱串猪舍,要随时观察猪群健康状况,发现异常情况及时报告,对病猪要隔离治疗,对发病猪圈立刻消毒。用具和所有设备必须固定。

6.1.11 病死猪不准在生产区内剖检,要用不漏水的专车运到诊断室内进行,并对病死尸处理符合 GB 16548。用具及有关人员及时消毒。

6.1.12 不准向场内带入可能染疫的畜禽产品或物品,场内人员不准为外单位和个人诊治病猪。场内禁止养狗养猫。职工家中不得养猪。

6.1.13 生产人员进入生产区要消毒,更换工作服和胶鞋,场内所有工作服和工作鞋必须每周定期清洗和消毒。

6.1.14 所有消毒药由主管兽医负责,严格把握质量和浓度并定时更换,确保消毒效果。

6.2 免疫

6.2.1 猪场免疫程序由猪场兽医人员根据当地疫情和本场实际情况制定。

6.2.2 按厂家提供的方法,对疫苗进行正确保存和使用。

7　饲料及兽药使用

7.1 应用饲料添加剂必须了解其作用和安全性,遵守《饲料及饲料添加剂管理条例》

7.2 严禁饲喂霉烂变质、冰冻、农药残毒污染严重、被黄曲霉或病菌污染的饲料,并符合 GB 13078 的规定

7.3 猪场要实行用药登记管理制度,建立用药档案备查

7.4 根据不同种类的药物,严格执行停药期制度,严禁超期用药,控制残留。药物种类及停药期见附录

7.5 严禁使用下列药物

7.5.1 激素类药物:包括二苯乙烯类,如己烯雌酚及其衍生物;抗甲状腺制剂,如甲矾霉素;类固醇、去甲睾酮;二羟基苯甲酸内酯、玉米赤霉醇;β-促生长素、盐酸克伦特罗、沙丁胺醇。

7.5.2 抗生素类:氯霉素、螺旋霉素。

7.5.3 有机氯类驱虫药:六六六、滴滴滴、多氯联苯、六氯苯。

7.5.4 有机磷类驱虫药:二嗪农、皮蝇磷、霉死蜱、敌敌畏、敌百虫、蝇毒磷。

7.5.5 过期失效药物以及人用转兽用未经检验和批准的药物。

7.5.6 生猪及其产品中药物残留限量应符合农业部发布的《动物性食品中兽药最高残留限量》(农牧发[1999]17 号文件)的有关规定。

见附表 1-2。

附表 1-2　使用药物及停药时间

药 物 名 称	宰前停药时间/天
疫苗	30
伊维菌素注射液	28
硫酸阿普拉霉素预混剂	21
硫酸泰乐菌素、硫胺二甲嘧啶预混剂	15
辛硫磷浇泼溶液、氟苯咪唑、泰乐菌素注射液	14
北里霉素预混剂、杆菌肽锌、硫酸粘杆菌素预混剂及可溶性粉、恩拉霉素预混剂、酒石酸北里霉素可溶性粉	7
伊维菌素预混剂、延胡索酸泰妙菌素预混剂、复方磺胺嘧啶预混剂、盐酸林可霉素预混剂及可溶性粉、硫酸壮观霉素可溶性粉、磷酸泰乐菌素预混剂	5
复方磺胺氯哒嗪钠粉、越霉素 A 预混剂、潮霉素 B 预混剂、维吉尼霉素预混剂	3

本标准由山东省质量技术监督局提出。

本标准由莱阳农学院、山东农业大学、山东省畜牧办公室起草。

本标准起草人：宋春阳、林海、曲万文、田夫林、王利华。

附录二　商品猪场建设标准(DB37/T 303—2002)

1　范围

本标准规定了商品猪场的建设规模、选址与建场条件、规划与布局、工艺设备、畜舍建筑、卫生防疫和环境保护等的要求，本标准适用于年出栏商品肉猪 2 000 头以上的养殖企业。

2　规范性引用文件

下列文件中的条款通过本标准的引用而成为本标准的条款。

凡是注日期的引用文件,其随后所有的修改单(不包括勘误的内容)或修订版均不适用于本标准,然而,鼓励根据本标准达成协议的各方研究是否可使用这些文件的最新版本。凡是不注日期的引用文件,其最新版本适用于本标准。

GBJ 39—1990 村镇建筑设计防火规范

GB 5749 生活饮用水卫生标准

GB 7959 粪便无害化卫生标准

GB 5084—1992 农田灌溉水质标准

GB 11607—1989 渔业水质标准

GB 14554 恶臭污染物排放标准

GB 15618—1995 土壤环境质量标准。

GB 16548—1996 畜禽病害肉尸及其产品无害化规程

GB 16549—1996 畜禽产地检疫规范

GB/T 17824.3—1999 中、小型集约化养猪场设备

GB/T 17824.4—1999 中、小型集约化养猪场环境参数及环境管理

DB37/T 304—2002 规模化猪场生产技术规程

3　定义

本标准采用下列定义。

3.1　商品猪场

本标准所称商品猪场是指从事商品肉猪生产、年出栏 2 000 头以上商品肉猪的养猪场。

3.2　猪场规模

本标准所指商品猪场规模是按猪场年出栏商品猪的头数确定。

4　要求

4.1　建设规模要求

4.1.1 建场要求。商品猪场的建设规模应根据建设地区资源、投资、本地区及周边地区市场需求量和社会经济发展状况，以及技术与经济合理性和管理水平等因素综合确定。

4.1.2 建筑规模要求。本标准所称的商品猪场其的建设规模与基础母猪的头数应符合附表 2-1 的规定。

附表 2-1　种猪场建设规模划分表

	大型猪场	中型猪场	小型猪场
年出栏商品猪头数	＞10 000	5 000～10 000	2 000～5 000
基础母猪头数	＞600	300～600	120～300

4.2 选址与建场条件

场址选择必须符合以下基本条件：

4.2.1 符合当地土地利用发展规划和村镇建设发展规划的要求。

4.2.2 有便利的交通条件。

4.2.3 场址地势高燥、平坦，在丘陵山地建场地应尽量选择阳坡，坡度不得超过 20°。

4.2.4 场区土壤质量符合 GB 15618—1995 土壤环境质量标准的规定。

4.2.5 猪场水源充足，取用方便，便于防护，水质符合 GB 5749 生活饮用水卫生标准的规定。

4.2.6 电力充足可靠。粪尿污水能就地处理或利用。

4.2.7 大规模猪场应考虑满足建设工程需要的水文地质和工程地质条件。

4.2.8 场址根据当地常年主导风向，位于居民区及公共建筑群的下风向处。

4.2.9 场界距离交通干线不少于 500 米；距居民居住区和其

他畜牧场不少于 1 000 米,距离畜产品加工厂不小于 1 000 米。

4.2.10 以下地段或地区不得建场:水保护区、旅游区、自然保护区、环境污染严重畜禽疫病常发区及山谷洼地等易受洪涝威胁的地段。

4.3 猪场规划与布局

4.3.1 场区规划的原则。建筑紧凑,少占或不占耕地。在节约土地、满足当前生产需要的同时,适当考虑将来技术提高和改造的可能性。

4.3.2 猪场的分区。猪场建筑设施应按管理区、生产区和隔离区三个功能区布置,各功能区界限分明,联系方便。管理区应位于生产区常年主导风向的上风向及地势较高处,隔离区应位于在场区常年主导风向的下风及地势较低处。

管理区内包括工作人员的生活设施、猪场办公设施、与外界接触密切的生产辅助设施(饲料库、车库等);生产区内主要包括保育舍、育成舍、育肥猪舍及有关生产辅助设施;隔离区包括兽医室、隔离舍、病猪焚烧处理、粪便污水处理设施。

各个功能区之间的间距不少于 50 米,并有防疫隔离带或墙。

4.3.3 道路设置。猪场与外界应有专用道路相连通。场内道路分清净道与污道,两者严格分开,不得交叉、混用。

4.3.4 场地面积。猪舍总建筑面积按每出栏一头商品育肥猪 0.8~1.0 平方米计算。猪场的其他辅助建筑总面积按每出栏 1 头猪需 0.12~0.15 平方米计算。猪场的场区,占地总面积按每出栏一头商品育肥猪 2.5~4.0 平方米计算。

4.4 工艺与设备

4.4.1 确定工艺方案的原则。

4.4.1.1 适用于各阶段猪的生产技术要求。

4.4.1.2 有利于猪场的防疫卫生要求。

4.4.1.3 有利于粪尿污水减量化、无害化处理的技术要求和环境保护要求。

4.4.1.4 有利于节水、节能。

4.4.1.5 有利于提高劳动生产率。

4.4.2 饲养工艺。商品猪的生产工艺应符合 DB 37/T 304—2002 的规定。

4.4.3 确定饲养设备的原则。

4.4.3.1 设备必须满足商品猪培育和生产的技术要求。

4.4.3.2 经济实用、便于清洗消毒、安全卫生。

4.4.3.3 有利于改善猪舍环境,减少猪只的应激反应,降低发病率。

4.4.3.4 宜采用现代化技术和配套设备。

4.4.4 饲养设施。

4.4.4.1 保育猪应采用网、床饲养设施,其他类型猪舍可采用地面饲养。

4.4.5 猪舍内的环境参数和控制应符合 GB/T 17824.4 的规定。

4.5 猪舍建筑

各类猪舍应采用轻钢结构或砖混结构。

4.5.1 建筑形式。猪舍的建筑形式应根据当地自然气候条件,因地制宜采用半开敞式或有窗式(单层或多层)猪舍。

猪舍的屋顶形式应采用双坡式屋顶。猪舍净高度不低于2.5~2.7 米。跨度以 9~15 米为宜。

4.5.2 猪舍方位。猪舍朝向和间距必须满足日照、通风、防火和防疫等的要求,猪舍长轴朝向以南向或南偏东 15°以内为宜。每相邻二猪舍纵墙间距不低于 7~10 米。每相邻二猪舍端墙间距不少于 10 米。猪舍距围墙不低于 10 米。

4.5.3 猪舍内平面布置。猪栏应沿猪舍长轴方向呈单列或多列布置。猪舍两端和中间应设置横向通道。

　　4.5.4 猪舍地面。猪舍内应采用硬化地面,地面应向粪尿沟处作 1‰～3‰ 的倾斜,地面结实、易于冲刷,能耐受各种形式的消毒。

　　4.5.5 不同猪群的饲养密度应符合附表 2-2 的规定。

附表 2-2　各阶段猪的饲养密度　　　　　平方米/头

猪群类型	每栏饲养头数,头	实体地面猪栏	漏缝地板猪栏
保育猪	10～20	—	0.2～0.4
生长猪	10～16	0.6～0.9	0.4～0.6
育肥猪	10～16	0.9～1.2	0.6～0.8

　　4.5.6 饲料供应。种猪场根据育种猪群营养需要加工全价配合饲料,其配套的饲料加工厂生产能力不应低于附表 2-3 之规定。

附表 2-3　饲料加工厂配套生产能力

猪场规模(年出栏猪头数)	5 000～10 000	2 000～30 000	>30 000
饲料加工厂生产能力/(吨/小时)	1.0～2.0	2.5～3.0	>3.5

　　4.5.7 给水排水。

　　4.5.7.1 供水设施应符合 GB/T 17824.1—1999 的规定。

　　4.5.7.2 场区内应用地下暗管排放产生的污水,设明沟排放雨、雪水。

　　4.5.7.3 生活与管理区给水、排水按工业民用建筑有关规定执行。

　　4.5.8 采暖通风与降温。猪舍应因地制宜设置夏季降温和冬季加温设施,保证其正常生产性能。其他执行 GB/T17824.3—1999 的规定。

　　4.5.9 供电。电力负荷等级为民用建筑供电等级三级。自备电源的供电容量不低于全场用电负荷的 1/4。

4.5.10 场内运输。场内运输车辆做到专车专用,不能驶出场外作业。场外车辆严禁驶入生产区,如遇特殊情况,车辆必须经彻底消毒后才准驶入生产区。

4.5.11 场内消防。

4.5.11.1 猪场应采取经济合理、安全可靠的消防措施,按 GBJ 39—90 的规定执行。

4.5.11.2 消防通道可利用场内道路,紧急情况时能与场外公路相通。

4.5.11.3 采用生产、生活、消防合一的给水系统。

4.6 猪场防疫设施

4.6.1 猪场四周建有围墙或防疫沟,并有绿化隔离带,猪场大门入口处设车辆强制消毒设施。

4.6.2 生产区应与管理区严格隔离,在生产区入口处设人员更衣、淋浴消毒室,在猪舍入口处设地面消毒池。

4.6.3 装猪台设置在生产区靠近围墙处,猪装车外运后,不可返回。

4.6.4 饲料库房应设在生产区与管理区的连接处,场外饲料车不允许进入生产区。

4.6.5 在隔离区内设兽医室、隔离猪舍、病死猪无害化处理间及粪尿污水处理设施,病猪尸体处理按 GB 16548—1996 的规定执行。

4.6.6 开放式猪舍应设防护网。

4.7 环境保护

4.7.1 环境卫生。

4.7.1.1 新建种猪场必须进行环境评估。确保猪场不污染周围环境,周围环境也不污染猪场环境。

4.7.1.2 宜采用污染物减量化、无害化、资源化处理的生产工艺和设备。

4.7.2 粪便污水处理。

4.7.2.1 新建猪场必须与养猪场同步建设相应的粪便和污水处理设施。

4.7.2.2 固体粪污以高温堆肥处理为主,处理后粪肥应符合 GB 7959—87 的规定,方可运出场外。

4.7.2.3 污水必须经过生物处理,处理后应符合 GB 5984 或 GB 11607 的规定。

4.7.3 场区空气质量。

场区空气污染物质含量不超过 GB 14554 规定的排放标准。

4.7.4 环境检测。

猪场应对场区内的空气、水源、土壤等环境参数定期进行监测,评价环境质量,并及时采取相应的改善措施。

4.7.5 场区绿化。

场区绿化应结合场区与猪舍之间的隔离、遮阳及防风的需要进行。可根据当地实际种植能美化环境、净化空气的树种和花草,树木应选高大落叶乔木为宜,不宜种植有毒、有刺、飞絮的植物。场区绿化覆盖率不低于 30%。

本标准由山东省质量技术监督局提出。

本标准由山东农业大学、莱阳农学院和山东省畜牧兽医总站起草。

本标准起草人:林海、宋春阳、曲万文、田夫林。

附录三　无公害食品:生猪饲养兽医防疫准则

1　范围

本标准规定了生产无公害食品的养猪场在疫病预防、监测、控制和扑灭方面的卫生防疫准则。本标准适用于生产无公害食品养猪场的卫生防疫。

2　规范性引用文件

下列文件中的条款通过本标准的引用而成为本标准的条款。凡是注日期的引用文件,其随后所有的修改单(不包括勘误的内容)或修订版均不适用于本标准,然而,鼓励根据本标准达成协议的各方研究是否可使用这些文件的最新版本。凡是不注日期的引用文件,其最新版本适用于本标准。

GB 16548 畜禽病害肉尸及其产品无害化处理规程

GB/T 16569 畜禽产品消费规范

GB/T 17823—1999 中、小型集约化养猪场兽医防疫工作规程

NY/T 388 畜禽场环境质量标准

NY 5027 无公害食品　畜禽饮用水水质

NY 5030 无公害食品　生猪饲养兽药使用准则

NY 5032 无公害食品　生猪饲养饲料使用准则

NY/T 5033 无公害食品　生猪饲养管理准则

《中华人民共和国动物防疫法》

3　术语和定义

下列术语和定义适用于本标准。

3.1 动物疫病(animal epidemic disease)

动物的传染病和寄生虫病。

3.2 病原体(pathogen)

能引起疫病的生物体,包括寄生虫和致病微生物。

3.3 动物防疫(animal epidemic prevention)

动物疫病的预防、控制、扑灭和动物、动物产品的检疫。

4　疫病预防

4.1 养猪场总体卫生要求

4.1.1 养猪场建设的防疫要求

4.1.1.1 环境质量。养猪场的污水、污物处理应符合国家环保要求,防止污染环境。环境卫生质量应达到 NY/T 388 规定的要求。

4.1.1.2 选址。养猪场应距离交通要道、公共场所、居民区、城镇、学校 1 000 米以上;远离医院、畜产品加工厂、垃圾及污水处理场 2 000 米以上,周围应有围墙或其他有效屏障。

4.1.1.3 建筑布局

4.1.1.3.1 养猪场应严格执行生产区与生活区、行政区相隔离的原则。人员、动物和物资运转应采取单一流向,进料和出粪道严格分开,防止交叉污染和疫病传播。

4.1.1.3.2 根据防疫需求可建有消毒室、兽医室、隔离舍、病死猪无害化处理间等,应距离猪舍的下风 50 米以上。

4.1.2 养猪场设施设备

4.1.2.1 猪场大门入口处设置宽与大门相同,长等于进场大型机动车车轮一周半长的水泥结构消毒池。生产区门口设有更衣换鞋、消毒室或淋浴室。猪舍入口处要设置长 1 米的消毒池,或设置消毒盆以供进入人员消毒。

4.1.2.2 养猪场应备有健全的清洗消毒设施,防止疫病传播,并对养猪场及相应设施如车辆等进行定期清洗消毒。

4.1.2.3 养猪场应配备对害虫和啮齿动物等的生物防抗设施。

4.1.3 饲养管理要求和卫生制度

4.1.3.1 对饲养管理、饲料、饮水和兽药的要求

4.1.3.1.1 饲养管理:饲养管理按 NY/T 5033 执行。养猪场内严禁饲养禽、犬、猫及其他动物;养猪场食堂不得外购生鲜猪肉及副产品。

4.1.3.1.2 饲料及饲料添加剂使用:饲料使用按 NY 5032

执行。

4.1.3.1.3 生产和生活用水：养猪场生产和生活用水应符合 NY 5027 规定。

4.1.3.1.4 兽药使用：兽药使用按 NY 5030 执行。

4.1.3.2 卫生制度

4.1.3.2.1 对人员的要求。

4.1.3.2.1.1 工作人员应定期体检，取得健康合格证后方可上岗。

4.1.3.2.1.2 生产人员进入生产区时应淋浴消毒，更换衣鞋。工作服应保持清洁，定期消毒。

4.1.3.2.1.3 猪场兽医人员不准对外诊疗动物疾病；猪场配种人员不准对外开展猪的配种工作。

4.1.3.2.1.4 非生产人员一般不允许进入生产区。特殊情况下，非生产人员需经淋浴消毒，更换防护服后方可入场，并遵守场内的一切防疫制度。

4.1.3.2.2 环境消毒。定期对猪舍及其周围环境进行消毒；消毒程度和消毒药物的使用等按 NY/T 5033 的规定执行。

4.1.3.2.3 引进猪只。坚持自养自繁的原则；必须引进猪只时，在引进前应调查产地是否为非疫区，并有产地检疫证明；猪只在装运及运输过程中没有接触过其他偶蹄动物，运输车辆应做过彻底清洗消毒；猪只引入后至少隔离饲养 30 天，在此期间进行观察、检疫，确认为健康者方可合群饲养。

4.2 疫病预防措施

4.2.1 免疫接种

养猪场应根据《中华人民共和国动物防疫法》及其配套法规的要求，结合相当地实际情况，在选择地进行疫病的预防接种工作，并注意选择适宜的疫苗、免疫程序和免疫方法。

4.2.2 寄生虫控制

4.2.2.1 药物选择。驱虫药物的使用按本标准 4.1.3.1.4 规定执行。

4.2.2.2 驱虫程序。驱虫程序按 GB/T 17823—1999 的 4.2 条规定执行。

5　疫病监测

5.1 养猪场应依照《中华人民共和国动物防疫法》及其配套法规的要求,结合当地实际情况,制定疫病监测方案。

5.2 养猪场常规监测疫病的种类至少应包括:口蹄疫、猪的水疱病、猪瘟、猪繁殖与呼吸综合征、伪狂犬病、乙型脑炎、猪丹毒、布鲁氏菌病、结核病、猪囊尾蚴病、旋毛虫病和弓形虫病。除上述疫病外,还应根据当地实际情况,选择其他一些必要的疫病进行监测。

5.3 根据当地实际情况由动物疫病监测机构定期或不定期进行必要的疫病监督抽查,并将抽查结果报告当地畜牧兽医行政管理部门。

6　疫病控制和扑灭

养猪场发生疫病或怀疑发生疫病时,应依据《中华人民共和国动物防疫法》及时采取以下措施。

6.1 驻场兽医应及时进行诊断,并尽快向当地畜牧兽医行政管理部门报告疫情。

6.2 确诊发生口蹄疫、猪水泡病时,养猪场应配合当地畜牧兽医管理部门,对猪群实施严格的隔离、扑杀措施;发生猪瘟、伪狂犬病、结核病、布鲁氏菌病、猪繁殖与呼吸综合征等疫病时,应对猪群实施清群和净化措施;全场进行彻底的清洗消毒,病死或淘汰猪的尸体按 GB 16548 进行无害化处理,消毒按 GB/T 16569 进行。

7　记录

每群生猪都应有相关的资料记录,其内容包括:猪只来源,饲料消耗情况、发病率、死亡率及发病死亡原因，无害化处理情况，实验室检查及其结果，用药及免疫接种情况，猪只发运目的地。所有记录应在清群后保存两年以上。

本标准由中华人民共和国农业部提出。

本标准起草单位：农业部动物及动物产品卫生质量监督检验测试中心。

本标准起草人：尹燕博、张衍海、曲志娜、朱士盛、戴小虎、郑增忍、郭福生。

附录四 无公害食品：生猪饲养管理准则

1 范围

本标准规定了无公害生猪生产过程中引种、环境、饲养、消毒、免疫、废弃物处理等涉及到生猪饲养管理的各环节应遵循的准则。

本标准适用于生产无公害生猪猪场的饲养与管理。也可供其他养猪场参照执行。

2 规范性引用文件

下列文件中的条款通过本标准的引用而成为本标准的条款。凡是注日期的引用文件，其随后所有的修改单（不包括勘误的内容）或修订版均不适用于本标准，然而，鼓励根据本标准达成协议的各方研究是否可使用这些文件的最新版本。凡是不注日期的引用文件，其最新版本适用于本标准。

GB 8471 猪的饲养标准

GB 16548 畜禽病害肉尸及其产品无害化处理规程

GB 16549 畜禽产地检疫规范

GB 16567 种畜禽调运检疫技术规范

NY/T 388 畜禽场环境质量标准

NY 5027 无公害食品畜禽饮用水水质

NY 5030 无公害食品生猪饲养兽药使用准则

NY 5031 无公害食品生猪饲养兽医防疫准则

NY 5032 无公害食品生猪饲养饲料使用准则

3　术语和定义

下列术语和定义适用于本标准。

3.1 净道（non-pollution road）。猪群周转、饲养员行走、场内运送饲料的专用道路。

3.2 污道（pollution road）。粪便等废弃物、外销猪出场的道路。

3.3 猪场废弃物（pig farm waste）。主要包括猪粪、尿、污水、病死猪、过期兽药、残余疫苗和疫苗瓶。

3.4 全进全出制（all-in all-out system）。同一猪舍单元只饲养同一批次的猪，同批进、出的管理制度。

4　猪场环境与工艺

4.1 猪舍应建在地势高燥、排水良好、易于组织防疫的地方，场址用地应符合当地土地利用规划的要求。猪场周围 3 千米无大型化工厂、矿厂、皮革、肉品加工、屠宰场或其他畜牧场污染源。

4.2 猪场距离干线公路、铁路、城镇、居民区和公共场所 1 千米以上，猪场周围有围墙或防疫沟，并建立绿化隔离带。

4.3 猪场生产区布置在管理区的上风向或侧风向处，污水粪便处理设施和病死猪处理区应在生产区的下风向或侧风向处。

4.4 场区净道和污道分开，互不交叉。

4.5 推荐实行小单元式饲养，实施"全进全出制"饲养工艺。

4.6 猪舍应能保温隔热，地面和墙壁应便于清洗，并能耐酸、碱等消毒药液清洗消毒。

4.7 猪舍内温度、湿度环境应满足不同生理阶段猪的需求。

4.8 猪舍内通风良好,空气中有毒有害气体含量应符合 NY/T 388 要求。

4.9 饲养区内不得饲养其他畜禽动物。

4.10 猪场应设有废弃物储存设施,防止渗漏、溢流、恶臭对周围环境造成污染。

5　引种

5.1 需要引进种猪时,应从具有种猪经营许可的种猪场引进,并按照 GB 16567 进行检疫。

5.2 只进行育肥的生产场,引进仔猪时,应首先从达到无公害标准的猪场引进。

5.3 引进的种猪,隔离观察 15～30 天,经兽医检查确定为健康合格后,方可供繁殖使用。

5.4 不得从疫区引进种猪。

6　饲养条件

6.1 饲料和饲料添加剂。

6.1.1 饲料原料和添加剂应符合 NY 5032 的要求。

6.1.2 在猪的不同生长时期和生理阶段,根据营养需求,配制不同的配合饲料。营养水平不低于 GB 8471 要求,不应给育肥猪使用高铜、高锌日粮,建议参考使用饲养品种的饲养手册标准。

6.1.3 禁止在饲料中额外添加 p-兴奋剂、镇静剂、激素类、砷制剂。

6.1.4 使用含有抗生素的添加剂时,在商品猪出栏前,按有关准则执行休药期。

6.1.5 不使用变质、霉败、生虫或被污染的饲料。不应使用未经无害处理的泔水、其他畜禽副产品。

6.2 饮水。

6.2.1 经常保持有充足的饮水,水质符合 NY 5027 的要求。

6.2.2 经常清洗消毒饮水设备,避免细菌滋生。

6.3 免疫。

6.3.1 猪群的免疫符合 NY 5031 的要求。

6.3.2 免疫用具在免疫前后应彻底消毒。

6.3.3 剩余或废弃的疫苗以及使用过的疫苗瓶要做无害化处理,不得乱扔。

6.4 兽药使用。

6.4.1 保持良好的饲养管理,尽量减少疾病的发生,减少药物的使用量。

6.4.2 仔猪、生长猪必须治疗时,药物的使用要符合 NY 5030 的要求。

6.4.3 育肥后期的商品猪,尽量不使用药物,必须治疗时,根据所用药物执行停药期,达不到停药期的不能作为无公害生猪上市。

6.4.4 发生疾病的种公猪、种母猪必须用药治疗时,在治疗期或达不到停药期的不能作为食用淘汰猪出售。

7 卫生消毒

7.1 消毒剂。

消毒剂要选择对人和猪安全、没有残留毒性、对设备没有破坏、不会在猪体内产生有害积累的消毒剂。选用的消毒剂应符合 NY 5030 的规定。

7.2 消毒方法。

7.2.1 喷雾消毒。用一定浓度的次氯酸盐、有机碘混合物、过氧乙酸、新洁尔灭等,用喷雾装置进行喷雾消毒,主要用于猪舍清洗完毕后的喷洒消毒、带猪消毒、猪场道路和周围、进入场区的车辆。

7.2.2 浸液消毒。用一定浓度的新洁尔灭、有机碘混合物或煤酚的水溶液,进行洗手、洗工作服或胶靴。

7.2.3 熏蒸消毒。每立方米用福尔马林(40%甲醛溶液)42毫升、高锰酸钾 21 克,21℃以上温度、70%以上相对湿度,封闭熏蒸 24 小时。甲醛熏蒸猪舍应在进猪前进行。

7.2.4 紫外线消毒。在猪场入口、更衣室,用紫外线灯照射,可以起到杀菌效果。

7.2.5 喷洒消毒。在猪舍周围、入口、产床和培育床下面撒生石灰或火碱可以杀死大量细菌或病毒。

7.2.6 火焰消毒。用酒精、汽油、柴油、液化气喷灯,在猪栏、猪床猪只经常接触的地方,用火焰依次瞬间喷射,对产房、培育舍使用效果更好。

7.3 消毒制度。

7.3.1 环境消毒。

猪舍周围环境每 2~3 周用 2% 火碱消毒或撒生石灰 1 次;场周围及场内污水池、排粪坑、下水道出口,每月用漂白粉消毒 1 次。在大门口、猪舍入口设消毒池,注意定期更换消毒液。

7.3.2 人员消毒。

工作人员进入生产区净道和猪舍要经过洗澡、更衣、紫外线消毒。严格控制外来人员,必须进生产区时,要洗澡,更换场区工作服和工作鞋,并遵守场内防疫制度,按指定路线行走。

7.3.3 猪舍消毒。

每批猪只调出后,要彻底清扫干净,用高压水枪冲洗,然后进行喷雾消毒或熏蒸消毒。

7.3.4 用具消毒。

定期对保温箱、补料槽、饲料车、料箱、针管等进行消毒,可用 0.1% 新洁尔灭或 0.2%~0.5% 过氧乙酸消毒,然后在密闭的室内进行熏蒸。

7.3.5 带猪消毒。

定期进行带猪消毒,有利于减少环境中的病原微生物。可用于带猪消毒的消毒药有:0.1%新洁尔灭,0.3%过氧乙酸,0.1%次氯酸钠。

8 饲养管理

8.1 人员。

8.1.1 饲养员应定期进行健康检查,传染病患者不得从事养猪工作。

8.1.2 场内兽医人员不准对外诊疗猪及其他动物的疾病,猪场配种人员不准对外开展猪的配种工作。

8.2 饲喂。

8.2.1 饲料每次添加量要适当,少喂勤添,防止饲料污染腐败。

8.2.2 根据饲养工艺进行转群时,按体重大小强弱分群,分别进行饲养,饲养密度要适宜,保证猪只有充足的躺卧空间。

8.2.3 每天打扫猪舍卫生,保持料槽、水槽用具干净,地面清洁。经常检查饮水设备,观察猪群健康状态。

8.3 灭鼠、驱虫。

8.3.1 定期投放灭鼠药,及时收集死鼠和残余鼠药,并做无害化处理。

8.3.2 选择高效、安全的抗寄生虫药进行寄生虫控制,控制程序符合 NY 5031 的要求。

9 运输

9.1 商品猪上市前,应经兽医卫生检疫部门根据 GB 16549 检疫,并出具检疫证明,合格者方可上市屠宰。

9.2 运输车辆在运输前和使用后要用消毒液彻底消毒。

9.3 运输途中,不应在疫区、城镇和集市停留、饮水和饲喂。

10　病、死猪处理

10.1　需要淘汰、处死的可疑病猪,应采取不会把血液和浸出物散播的方法进行扑杀,传染病猪尸体应按 GB 16548 进行处理。

10.2　猪场不得出售病猪、死猪。

10.3　有治疗价值的病猪应隔离饲养,由兽医进行诊治。

11　废弃物处理

11.1　猪场废弃物处理实行减量化、无害化、资源化原则。

11.2　粪便经堆积发酵后应作农业用肥。

11.3　猪场污水应经发酵、沉淀后才能作为液体肥使用。

12　资料记录

12.1　认真做好日常生产记录,记录内容包括引种、配种、产仔、哺乳、断奶、转群、饲料消耗等。

12.2　种猪要有来源、特征、主要生产性能记录。

12.3　做好饲料来源、配方及各种添加剂使用情况的记录。

12.4　兽医人员应做好免疫、用药、发病和治疗情况记录。

12.5　每批出场的猪应有出场猪号、销售地记录,以备查询。

12.6　资料应尽可能长期保存,最少保留 2 年。

本标准由中华人民共和国农业部提出。

本标准起草单位:中国农业科学院畜牧研究所、北京市绿色食品办公室。

本标准起草人:王立贤、赵克斌、欧阳喜辉、刘剑锋。

参 考 文 献

[1] 李宝林. 猪生产. 北京:中国农业出版社,2001.
[2] 韩俊文. 养猪学. 北京:中国农业出版社,2001.
[3] 苏振环,等. 科学养猪指南. 北京:金盾出版社,1997.
[4] 许金友,等. 肉猪高产饲养新技术. 上海:上海科学技术出版社,1998.
[5] 刘海良,主译. 养猪生产. 北京:中国农业出版社,1998.
[6] 张洪本. 自然养猪法实用技术手册. 济南:山东科学技术出版社,2008.